开窍

所长林超 著

科学技术文献出版社
·北京·

图书在版编目（CIP）数据

开窍 / 所长林超著 . — 北京：科学技术文献出版社，2023.1（2023.3 重印）
ISBN 978-7-5189-9756-5

Ⅰ.①开… Ⅱ.①所… Ⅲ.①成功心理－通俗读物 Ⅳ.
① B848.4-49

中国版本图书馆 CIP 数据核字（2022）第 203217 号

开窍

责任编辑：张凤娇	产品经理：吴佳璐	杨智敏	责任校对：王瑞瑞
责任出版：张志平	特约编辑：孙悦久		

出 版 者　科学技术文献出版社
地　　址　北京市复兴路15号　邮编　100038
编 务 部　（010）58882938，58882087（传真）
发 行 部　（010）58882868，58882870（传真）
邮 购 部　（010）58882873
销 售 部　（010）82069336
官方网址　www.stdp.com.cn
发 行 者　科学技术文献出版社发行　全国各地新华书店经销
印 刷 者　北京世纪恒宇印刷有限公司
版　　次　2023 年 1 月第 1 版　2023 年 3 月第 2 次印刷
开　　本　880×1230　1/32
字　　数　299 千
印　　张　13.75
书　　号　ISBN 978-7-5189-9756-5
定　　价　68.00元

版权所有　翻印必究

购买本社图书，凡字迹不清、缺页、倒页、脱页者，本社销售部负责调换你看不懂的世界，背后都是原理。

你不需要了解所有的知识,
只要吸取各个学科最杰出的思想就行了。

——查理·芒格

自序

推开一扇通往未来的"暗门"

如果我问你:"你读大学时学的什么专业?你感觉自己所学的专业在现实生活中有用吗?"

我相信,虽然大家在大学中所学的专业各有不同,但绝大部分人都会回答自己的专业在现实生活中并没有太大用途,这几乎已成为当今全世界大学教育的一个共识。原因就在于:我们在真实世界中遇到的问题,从来都不是按照学科划分的。

比如,你可能无法理解,一个其貌不扬的男生为什么可以找到漂亮的女朋友?原因是:你只从美学角度看问题,而没有从社会学、心理学或经济学的角度去看待这个问题。

再比如,你也无法理解自己在大学期间明明专业成绩很优秀,毕业后为什么就找不到一份满意的工作。原因是:怎样找到好工作,这个问题绝非仅凭专业成绩好就能解决,它可能还涉及博弈论、认知心理学、社会网络学、设计学、语言学、营销学、概率论、生理学、脑科学等学科的不同知识点。

还有,你在大学期间明明学过金融学,为什么进行投资理财却会失败呢?原因是:大学金融课中传授的只是理论知识,而在实际操作过程中,对投资理财更有用的可能是哲学、社会学、物理学、英语、历史学、管理学、数学函数、概率论、行为金融学、传播学和政治学等学科中的一些知识点。

类似的问题还有很多,比如,要不要读研?要不要考公务员?怎样搞定老板?怎样升职加薪?

你看,所有的这些其实都是融合型的问题,涉及许多学科的知识点。

所以,我一直希望能将各个学科中的重要知识点做一个汇总,但显然,这个目标不太容易实现。于是在这本书中,我总结了个人认为比较有用的15个学科中的大约100个知识点,希望这些知识和理论对当下的年轻人有所帮助。

这些知识点中,既包含了跨学科思维鼻祖——查理·芒格在历史学、数学、工程学、生理学、物理学、化学、统计学等学科中提炼出来的思想模型,又融合了新型科学(如网络社会学、系统论、脑科学等)中的一些有用的理论和实践经验。了解和学习这些学科中最有用的思维模型和知识并不需要花费太多时间,却可能对我们的一生产生巨大的影响。

纵观人的一生,我们会发现,人的学习能力在青年时期会达到顶峰,之后逐渐回落(图0-1-1)。然而在年轻的时候,我们对世界的认知却被限制在单一学科、单一职业当中。如果我们在学习能力最强的波峰段,可以通过自学去掌握关键知识,而不是拘泥于自己的专业领域,那么就可以在短期内将对世界的认知拉到一个全新的高度，打开一道少有人走的"暗门"，此后，我们对世界理解的层次也会完全不同。

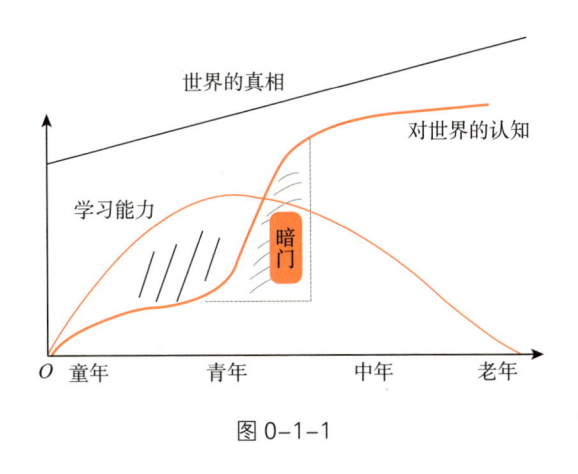

图 0-1-1

当然，即使了解了众多跨学科知识，我们也不能只停留在知识的表面，变成一个知行分离的空想家。在这方面，我自己就曾经踩过坑。我是个特别爱读书的人，从读大学到现在，二十几年里，我一直保持着每周阅读 2~3 本新书的习惯。同时，我也是一个勤奋的打工人，毕业后先是在一家上市公司工作，之后创办了一家人工智能公司，后来又做过风险投资人，再后来又自己创业，经营互联网交易平台，其间还担任过多家公司的执行董事。这个职业经历看起来十分丰富，但实际上，我长时间都无法做好知识和实践的融合、宏大与卑微的妥协、知道与做到的取舍，以及理想与现实的打通。因此，从 20 岁到 35 岁，我遭遇了无数次挫折，被社会现实各种毒打，也走过无数的弯路。直到 36 岁之后，我的人生才逐渐走上正轨。

而我撰写这本书的初衷，就是希望当代的年轻人不要再把我走过的弯路走一遭。所以在本书中，我一方面会给大家介绍各个学科的重要理论,另一方面也会介绍如何通过这些理论来看清生活中的各种"坑"。

由于跨学科知识几乎可以用于生活的方方面面,所以在我看来,这本书的适用人群十分广泛。不管你是文科生、理科生,还是商科生,或者是中学生、大学生、研究生,抑或是普通员工、创业者、医生、教师、公务员……都可以拿来阅读。你甚至还能从中发现自己曾经走过的路、踩过的坑,但我更希望看到的是,你通过这本书去实现跨学科知识的学习、应用和实践,找到自己人生正确的方向,推开那扇通往未来的"暗门"。

第一部分　学科模型，塑造自我

精选 15 个学科中的大约 100 个知识点，帮助你打破文理商分科的思维定式，获得关键学科的关键知识，学习这些思维模型并不需要太多时间，但是对我们一生却可能有巨大的帮助。

目　录

01 热力学：生命就是对抗熵增 - 002

02 工程学：知行合一的技术 - 025

03 系统论：既见树木，也见森林 - 056

04 函数：预测未来 - 080

05 脑科学：了解真正的自己 - 117

06 认知心理学：锻炼清晰的认知头脑 - 145

07 社会网络学：有人的地方就有江湖 - 172

08 信息论：利用信息消除世界的不确定性 - 197

09 人类学：共识的力量 - 223

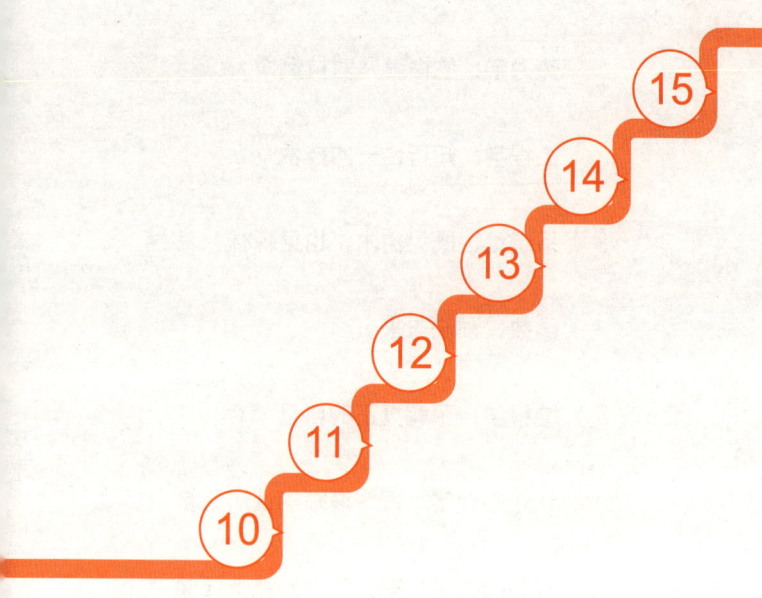

- ⑩ 概率统计学：人生系统 - 243
- ⑪ 营销学：其实人人都需要 - 270
- ⑫ 历史学：以史为镜，正人衣冠 - 291
- ⑬ 会计学：金钱的哲学 - 310
- ⑭ 生理学：重新认识你的"身体" - 341
- ⑮ 自我管理学：极其有用的交叉学科 - 363

第二部分　书本智慧与街头智慧：
　　　　　最后大总结

跨学科重要模型帮我们看清生活里的各种陷阱，避开那些年轻人最容易踩的雷区，打开多学科视角，学会独立思考，真正学以致用，解决工作和生活中的实际问题。

01 书本智慧与街头智慧 - 387

02 跨越阶层的有力武器 - 393

03 做好城市选择 - 398

04 不同阶层人群的职业选择 - 403

05 避免走进中产陷阱 - 416

精选 15 个学科中的大约 100 个知识点，帮助你打破文理商分科的思维定式，获得关键学科的关键知识，学习这些思维模型并不需要太多时间，但是对我们一生却可能有巨大的帮助。

第一部分
学科模型，塑造自我

01

热力学：生命就是对抗熵增

"如果物理学只能留一条定律,我会留熵增定律。"说这句话的人是清华大学科学史系主任吴国盛。

你也许不认同这个观点,最重要的难道不是牛顿力学和爱因斯坦的相对论吗?

所以,熵增定律远比我们想象的更强大。

熵的原理对于指导我们的生活也有着巨大的价值,可以为我们在遇到生活中的很多问题时提供思考的框架。

比如,为什么你感觉挺直腰板时更容易集中精神?为什么运动对人很重要?为什么好的音乐会改善我们的生活?为什么人不能太安逸?我们应该选择怎样的公司,或者选择什么样的城市?等等。

所以接下来,我们就来了解一下,到底什么是熵?它真的有这么神奇吗?

什么是熵

在我们的生活中,"熵"无处不在。熵原本是热力学中表征物质状态的参量之一,用符号 S 表示,其物理意义是体系内部分子热运动混乱程度的度量。这样的定义是标准而正确的,却也是绝大多数人看不懂的。既然我想帮助大家成为跨学科的高手,自然不能让你们还没迈进门槛,就被这个云山雾罩的定义吓跑。其实说白了,熵并没有那么复杂,它只是一个被设想出来的物理量而已。

熵:一个客观存在的物理量

我们先来看这样一个例子:

假设有两个完全相同的容器,一个容器里装满热水,另一个容器里装了冰块。根据物理学常识来判断,哪个容器里的分子更活跃呢?很显然,是装了热水的这一边,对吧?因为热水分子的排列很松散,而且动能更大;而冰块这边的分子排列很紧密,动能相对较弱(图1-1-1)。对这一点,大家没有什么疑惑,对吧?

接下来,我们把热水和冰块的分子排列情况做一个简化,简化成每个容器中只有 4 个分子,然后我们来数一数这些分子可能存在的排列方式。冰块分子全部挨在一起,所以只有一种排列方式;而热水分子由于是松散排布,所以会出现很多种排列方式(图1-1-2)。

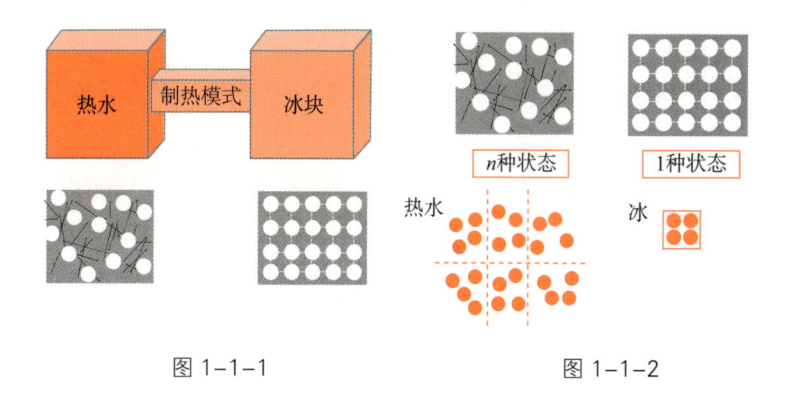

图 1-1-1

图 1-1-2

由此可见，热水分子的状态可能会有 n 种，而冰块分子的状态却只有 1 种。理解了这一点，那么熵的定义就迎刃而解了。因为熵就是把 1 和 n 这种表明可能存在状态的数字取一个自然对数，然后再乘以一个数算出来的（图 1-1-3）。

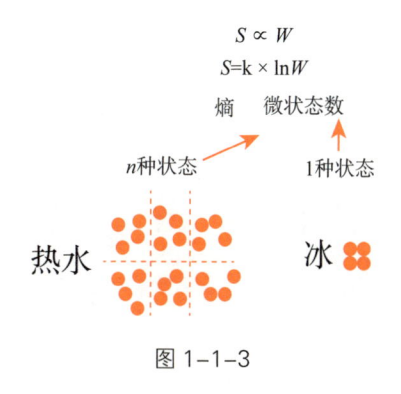

$$S \propto W$$
$$S = k \times \ln W$$

图 1-1-3

在 $S = k \times \ln W$ 这个公式里，k 是玻尔兹曼常数，ln 是自然对数。我们可以直接忽略掉 k 和自然对数这两个东西，用一种更简单的理解方式，就是把熵当作一个我们设想出来的物理量（微状态数），这个物理量跟物体的微状态数成正比，也就是 $S \propto W$。

现在，我们已经从数学上理解了熵。而这种理解程度其实已经超越了世界上 99% 的人了。不过这还不够，因为 $S \propto W$ 这个公式还是太抽象，没法拿来应用到我们的生活中。我们可能听说过熵是代表混乱，但从这个公式中，我们看不出这一点，对吧？

所以，我们还要用一个更贴近现实生活的案例来对它进行说明。

我们再举个例子：

假设在两个房间里分别有两种摆放家具的方法：其中一间内随意摆放；另一间则按照一定规则来摆放，比如，台灯要放在桌子上面，床和床头柜要摆放在一起（图 1-1-4）。两个房间对比一下，很显然，左边的房间更有序，右边的房间更乱，对吧？这是我们的直观感受。

熵更小 ≈ 有序　　　　　　　　熵更大 ≈ 混乱

状态数更少　　　　　　　　　状态数更多

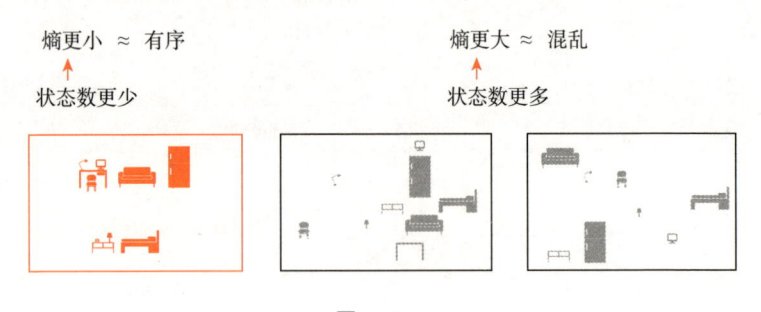

图 1-1-4

我们再来看代表熵的可能的状态数。左边的房间要求比较严格，所以家具排列组合的数量少，即状态数少；状态数更少，就意味着熵更小；熵更小，就会让房间显得更有序。相反，右边房间的状态数更多，熵更大，就约等于更混乱。

这样一来我们就发现，**熵与混乱程度之间是有关系的：熵**

越小时，给我们的直观感受越有序；反之，熵越大，我们感觉越混乱。

熵的本质：混乱才是常态，有序需要刻意营造

我们再来看一个更直观的场景。假设地面上有两堆数量相等的砖头，分别按不同的方式进行摆放：左边被摆成金字塔形，右边则是随便摆放（图1-1-5）。这样一来，右边的那堆随便摆放的砖头可能的状态就多了，所以显示出了 n 种状态，而左边的只有1种状态。根据前文我们知道，左边砖头的熵更小，也更有序；右边砖头的熵更大，也更混乱。

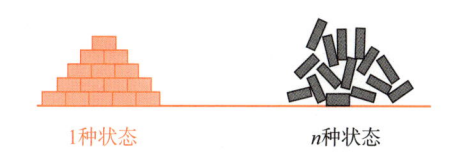

1种状态　　　　n种状态

图 1-1-5

但这里有个问题，就是"状态数"这个词有点抽象，我们能不能找一个更简单的定义呢？

我们把上面这张图换一种说法：从高处随机把一堆砖头扔到地上，可能出现哪种情况呢？

答案很明显，肯定是右边这种情况，对吧？如果要让砖头出现金字塔形，除非发生奇迹（图1-1-6）。因此，状态数越多，也代表了更高的可能性和更混乱的状态；状态数越少，则代表了更低的可能性。更高的可能性，往往代表更高的熵；而更高的熵，又代表更加混乱。

状态 ——→ 可能性

从高处，随机把一堆砖头扔到地上，有可能出现哪种情况？

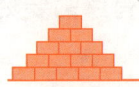

1种状态
低可能性

n种状态
高可能性

图 1-1-6

理解了这层对应关系，对于我们的生活来说可不是什么好消息。**因为它意味着，如果随波逐流，一个普通人的人生更大的可能性会是混乱的，而不是有序的**。举个简单的例子：如果因为被催婚而结婚，那么这段婚姻更有可能是不幸的，而不是幸福的；如果你想做一些与众不同的事情，更有可能遭遇到的是失败而不是成功。

在这个世界上，混乱才是常态，而有序是需要刻意营造的。

理解了这一点，对于年轻人来说真的很重要。至少在我年轻的时候，就没有很深刻地理解这一点，这也是导致"玻璃心"的原因之一。

当然，熵这个概念并不是只能拿来解释这些宏大的问题，生活中的很多问题都可以从这个概念中找到答案。

比如，就像我在本章开篇提到的，为什么人挺直腰板后会更加集中精神？

因为挺直腰板对应了更少可能的状态数，代表着更小的熵和更有序的状态；而放松时，你可以站着、躺着、趴着、斜靠着……对应的就是更多的状态数，代表着更大的熵和更混乱的状态，这时候也就更容易走神（图1-1-7）。是不是很有趣？

为什么挺直腰板可以集中精神？

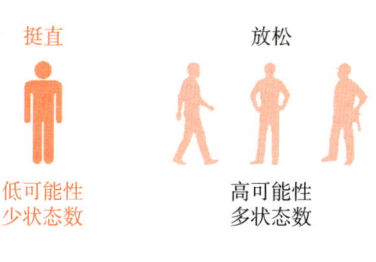

挺直　　　　　放松

低可能性　　　高可能性
少状态数　　　多状态数

图 1-1-7

想要变得自律，就要逆着熵增做功

众所周知，一栋年久失修的房子会逐渐破败，一辆在路边停了很久的单车会慢慢生锈。但为什么不会出现相反的情况？比如，破败的房子会逐渐变新，生了锈的单车放久后会慢慢变得崭新呢？

这就是熵增定律告诉我们的：**在封闭的系统中，熵会随着时间的推移而增加。**

那么，什么是封闭系统？熵增定律背后的原理又是什么？这都是本节我们要探寻的答案。

封闭系统

在物理学上，封闭系统有两个更加精确的定义：一个叫孤立系统；另一个叫封闭系统。

孤立系统，就是跟外界没有能量和物质交换的系统；而封闭系统，是没有物质交换但有能量交换的系统。由于封闭系统这个定义太复杂，在本书中，我们就先简单地把这两个概念都称为封闭系统。简单来说，封闭系统就是一个与外界隔绝的、不交流的系统，我们可以用一个非常简单的模型来理解。

比如，有这样一个整体封闭的容器，左边和右边相对独立，但中间有一个通道。这个容器里面有若干空气分子，最开始时，空气分子全部集中在左边。那么随着时间的推移，分子会怎样活动呢？很显然，左边的分子会慢慢向右边移动（图1-1-8），最终，左右两边的分子会逐渐平均化（图1-1-9）。

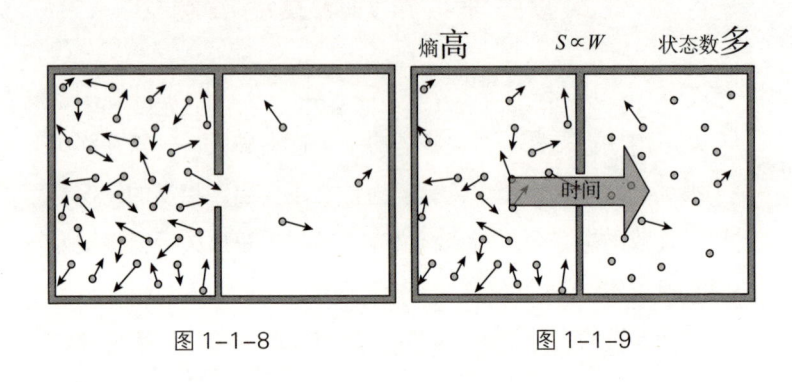

熵高　　　$S \propto W$　　　状态数多

图 1-1-8　　　　　　图 1-1-9

接下来，关键点来了。当左右两边的分子平均化之后，整个容器内的熵是变大了，还是变小了呢？

让我们再来回忆一下熵的定义，它跟状态数是成正比的。而当左右两边的分子平均化之后，同样多的分子，现在要在两倍大的空间内随机分布位置，显然它们的可能状态就更多了。状态数更多，熵自然就更高。

这也就是说，在封闭的系统内，随着时间的推移，系统就会变得越来越无序，越来越混乱。

但是这似乎跟我们观察人类社会的直观感受并不一样。人类是在不断进化的，科技文明也是在不断发展的，可人类并没有因此而变得更加野蛮和混乱。这又怎么解释呢？

也就是说，一定存在某种特定的系统可以让熵变得越来越小。

这就要提到麦克斯韦的思想实验了。

感知和选择能使事物变得更有序

麦克斯韦这个人大家可能不太熟悉，但麦克斯韦方程，相信大家都听说过。实际上，麦克斯韦是19世纪最重要的物理学家之一，他奠定了整个电磁学的基础。

麦克斯韦曾做过这样一个思想实验：在上文我们讲过的那个封闭系统里放入一个小人儿，这个小人儿只做一件事，就是进行判断。

判断什么呢？很简单，他判断：如果分子是从左边向右边走，他就阻止；如果是从右边向左边走，他就放行（图1-1-10）。

我们知道，分子是自由移动的，慢慢地，它就会全部集中到一边去。也就是说，只要这个小人儿一直在工作，那么随着时间的推移，右边的分子就会全部跑到左边去（图1-1-11）。这样一来，分子在这个封闭系统内的状态数就会减少，这不就是熵减了吗？

这个思想实验看似简单，但其中却蕴含了深刻的哲理，甚至在19世纪造成了非常大的轰动。

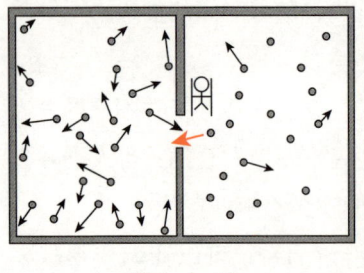

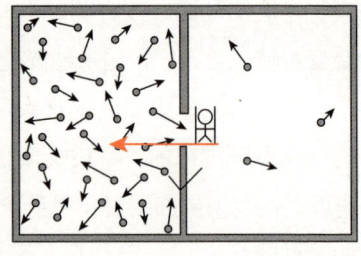

图 1-1-10　　　　　　　　图 1-1-11

那么，到底这个小人儿做了什么事，可以让一个系统自动自发地变得更加有序了呢？如果能够解答这个问题，我们就找到了让世界变得越来越好的密码。

让我们再返回实验，仔细观察后，我们发现，这个小人儿一直在做两件事：**感知和选择**。更准确地说，他是在做正确的感知和正确的选择。

只要他能不断地做好这两件事，那么随着时间的推移，整个系统就会变得越来越有序。这背后蕴含的哲理就是：**感知和选择可以使事物变得更加有序**。

我想，明白了这个道理，对所有人都是有启发的。举个简单的例子：正常人的大脑在日常生活中往往都是混乱和无序的。美国国家科学基金会曾经发表过一篇文章，称普通人每天脑海中会闪过 1.2 万到 6 万个想法。

从这一点上来说，人类的大脑跟我们上文讲到的分子随机运动的封闭容器非常相似。套用麦克斯韦实验，假设我们能在大脑里面放一个小人儿，让他来负责判断我们大脑中的哪些念头应该有，哪些念头不应该有，并且能够持续地这样做，那么就能使我们的大脑慢慢变得有序而自律起来。"吾日三省吾身"，说的正是这个道理（图 1-1-12）。

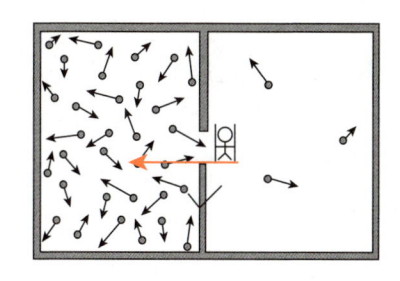

感知+选择可以使大脑变得**有序**

图 1-1-12

耗散结构：对抗熵增、实现熵减的有效措施

如果我们进一步对上面实验中的小人儿进行观察，就会发现，感知和选择是需要能量和信息的（图 1-1-13）。

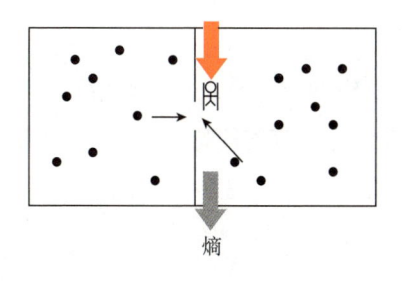

图 1-1-13

也就是说，这个小人儿要去感知这些分子的运动状态，还要去进行阻拦，这两件事都是需要能量的。同时，他还要进行判断，哪些需要放行，哪些不能放行，这又需要逻辑，也就是

需要信息输入。

所以,当放入这个小人儿之后,这个原本封闭的系统就变成了一个开放的系统,尽管表面上看它仍然与外界隔绝,但实际上它已经被注入了能量和信息。

这时,我们就得到了一个新的系统,它能够不断地从外界获取能量、信息和物质,然后不断地排出自身产生的废弃物,这些废弃物就是熵。这个新的系统被叫作耗散结构。

人体就是一个耗散结构

举一个简单的例子,大家就能更直观地了解什么是耗散结构了。

我们在生活中常见的河流,就是一种最典型的耗散结构。

河流不断从上游流向下游,里面的水分子从高处流向低处,这个过程还能产生能量。所以,河流作为一个系统,就会一直保持着动能和活力,永远不会腐败(图1-1-14)。"流水不腐",说的正是这个道理。但相对地,一个年久失修的游泳池却会逐渐腐败、发臭,原因就在于它是一个封闭系统(图1-1-15)。

耗散结构有一个很有趣的特点。以河流为例,从上游到下游,河水一直都是流动的,组成河流的水分子在不停变化,这也意味着我们每天看到的同一条河流都是崭新的,但有趣的是,千百年来它又都是同一条河流。这就是一个伟大的哲学命题,早在2000多年前,释迦牟尼和波斯匿王就已探讨过。所以你看,耗散结构这种神奇的东西,古往今来就吸引着智者不断进行思考和探索。

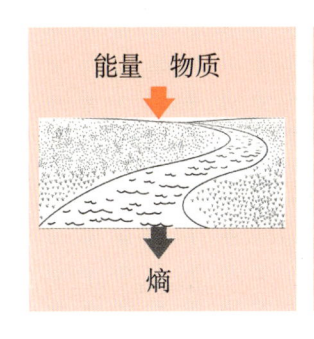

图 1-1-14

图 1-1-15

  人体也是一个耗散结构。人体每天都要进行新陈代谢，一方面不断地输入能量、信息和物质，另一方面还要不断地把身体产生的废弃物排出体外。而且，人体还是一个动态的平衡体，一直在变，却又一直保持平衡：人类大脑中的海马体每天都会生出大约 700 个神经元，人体的皮肤每 28 天就会更新一次，人体内的红细胞每隔 4 个月就会更新一次，人的肝脏每 5 个月更新一次，骨骼大概 7 年会更新一次……所以说，7 也是一个很有趣的数字，基本上，每 7 年人体大部分的细胞就会全部换过一遍。

  那么问题来了，既然你身上的大部分细胞都更换掉了，你还是原来的那个你吗？

  如果从细胞的层面上来说，其实你已经不是原来的你了，你已经出现了"脱胎换骨"的变化。了解了耗散结构，我们就从生物学层面发现，人是可以彻底重塑自我的。而人重塑自己的时间是多久呢？大概是 4~7 年。

  所以，不管我们对现在的自己有多不满意，只要给我们 7 年时间，我们真的能够从生物学层面"脱胎换骨"，彻底地重新塑造自我。

利用"耗散结构"重塑自我

既然我们已经了解耗散结构的原理,那么何不仔细研究一下,如何让人体这个耗散结构更好地运转,以更快的速度"重塑"一个自己,或者每一天都变成崭新的自己呢?

这件事并不难。对于人体这个耗散结构,如果我们仔细拆分之后就会发现,人体的输入端包括食物、求知、娱乐、环境等元素,输出端则包括排泄物、负能量、负信息等,这些就是所谓的熵。这个主流程上下连通,形成了人体的外循环系统。

另外,人体还有一套内循环系统,包括睡眠、思考、运动及日常活动等。这些要素都会不断循环并产生一些成果,然后反作用于输入端的那些要素上(图 1-1-16)。

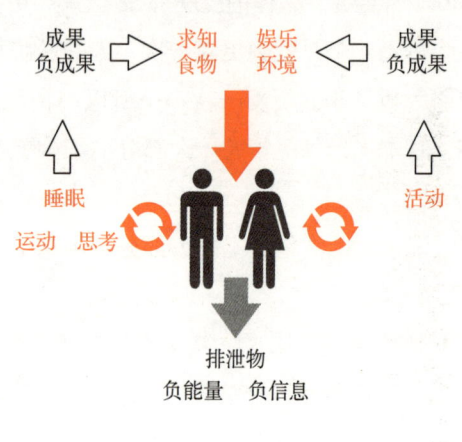

图 1-1-16

我们先来看输入端。对于人体来说,娱乐和求知输入的是信息,食物输入的是物质和能量,人会对输入的信息做出反应。环境则是指家庭、朋友圈层、工作氛围及所处的城市等。环境还会综合影响信息和能量的输入。

而在输出端，人体排出的废弃物和负能量都很好理解，这里不多赘述。

我想着重讲一下负信息。如果说正信息消除了世界的不确定性，那么负信息就增加了世界的不确定性。比如撒谎、传谣言、胡思乱想等，都是负信息的体现。它们的存在会干扰我们的生活，增加世界的无序性。

那么，我们应该如何运行好自己这个复杂的耗散结构呢？

方法并不复杂，简单来说就是几个字：**管吃不管拉，管睡不管醒，因上努力，果上随缘。**这是什么意思呢？意思是说，如果你的因都是对的，那么得到好的结果也只是时间问题而已。**比如你睡得早，就不用在意会不会起晚，因为坚持早睡，就一定会慢慢养成早起的习惯。**

回到图1-1-16上，它就在告诉我们，应该把焦点放在橙色的部分，认真思考我们的睡眠、运动、思考做得够不够好，我们的求知或娱乐方式是不是使得我们的熵减少了，这些才是能让我们变得更好的核心点。对于灰色字体的部分，不需要去后悔或懊恼，应该释怀和接纳。如果你经常忍不住撒谎、抱怨、胡思乱想、拖延，其实是因为你的身体里积累的熵太多了，它需要被排出来。

然而，大多数人最容易犯的错误就是，无法接纳自己灰色部分的内容，因而产生大量的自责。而过分的自责很可能会阻止你继续排出熵，最终导致另外一种结果——身体发生病变。当然，更好的策略是，我们应该从源头做起，尽可能地减少身体里积累的熵，而不是产生了很多熵之后，再去想办法排解。

这个原理还适用于一种情况：如果我们取得的是负成果，

那么我们的眼光就不能只盯着负成果，而是应该盯着橙色模块的东西。我们都采取了什么样的活动？我们的睡眠、运动、思考等做得好不好？我们的求知、娱乐方式等，是不是让我们身体中的熵减少了，让我们产生成果的概率增加了？

了解这些之后，你就会发现，虽然很多"鸡汤"都在告诉大家不要有负面情绪，但其实它们根本没什么实质性的帮助。原因就在于，那些"鸡汤"抓错了重点。

要知道，**依靠决心和自责是过不好这一生的，我们需要刻意改变的东西是耗散结构的输入**。对于已经产生的坏行为、坏结果，我们应该尽量接纳。因为抱怨、撒谎、懒惰、拖延，其实都是系统的熵往外排出的结果，关键在于我们需要改变系统的输入。

说到这里，我再问大家一个更残酷的问题：如果你已经陷入一个封闭的系统当中，应该怎么办？比如，你不喜欢自己的城市，或者正在从事一份不满意的工作，但是一时半会儿又离不开……这时，你要怎样过好接下来的日子？

这时候，我们再回过头去看，就会发现，当我们在一个封闭系统里时，只要做好感知和选择这两件事，就可以使整体的熵逐渐减少了。

我们来举一个极端的例子。

很多人都听说过纳粹集中营，它应该称得上是一个非常糟糕的封闭系统了。可以毫不夸张地说，现代监狱跟纳粹集中营比起来，简直就是天堂了。

著名心理学家维克多·弗兰克尔曾写过一本书，叫作《活出生命的意义》，这本书被称为美国自20世纪50年代以来最有影响力的书之一。

在第二次世界大战期间，弗兰克尔被关进了奥斯维辛集中营，并且一关就是3年。当时在集中营里，平均每28个人只有1个人能活下来，所以在这3年中，弗兰克尔的家人几乎都死在了集中营，侥幸存活的也大多精神失常。

然而就是在这样极端的环境中，弗兰克尔却发现了一种可以始终让自己保持头脑清醒、身体健康的方法。这个方法是什么呢？他在《活出生命的意义》一书中给出了答案，那就是选择的自由，他认为这是人类最宝贵的财富。他在书中说：

你无法控制生命里会发生什么，但是你可以控制面对困境时你的情绪和行动。残酷的世界可以拿走你很多东西，唯独有一样东西它永远拿不走，就是选择的自由。

古罗马哲学家爱比克泰德，在中年时被剥夺了所有的财产，并被逐出罗马，开始流放生活。然而在离开罗马时，他也曾对朋友说过类似的话："如果我必须被流放，谁又能阻止我面带微笑，愉悦而且平静地离去呢？"

我想，这就是在极端的环境下，那种选择的自由吧！

不同选择下的三段人生

如果从选择的维度来看，我们的人生大概可以分成三个阶段。

第一段是从出生到独立的这个阶段。在这段时间里，我们能控制的东西很少，比如出生在什么样的家庭、获得什么样的DNA、读什么样的学校、遇到什么样的老师……绝大部分的选择都不是由我们自己控制的。

但到了第二个阶段时，情况就大有不同了。在这个阶段，我们已经开始独立，可以选择的东西越来越多。不过在这个阶段,如果一旦开始跟身边的人比较,很多人仍然会停留在对人生第一阶段的怨恨里无法自拔,比如一直抱怨自己先天条件不够好、没有更多选择的机会等。

查理·芒格曾分享过一种保证可以让人顺利变穷的方法,那就是这个人一定要坚信,人生是不能输在起跑线上的。只要出生环境不够好,没考上好大学,没找到好工作,或者是考研、考公务员失败了,那这辈子就完了。而且,如果一个人30岁之前没有出息,那么他这一辈子也就基本上不会有什么成就了。

一旦你对这些有一丝丝的怀疑,那你都不可能成功地变成一个穷人。我在28岁的时候,就曾经非常坚信30岁是一道坎,认为"三十而立"非常正确。当时我非常焦虑,觉得自己的人生已经没多少机会了。后来30岁不知不觉地过去了,的确过得非常不顺利,但之后的情况更加出乎我的意料。

过了30岁之后,我迅速开始自我催眠,告诉自己"我是一个大器晚成的人",也许我就是要熬到50岁才能成功呢!而且我还开始研究很多名人的"发迹史",比如恺撒40岁才崛起,任正非42岁才创办华为、哈兰·山德士62岁才创办肯德基……他们在30岁的时候同样什么成就都没有。就这样,一直熬到36岁之后,我的创业和投资才逐渐有了转机。

后来,我开始反思30岁时的那个节点。当时我可以选择继续自我催眠,继续折腾,也可以选择放弃幻想,寻求安稳,这种选择或许就是人生的分水岭吧。

还有一种情况,就是一部分人会选择进入第三个阶段:稳定阶段。这一阶段中,最典型的现象就是找一份安稳的工作,一干就是一辈子。表面上看,这种生活很稳定,但这种稳定中却隐含着一种危险,就是容易陷入封闭系统之内,进而不断熵增。

实际上，这种情况在很多人身上都比较普遍。比如当家庭主妇，或者当了老师……这些人就比较容易进入这种状态。不过，我也看到有些朋友反而利用这种稳定的环境，构建出了一个很好的耗散结构。

所以，这一切仍然是个人不断选择的结果（图1-1-17）。

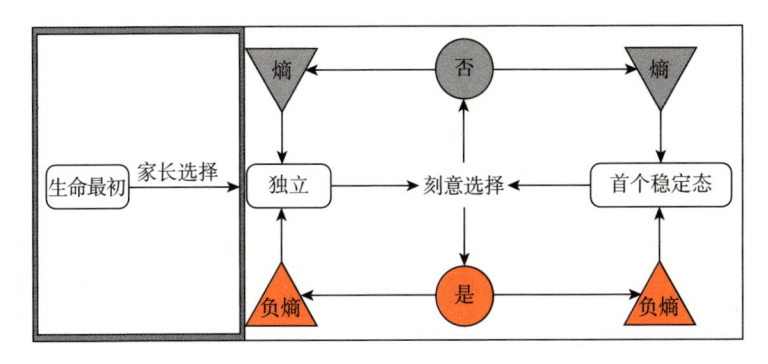

图1-1-17

事实上，我们所处的这个世界充满了辩证。如果你是热衷冒险的人，那就多一点儿追求务实和安稳的态度；如果你是拥有稳定生活的人，那就多一点儿追求开放和冒险的精神。这样都会让自己的生活变得更好。不论怎样，我们都要记住，**再精致的封闭也会腐烂，再简陋的耗散也会鲜活**。

成功的人生就是不断对抗熵增的过程

在这一节的最后，我们再跨界到心理学，谈一下美国心理学家卡罗尔·德韦克所著的《终身成长》这本书。

这本书中有一幅图（图1-1-18），很贴合地对应了我们这一章中所讲的封闭系统和耗散结构。

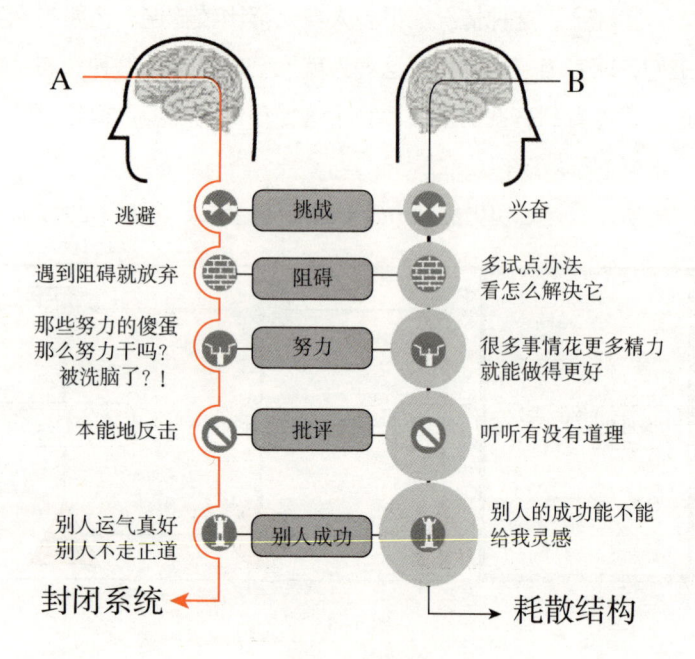

```
         A                              B
   逃避         挑战         兴奋
   遇到阻碍就放弃   阻碍         多试点办法
                              看怎么解决它
   那些努力的傻蛋   努力         很多事情花更多精力
   那么努力干吗？                就能做得更好
   被洗脑了？！
   本能地反击      批评         听听有没有道理
   别人运气真好    别人成功      别人的成功能不能
   别人不走正道                给我灵感

   封闭系统                   耗散结构
```

图 1-1-18

通过研究，德韦克发现，人有两种反应模式：A 模式和 B 模式。这两种反应模式日积月累之后，就会使人生演变成两种完全不同的结构——封闭系统和耗散结构。而造成这种不同演化的原因，则取决于我们对很多小事的第一反应。

比如，在遇到挑战时，A 模式倾向于逃避，觉得挑战很烦；但 B 模式第一时间是兴奋，想试着迎接这个挑战。

遇到阻碍时，A 模式倾向于放弃；但 B 模式会进行思考，如果这个阻碍的确很大，也会选择放弃，但大多数情况下，他可能会在第一时间试着多想些办法去解决。

A 模式会觉得那些努力工作的人很傻、很天真，觉得他们都被洗脑了；但 B 模式更加关注的是事情本身，他们始终认为，很多事只要花更多的时间和精力，就能够做得更好。

面对批评时，A模式会本能地反击；B模式当然也会有点儿不舒服，但他仍然会耐心地听一下，看看对方说的是否有道理。

对待身边人的成功，A模式的第一反应是认为对方运气好，或者对方只是一时得意，最终还是会失败；而B模式更关心的是，能否从对方已经验证的事物中获得一些启发和灵感。

其实在日常生活中，绝对A模式或B模式的人并不常见，大多数人都是这两类模式的融合体，只不过有的人A模式多一点儿，有的人B模式多一点儿。但随着时间的推移，这两种模式都会形成不断自我增强的闭环，直到逐渐形成牢固的系统。

整体来说，A模式一直在拒绝信息和能量的输入，而B模式一直在强迫自己去接受更多的信息和能量。所以选择B模式的人，通常会遭遇更多的痛苦，毕竟趋利避害是人的本能，而选择A模式的人才更加符合人的本能。

由此也可以看出，在我们的人生中，**构建耗散结构就是个不断承担更多痛苦的过程**，因为我们要花费时间和精力去做一些逆人性且非常困难的事情。要把这些事情落到实际，充满了困难，正所谓"知易行难"嘛！

可是在很多时候，我们觉得一件事情难，并不是因为它真的难，而是因为我们没有掌握正确的方法。正所谓"天下难事，必作于易"。

如果我们想把一件非常困难的事情做成，一个非常好的方法就是：把它拆成很小的一件又一件简单可执行的事情，然后一步一步地去做。从这个层面上来说，没有任何一个学科比工程学更加擅长如何拆分和执行了。那么，如何才能做到知行合一呢？在后面的内容中，我将带大家在工程学领域内寻找答案。

本章小结

1.熵的本质告诉我们，熵与物体或系统可能的状态数成正比。状态数越少，熵越少，事物就会更有序；反之，状态数越多，熵越大，事物就会更混乱。在这个世界上，混乱才是常态，有序需要刻意经营。

2.熵增定律告诉我们，在封闭的系统中，熵会随着时间的推移而增加，而感知和选择可以使事物变得更加有序。

3.耗散结构理论告诉我们，构建耗散结构的过程就是一个不断承担更多痛苦的过程。再精致的封闭也会腐烂，再简陋的耗散也会鲜活。我们要利用耗散结构重塑自我，就要不断对抗熵增，改变耗散结构的输入。

02

工程学：知行合一的技术

当你站在大街上，望着那些高耸入云的高楼大厦之时，可能会被它们整体的恢宏气势所震撼。但对于工程师而言，他们所见的不仅仅是楼房的整体，还有这些庞然大物如何平地而起的画面。

普通人看待工程学，会认为这是一门十分庞杂的学科。但所谓万变不离其宗，再复杂的事情也可以找到它的底层逻辑。而这些底层逻辑，往往不会受限于某一学科。我们大可不必去研究那些工程学上复杂的理论知识，而要去发现工程学中所蕴含的做事智慧，这些智慧才是帮助我们解决生活中所遇到的一些重要问题的关键。

明代哲学家王阳明曾说："未有知而不行者。知而不行，只是未知。"所以我们常说"知易行难"，原因就是还存在一些我们应该知道却不知道的东西。而这些不知道的东西，就包含了工程学所涵盖的范畴。如果说，**艺术的核心是表达，科学的核心是发现，那么工程学的核心就是实现。**

工程学是一门应用范围很广的学科，它涉及很多领域（图1-2-1）。

生物和农业工程（BAE）
生物医学工程（BME）
化学和分子生物工程（CBE）
土木、建筑和环境工程（CCEE）
电子电气工程（ECE）
工业和系统工程（ISE）
森林生物材料（FB）
集成制造系统工程（IMSEI）
材料科学工程（MSE）
机械与航空工程（MAE）
计算机科学（CSC）
核能工程（NE）
运筹学（OR）
纺织工程、化学和科学（TECS）

图 1-2-1

但是，我们不需要把所有涉及的学科都讲一遍，只需要提炼它们共通的一些重要方法论，比如，**行胜于言、分解结构、量化、列清单、学会取舍**等。掌握这些方法论，对我们的生活就能起到很棒的指导作用了。

行胜于言，行胜于断

如果你身边有做工程师的朋友，你就会发现，他们大多都有一个共同的特点：面对一项任务时不喜欢夸夸其谈，也不喜欢先对问题做大方向的判断，而是喜欢直接去做。而且他们更享受精确地去完成任务，而不是让任务处于模糊的待定状态。遇到问题时，他们的第一反应通常不是去向别人求助，而是自己钻研，看怎么动手解决。总之，能动手就绝不动口，这就是行胜于言、行胜于断。

工程师都喜欢"搬砖"

现在很多人为了赚钱，总是不停地追赶所谓的"风口"。有的人确实抓住了机会，获得了巨大的财富，但也有一部分人因此而倾家荡产。

但是那些工程师，或具有工程思维的人，通常不会去做这样的事情。即使在一个不确定性的坐标轴当中，他们也会更加倾向于去抓那些确定性更高的东西，而不喜欢去跟那些高不确定性的东西打交道。比如判断未来的大趋势，或者通过概率测算打赢得州扑克，他们都不喜欢干。

他们喜欢干一件事就有一件事的回报，这种行为特征有点儿像搬砖。

而投资人思维几乎完全相反。他们喜欢把自己置身于一个不确定性很高的环境中，去做高风险、高回报的事情。这种思维方式也可以称为风口思维（图1-2-2）。就是说，他们不是拿到一个东西就马上动手去干，而是花很多时间找到一个大方向，等到对的时间、对的标的出现后，再一次性投入。这种思维模式有点儿像冲浪和登山的差别，浪需要等，而山永远在那里。

因此，**有搬砖思维的人，对战术上正确性的重视要远胜于对战略上正确性的重视。他们相信事情是由量变逐渐积累到质变；而有风口思维的人恰恰相反，对战略上正确性的重视要远胜于对战术上正确性的重视。**他们认为不是每件事都会产生质变，寻找那些可能发生质变的地方比积累量变更为重要。

搬砖思维
努力过好每一天

风口思维
耐心等待风口来

图 1-2-2

从某种程度上看，信奉搬砖思维的人要比信奉风口思维的人更容易把日子过好，因为他们一直热衷于交付产出。而能够产出就像是一串 0 前面的那个 1，如果没有 1，即使你找到了一个特别好的方向，后面有再多的 0 都没有意义，其结果也还是 0。

所以，我们也可以说，万物皆从"搬砖"起，耐心搬砖的能力可以说是每个现代人都应该习得的能力。

多巴胺型快乐 VS 内啡肽型快乐

很多人不理解，那些能够长期坚持枯燥搬砖生活的人，他们工作的快感到底在哪里？

这里我们就要跨界到生物学来解答这个问题了。

人类通常会在分泌三种神经递质的时候产生快乐的感觉，这三种神经递质分别为：多巴胺、内啡肽和血清素。只要分泌这三种神经递质的其中之一，人就会感到快乐。而针对快乐搬砖的问题，我们可以从**多巴胺型快乐**和**内啡肽型快乐**中去寻找答案。

我们先来对比一下多巴胺型快乐和内啡肽型快乐。简单来讲，多巴胺型快乐是先甜后苦型，这也是最常见的一种快乐形态；内啡肽型快乐是先苦后甜型，比较小众。而枯燥的搬砖得到的快感,恰恰是内啡肽型快乐。

内啡肽是在人的身体或精神遭受痛苦后,分泌出来的一种多肽化合物,其作用是镇痛和平静。相比于多巴胺,内啡肽的可持续时间更长,也更稳定,并且除了镇痛和调节情绪外,它还能促进身体内分泌循环,增强免疫力。

分泌内啡肽是人类在长期进化的过程中,产生的一种有利于提高人类生存概率的机制。在远古时代,由于物质的匮乏,人类时常需要长途奔跑去追逐猎物,但未必每一次追逐都能收获猎物。如果人类只有在吃到猎物的那一刻才可以感到快乐,那么很多人可能还没有得到猎物,就会在痛苦的追逐中死去。为了不让人类太痛苦,身体就演化出了一种"奖励机制",即使人在打猎时一无所获,但只要经历了长时间的奔跑,这种机制也能让人获得平静和愉悦。

今天,我们在进行器械运动、长跑,或是完成一项工作任务、学习任务时,身体都会分泌内啡肽,使我们感到平静与快乐。其中尤以长跑的刺激最为明显,这样我们也就能理解,为什么那么多人会对长跑上瘾了。

还有一种情况,就是在大声喊叫或唱歌后,身体同样会分泌内啡肽,所以它们也是排解压力、产生快感的方式。

从某种程度上来说,信奉搬砖生活的人,也形成了一种对完成任务上瘾的生活循环。因为每搬完一次砖,身体就会分泌内啡肽。久而久之,人对内啡肽就会上瘾。

但是,很多人无法理解这种快乐,因为它与我们常见的多巴胺型快乐是完全相反的。

多巴胺会正向调节我们体内的去甲肾上腺素和肾上腺素,所以多巴胺型快乐会让人血管扩展、心跳加速,产生兴奋的感觉。不过，多巴胺型快乐持续时间并不长，当多巴胺消散时，人就会感到相应的失落和抑郁，这就会促使人不自觉地追寻下一次多巴胺的刺激。

通常我们生活中所有享受类的快乐都属于多巴胺型快乐，比如刷抖音、吃甜食、谈恋爱、抽烟、喝酒、购物、打游戏、刷剧、逛夜店等。

如果我们回到远古时代，多巴胺型快乐其实是人类在捕获到猎物，并将其烹饪进食之后产生的一种快乐。在物质贫乏的时代，**多巴胺型快乐与内啡肽型快乐**之间配合得非常默契，因为那时人类并不容易找到食物，即使对多巴胺型快乐上瘾，想要满足也要等很久。而与之相对的内啡肽型快乐反而更易得到。所以，这就形成了"一连串的内啡肽型小快乐带来一次多巴胺型大快乐"的良性循环。

到了物质充裕的现代社会，人们想获得多巴胺型快乐变得极度容易，这就彻底打破了之前的良性循环。由于大刺激唾手可得，普通人根本无法抵御进入多巴胺型快乐的诱惑。

但是，长期沉迷于多巴胺型快乐，而忽视内啡肽型快乐的后果，就是导致人体的免疫力与自我修复能力不断下降，从而使人进入长期的亚健康状态。这种亚健康状态又会促使我们更加容易陷入愤怒和抑郁的情绪之中，必须去寻求更多的多巴胺型快乐进行解压。这就是常见的多巴胺型快乐所造成的恶性循环（图1-2-3）。

了解了这两种快乐的原理，我们就得到了一个健康愉快生活的真正公式，就是在日常工作中通过"搬砖"获得内啡肽型快乐的愉悦感，在实现目标的时候，就会激发多巴胺型快乐来奖励自己。

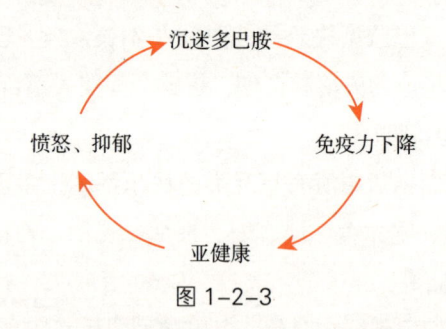

沉迷多巴胺 → 免疫力下降 → 亚健康 → 愤怒、抑郁 →（循环）

图 1-2-3

举个例子，当你完成一项工作任务时，你就可以适当放空一下，享受身体分泌的内啡肽所带来的平静感。而只有完成一个阶段性目标时，你才给自己一个正式的娱乐奖励，比如好好吃一顿、打一天游戏或者追一天的剧等，总之就是给自己一点儿时间，让自己彻底放松。

但是，如果实现不了目标，就不能得到这样的奖励，必须忍着。这个过程就与远古人的快感模式很相似了。

工程学的精髓：工程分解结构

"分解"这项技能可以说是工程学的精髓所在。简而言之，**就是工程师喜欢把任何复杂的事情拆分成易于操作的简单模块，然后再逐一解决。**

分解思维：万物皆可分解

工程师相信，在这个世界上，**没有解决不了的问题，只有**

承受不了的成本。这是一个非常重要的观念。理论上，再难的问题，只需要把它拆分，拆分，再拆分，分解到我们找到自己轻而易举就能上手的那一个动作，然后动手一做，就实现了从想到做的转换。

比如，现在让你去收拾一间很乱的房子，千头万绪不知道从哪儿入手。这时，工程分解思维就会告诉你，就从低头捡起手边的第一片垃圾开始入手。

你可能会问，这也算工程学思维吗？

那我们就再举一个"很工程学"的例子：造一艘火箭。这个问题够复杂吧，想想简直比登天还难。

大部分人遇到这样的问题，第一个念头就是：哇，这太难了，根本无从下手呀！于是直接选择放弃。

那么，掌握了工程分解思维的人会认为，**尽管火箭无比复杂，但它无非也是由 N 个部分逐一构建起来的。只要找到能上手的第一个部分，把它搞定；再找到第二个部分，再把它搞定……**以此类推。假如拥有足够的时间和资源，总能拼凑一艘火箭出来。至于这个火箭能不能升空，那是另外一回事，至少我们把它搞定了。

所以，只要拥有无限多的资源和无限多的时间，任何一个人都能够利用工程学中的分解思维，制造出这个世界上任何一件复杂的机器。

聚焦思维：透过全局找聚焦

除了具备高超的工程分解思维外，工程师还有一种思维，就是聚焦思维，它可以说是工程分解思维的孪生思维。

如果没有分解,就无从聚焦;如果没有聚焦,分解了也没有意义。

通常来说,工程分解思维包含几个重要部分,第一步就是要看全局。

我们继续以造火箭为例。

首先,一艘火箭到底长什么样?我们需要对火箭的全局进行一个整体的分析,可能要把它分为 15 个部分(图 1-2-4)。其实在这张图里,我们只是把火箭结构简化地列了 15 个部分,当然,火箭构造是远远不止这 15 个部分的。

看全局,找聚焦

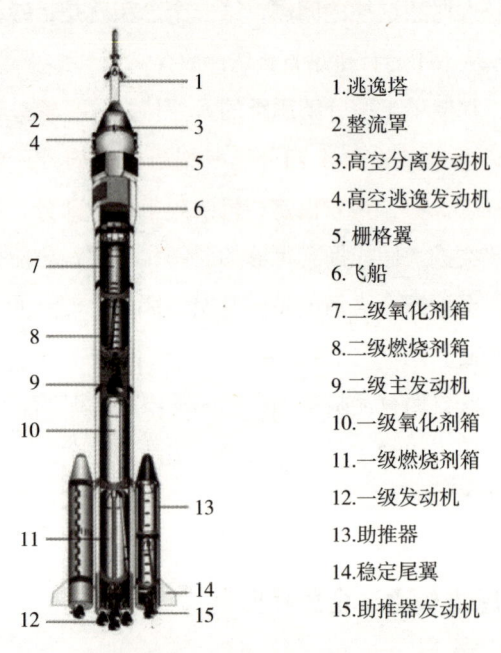

1. 逃逸塔
2. 整流罩
3. 高空分离发动机
4. 高空逃逸发动机
5. 栅格翼
6. 飞船
7. 二级氧化剂箱
8. 二级燃烧剂箱
9. 二级主发动机
10. 一级氧化剂箱
11. 一级燃烧剂箱
12. 一级发动机
13. 助推器
14. 稳定尾翼
15. 助推器发动机

图 1-2-4

接下来要做的，就是从这 15 个部分中找到能够入手的那个部分，所以第二步就是找聚焦。

我们可以先聚焦其中的一个部分，比如先聚焦在第十五个部分上，这部分叫作助推器发动机。一旦我们决定聚焦这个局部，那么其他尚未完成的事情，在我们的大脑中就应该彻底消失。这就是专注聚焦的能力。

当我们聚焦到助推器发动机时，就会发现它也是可以继续分解的。

这时，我们继续重复以上两步：第一步，看全局；第二步，分解并聚焦。

那么，发动机的全局是什么呢？我们看图 1-2-5。

再看全局，再找聚焦

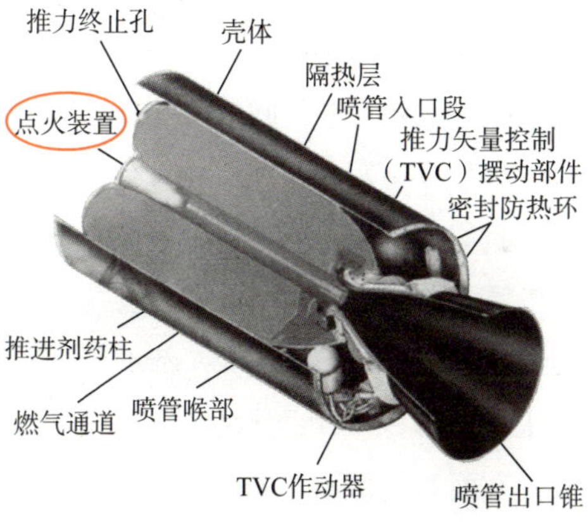

图 1-2-5

与聚焦火箭这个全局一样，在聚焦发动机的全局中，我们再找出一个局部，比如发动机上的点火装置，然后进行再分解……按照这样一个思考过程，就可以不断分解、聚焦下去，直到找到那个可以上手去做的部分。

工程分解思维就是这么简单，分解，分解，再分解，直到找到上手的东西，把它抓住。一旦开始动手的那一瞬间，你就从"想"的部分，切换到了"做"的部分。

关于聚焦的价值，其实很多"牛人"都曾经说过。在投资领域有一个传说，股神巴菲特与比尔·盖茨第一次见面时，比尔·盖茨的父亲问了两人一个问题：人生中最重要的品质是什么？当时两人都不约而同地给出了一个单词："focus"（聚焦）。

篮球之神乔丹也有一句流传非常广的名言：Focus like a laser, not a flashlight.意思是：**要像激光一样专注，而不是像手电筒一样散光。**

这个比喻非常形象。手电筒发出的光，随着距离的推移会越来越分散，很难有杀伤力，但激光却可以因为聚焦传播出很远的距离，从而变得无比强大。

那么，我们进一步要思考的问题就是：如何才能培养像激光一样专注的能力呢？

这就要说到我们大脑神经元上一种叫作髓鞘的物质了，这方面内容我会在后面脑科学一章中详细阐述。

当然，不管是火箭还是万里长城，都不是一下子就能造出来的。不管万里长城有多长，它都是由一块一块的石头垒起来的。任何时候，你面对的都不是一座长城，而是眼前的一块石头。造火箭也是如此，你要造的不是一个大的火箭，而永远是它的某一个零件。

理解了这个道理，我们也就理解了万事开头难的道理。从整体上看一件事，确实很难，比如要写一篇论文、做一份计划书，或者动手整理自己的简历，最大的挑战就是在最开始的时候,怎样让自己从"想"切换到"做"的状态。但只要迈出了第一步,后面按部就班地进行,事情就没有那么难了。

为行动找一个起点:分解与全局能力相融合

在互联网行业当中,如何从"想"到"做"也有一套成熟的方法论。用行业的"黑话"来说,就是"找抓手""爬梯子";用《道德经》中的一句话来解释,就是"天下难事,必作于易"。这两句话的含义非常相似。

其实,不管是"找抓手""爬梯子",还是"天下难事,必作于易",它们都是由两个部分构成的。

第一个部分,是让你先做容易上手的,看得见、抓得到的事情。"抓手""作于易"就是这个意思。

第二个部分,是让你不断地向上去抓下一个抓手,以达到不断攀爬的目的。"梯子""难事"指的就是这层意思。

因此,工程分解结构的真实含义,就是让我们"既见树木,也见森林"。

接下来我们可以再细化一些,把从"知"到"行"分成5个阶段来执行(图1-2-6)。

第一阶段,设定大目标,看全局。这个部分关键要看时间的可能性。

我们来举一个贴近生活的例子:假如我让你掌握一门从来没有接触过的学科知识,那么第一步你打算做什么?我想应该是马上去找这个学科当中最权威的经典入门教材,然后读目录,建框架。

如何读目录呢?

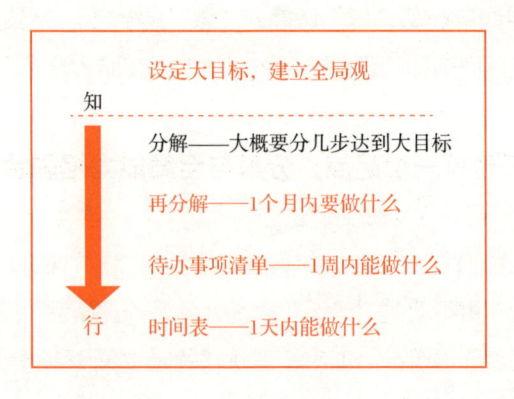

```
知 ┐  设定大目标，建立全局观
  │
  │   分解——大概要分几步达到大目标
  ↓
      再分解——1个月内要做什么
      
      待办事项清单——1周内能做什么
行
      时间表——1天内能做什么
```

图 1-2-6

可以分两步走：

第一步，抓住那些你完全看不懂的概念，一个个查它们都是什么意思。

第二步，弄懂这些概念后，进一步弄懂概念之间的联系。

比如，我们要学习脑科学，那就要先了解前额皮质、边缘系统或杏仁体这些概念。除了弄清楚它们各自的功能和在大脑中所扮演的角色之外，关键还要知道，在大脑当中，它们各自都长在什么位置，谁在谁的上面，谁是谁的子集。在寻找联系时，我们往往需要反复推敲。

所以你看，看全局这件事，有时比我们想象的要花更多时间。

第二阶段，开始进行分解。研究大概要分几步才能实现这个大目标。

第三阶段，分解到确定一个月内要做什么事情。

**第四阶段，继续分解到待办事项清单（to do list），确定一周内要做什么事情。

第五阶段，再分解到一天内要做什么事情。

层层分解下去，到最后可能要分解到接下来几个小时要做什么事情。这时，你就已经无限接近执行了。

这么多年来我发现，自己打过交道的人基本分成两类：

第一类人，想得比较多，做得比较少。这类人更喜欢看全局，但总是不能跨过分解这个步骤。

第二类人，做得比较多，想得比较少。他们很擅长分解，但大多时候只知道埋头干活，从来不抬头看天，不去看问题的全局。

这两种人，谁想要做到"知行合一"都很难，只有将两部分的能力合在一起，才能真正做到"知行合一"。

学会量化你的生活

工程师们除了具有分解思维，还要具有量化思维。"量化"这个词看起来很高大上，其实它非常简单，只要你懂得加减乘除，就完全可以运用"量化"这个工具。量化的关键在于知道应该计算什么，而不是执着于计算结果。

量化思维离不开分解

在现实生活中，能否熟练地运用量化思维，通常是用来区分一个人是不是高手的标准。很多大公司都对量化情有独钟，例如高盛、摩根这样的大投行，或者是微软、谷歌、今日头条、美团这样的互联网公司。在他们的面试题里面，经常会有类似这样的问题：

万里长城有多重？

塞满房间需要多少个网球？

上海有多少家健身房？

北京有多少个下水道井盖？

如何知道开一家奶茶店是否赚钱？

……

这些大公司问这类问题的目的，并不是真的让你计算出长城的重量或是井盖的数量，而是**考察你能不能有条理地对现实生活进行量化模型思考**。

这件事听起来很难，是因为大家没有掌握其中的窍门。

实际上，具体的计算过程并不重要，我在这里直接给大家一把万能钥匙：

当你面试看到类似问题时，你要做的第一件事不是急于去回答，而是开始进行工程分解，要明白任何一个复杂问题，都可以进行无限分解。

分解的目的又是什么呢？

就是找到那个抓手。

比如，要计算房间里能装多少个网球，首先要假设房间的长、宽、高各自是多少，因为这样最容易直观想象。要计算万里长城有多重，首先我们应该想到万里长城大概有多长，是1000 公里，还是 2000 公里？

假设完之后，我们要干什么呢？

接下来我们要做的就是推演所有的变量，并且你还要把这个**推演的过程写下来、画出来、说出来，把一个变量变成一个**

场景或一个故事，然后随着线索找到更多的变量（图 1-2-7）。

最后，就是用简单的四则运算将这些变量联系起来，构建出一个数学模型。

推演所有变量

写下来　画出来　说出来

图 1-2-7

这就是量化思维的"三步走"。

现在，假设要让你推测一下，开一家奶茶店是否挣钱，你就可以用这"三步走"的方式，把这个模型建立起来。

第一步，找到最容易想到的变量。

第二步，通过叙事的方法，找到更多的变量。

第三步，运用简单的四则运算，将它们计算出来。

接下来，我们就更详细地来看一下开奶茶店这个问题。

第一步是什么？就是找到你马上想到的变量。开一家奶茶店，你马上会想到哪些变量呢？肯定有店租、员工工资、日常经营需要支付的水电费等成本。

还有呢？还会有收益，比如，一杯奶茶要卖多少钱（售价）。

好，我们现在一下子只能想到店租、员工工资、水电费、售价这四个变量。

那么，接下来我们要干什么呢？

要开一家奶茶店，光有这四个变量肯定是不够的，我们还要把能够想到的变量都写下来、画出来、说出来。通过这些变量，我们开始思考开一家奶茶店的全过程中可能会遇到哪些问题（图1-2-8）。

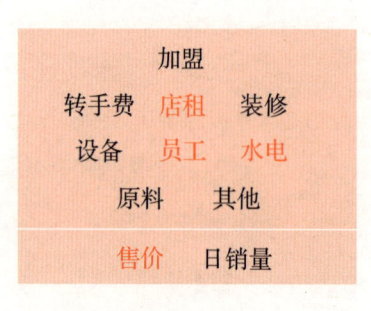

```
            加盟
    转手费   店租   装修
    设备     员工   水电
    原料     其他
    ─────────────────
         售价   日销量
```

图1-2-8

比如，在付店租之前，你至少要有一个奶茶店的品牌，这个品牌可以是自己设计的，也可以是加盟的。如果是加盟的，你可能还要找到一个奶茶品牌。所以，在付店租前，还有个加盟的环节。

加盟成功，你准备租房，这时上一家租客转手给你的时候，可能还会有转手费。付完店租之后，接下来还要对店面进行装修。装修结束后，下一步就是请员工了。

到这里，就又出现了一个新问题：员工要把奶茶成功地做出来，肯定需要设备吧？所以，你还要买设备。买完设备，招来了员工，付完了水电费，接下来就是日常经营了。因为奶茶属于消耗品，所以可能还需要原料等其他东西。

一切就绪后，奶茶就要出售了，这时除了有客单价（售价）之外，还有每天的销量（日销量），这又出现了一个收益当中的变量。

通过这个案例中的推演过程，我们就可以逐渐找到更多的变量，而且这些变量当中还有一些倍数关系。比如，员工可能不止一个、设备可能不止一台……所有这些变量其实都可以用加减乘除这样的四则运算进行计算。而当你把这些加减乘除全部运用起来后，其实就已经开始在建立一个数学模型了。

上面这种估算方法，在实际生活中可以应用到很多方面，比如其中的成本收益二分法，就是一个非常实用的量化评估方法。如果你仔细思索，会发现世间万物几乎都可以用成本收益二分法去套用。

还有一个与成本收益二分法相似的思考方法——投入产出二分法，也叫投入产出比，简称ROI，也是一种很厉害的分析框架。

总而言之，建立一个估算模型的过程比想象中要简单得多。当我们了解了工程分解结构与量化思维之后，首先就要建立一个心理认知，即建立数学模型和对一件事情进行分解并不可怕。它不需要你必须是理科生，也不需要你必须学过高等数学，只要你读过中学，就有能力对世间万物进行简单的数学建模。在这个过程中，你只需要遵循下面的三个步骤。

第一步，找到最容易想到的变量。
第二步，通过叙事、画图的方式，找到更多的变量。
第三步，通过简单的四则运算，把它们联系起来。

至此，我们已经介绍了两个工程学思维：分解和量化。接下来，我再介绍一个工具，就是现在很多头部科技公司中经常用到的一种管理工具——OKR。

OKR：量化与工程分解结构的有机结合

现在很多公司都在内部运用一种叫OKR的管理方法。它是

将工程分解结构和量化思维有机结合在一起的一种应用管理工具，不仅可以用来管理公司，也可以用来管理我们的生活。

那么，OKR 具体是什么意思呢？

它的英文全称是 Objective and Key Results，意思就是目标和关键的结果。它可以分解为三个层次。

第一层叫作大目标，就是 Objective，简称为 O。

第二层叫作关键结果，就是 Key Results，简称为 KR。

第三层叫作具体行动。

简而言之，它就是把一个大目标分解成几个关键结果，而关键结果又可以分解成一些重要的具体行动的过程（图 1-2-9）。

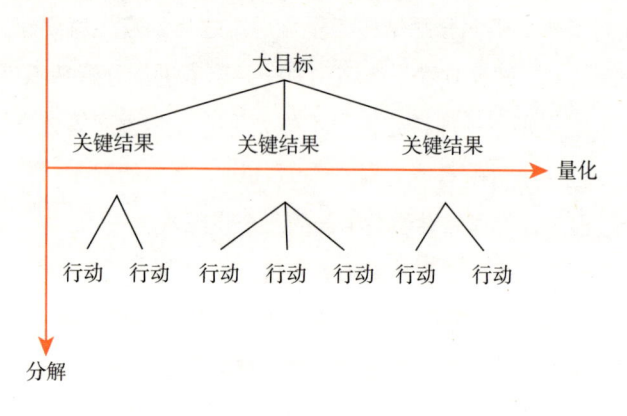

图 1-2-9

在 OKR 运行的过程中，从上而下都是在不断分解，越分解越具体；从左到右则是在不断做量化，目的是让它变得可跟踪、可追溯。

这样说有些抽象，举个例子来说明。

比如，你设定了一个目标：要养成健康的生活习惯（图

1-2-10）。这个目标分解出来，第一个关键结果就是每天都要坚持运动。它对应的具体行动可能是：每周跑步 3 次，每次至少 30 分钟；每周至少做 3 次室内健身，每次至少 15 分钟。

> **大目标：养成健康的生活习惯**
>
> 关键结果1：每天运动
> 　　　　行动1：每周跑步3次，每次至少30分钟
> 　　　　行动2：每周至少3次室内健身，每次至少15分钟
> 关键结果2：每天按时睡觉
> 　　　　行动1：零点远离手机
> 　　　　行动2：睡前15分钟放空
> 关键结果3：新知识输入
> 　　　　行动1：每两周读一本书
> 　　　　行动2：每天读一篇深度文章

图 1-2-10

第二个关键结果是每天坚持按时睡觉。它对应的具体量化行动可能是：每天零点整开始远离手机，在工作日晚上睡觉前 15 分钟让自己放空。

第三个关键结果是保持新知识的输入。它对应的具体行动可能是：每两周读一本书，每天抽空读一篇深度文章等。

再比如，我们要登顶珠峰，这件事看起来很复杂，但运用 OKR 的分解方法同样可以轻松解决（图 1-2-11）。

首先，我们确定"登顶珠峰"这个大目标，它就是 O，然后把这个大目标分为四个阶段，再为四个阶段寻找四个关键结果。

第一个关键结果，是在 3 天内从大本营登上 1 号营地。

第二个关键结果，是在 2 天内登上 2 号营地。

第三个关键结果，是在 3 天内登上 3 号营地。

第四个关键结果,是在1天内从3号营地开始登顶。

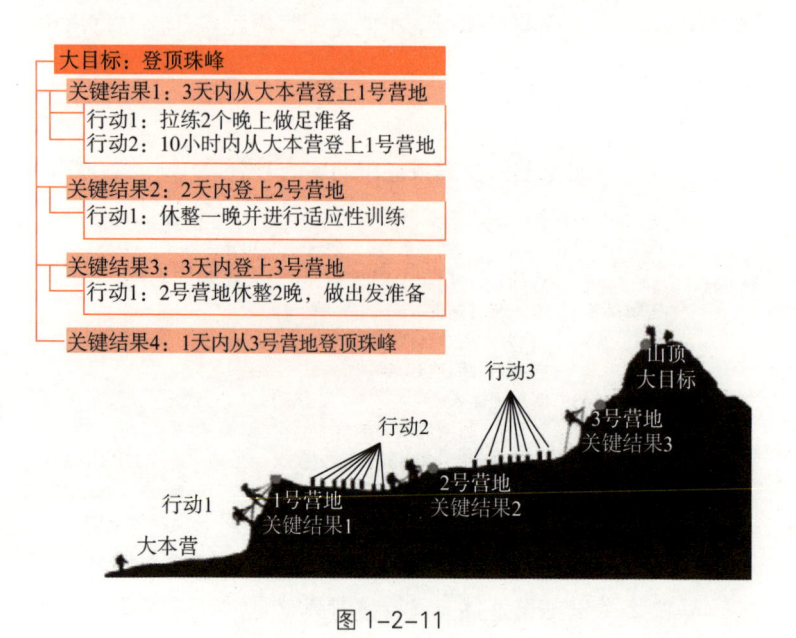

```
大目标:登顶珠峰
├─ 关键结果1:3天内从大本营登上1号营地
│   ├─ 行动1:拉练2个晚上做足准备
│   └─ 行动2:10小时内从大本营登上1号营地
├─ 关键结果2:2天内登上2号营地
│   └─ 行动1:休整一晚并进行适应性训练
├─ 关键结果3:3天内登上3号营地
│   └─ 行动1:2号营地休整2晚,做出发准备
└─ 关键结果4:1天内从3号营地登顶珠峰
```

图 1-2-11

从这个分解过程中,我们可以看到很多量化。比如,我们要在3天内实现第一个关键结果,2天内实现第二个关键结果,这就是个量化的过程。分解与量化,在这里就融合在一起了。继续分解量化,如果在3天内,我们从大本营登上1号营地,那就要采取两个行动:一是可能要花2个晚上进行体能上的准备;二是花上10小时从大本营一路向上攀登,登上1号营地。这就将登顶珠峰这件事分解量化到具体的行动了,而且每一个行动也都有量化的目标,如2个晚上、10小时。

任何一个复杂的大项目,都可以用这种方式进行拆解,比如减肥计划、学习目标、升职加薪、大公司应聘等。坦率地说,如果你可以在面对人生重大问题时，都能坚持用这种从大目标到小行动一环扣一环的分解方式做计划，那么你的行动力就能超过95%的人。

列清单：行事处处有章循

在分解量化过程中，大家可能已经意识到，工程学思维就是将一个看似复杂的问题逐渐细化。这就产生了一个问题，复杂问题在细化之后会分成很多部分，但要想将它们全部记住却十分困难。针对这一问题，工程学中有一个十分有效的思维方法，就是为这些零碎的部分列清单。

列清单，是世界上很多成功人士所热衷的方法，比如美国的本杰明·富兰克林、托马斯·阿尔瓦·爱迪生、沃伦·巴菲特等。

清单的简化，行动的优化

培根曾说："阅读使人充实，会谈使人敏捷，笔记使人精确。" 清单就是一个能使你在工作中变得精确的非常有用的工具，它的好处有很多。

第一，展现优先级。 有时我们明明有很多事情要做，却不知道先做哪一件，如果把需要做的事情都列出来，轻重缓急的程度便一目了然。

第二，让人专注。 有时我们会为自己的时间不够用而焦虑，没办法完成任务。这种情况下最忌讳的，就是眉毛胡子一把抓。如果提前列好清单，提前预计每件事需要花费的时间，把时间切分成块状，就可以在做每件事的时候更加专注。

第三，利于推敲。在列清单的时候，我们会本能地去思考需要列的内容，将它们进行分类、分优先级，这个过程需要我们对着书面材料进行推敲，它可以让我们更加深入地找到那些被忽略的细节和逻辑不严谨的地方。

第四，节省脑资源。列清单其实是一种对大脑资源的外包。用大脑记忆任务列表是一件性价比很低的事情，因为大脑擅长记住画面和有关联的线索，对于关联性较弱的东西记忆起来十分困难，通常只能死记硬背。

被清单驱动的行业

很多工程行业都喜欢运用列清单的方法，其中最常见的就是建筑业。

建筑行业之所以可以保持极高的成功率，靠的就是严格的清单管理。建筑工程师们会针对不同的情况，列出非常详细的检查清单，用以保证在建造过程中的万无一失。可以说，建筑行业的本质就是一个用清单驱动的行业。

除了建筑行业，航空业、医疗业、金融业等很多行业，也都非常热衷于使用清单。甚至在一些智力密集型行业，清单同样能够发挥出巨大的作用。比如，投资行业的"股神"沃伦·巴菲特，在投资时就经常会列出投资检查清单。

表 1-2-1 就是巴菲特投资检查清单的第一页。

表 1-2-1　投资清单

企业宗旨	是 / 否
1. 你是否能够理解企业的业务？	□是　□否
2. 你知道钱是怎么赚的吗？	□是　□否
3. 企业是否有一定时间的经营历史？	□是　□否
4. 企业是否有良好的发展前景？	□是　□否
5. 企业自身是否有大的护城河？（或高入门门槛）	□是　□否
6. 这是一个连傻瓜都能赚钱的行业吗？	□是　□否
7. 当前企业运营操作是否可以在不需要花费太多钱的情况下进行？	□是　□否
8. 公司是否能根据通货膨胀自由调整价格？	□是　□否
9. 你是否看过竞争对手的年度报告？	□是　□否

巴菲特每投一个标的时，都会非常耐心地把检查清单中的每一个问题过一遍。比如，表中的"第一条内容"，后面填是或否。

这些问题都非常简单，而巴菲特在投资行业已经积累了五六十年的经验，他应该早对其中的每一个问题倒背如流了，那他为什么还要如此依赖这种简单、原始的自我检查方法呢？

原因是：有些时候，那些看起来简单、愚笨，但实际上绝对实用的小习惯，如果我们能够坚持一辈子，很可能就会产生超越想象的复利效应。

那些习惯在生活中建立各种清单的人，就属于这种类型。

生活中的"清单革命"

列清单不仅局限于一些对清单依赖度很高的行业，它还可以广泛地用于我们的日常生活。在当下这个信息化飞速发展的时代，便于大家在生活中列清单的软件比比皆是。比如，很多企业使用的飞书文档，其中有一个叫"To Do 待办看板"的文档模板，就可以帮助我们列出属于自己的动态清单（图1-2-12）。

动态清单—To do

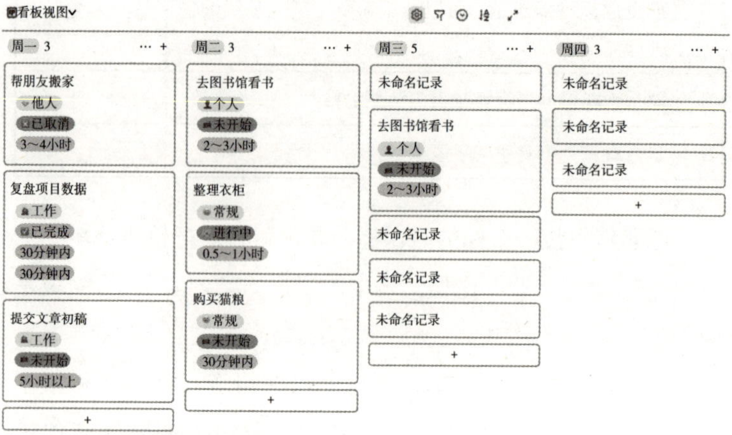

工具：飞书文档—To Do待办看板

图 1-2-12

To Do 列表是以任务为核心展开的列表，时刻表是以每天的时间展开的列表。我们可理解为，任务与时间就是一个事情的两个维度。

如果我们跳出这两个维度来看，To Do 列表实际上就是一份动态清单，它会随着时间的推移而不断变化。当然，生活中还有一些不需要我们每天更改的静态清单，比如工作流程、旅行、投资、买房、买车、申请学校等，这些事情就可以通过建立静态清单来处理。

我们以旅行为例。旅行是一个很低频的行为，在旅行时，准备出行用品是一件非常烦琐的事，而且这些物品之间的关联性也没有那么大。这个时候，能有一份出行的物品清单就非常有用。物品清单一旦确定下来，一般不会随时间的推移而发生太大变化。

下面是我自己的旅行物品清单，大家也可以参考一下（图1-2-13）。

静态清单—旅行

+ 出行								
日常衣服			**盥洗**			**工作**		
项目	数量	未处理	项目	数量	未处理	项目	数量	未处理
短袖 需要整理	5	■	牙刷		■	手机充电线		■
外套		■	毛巾		■	键盘		■
秋裤		■	洗面奶		■	笔		■
袜子		■	剃须刀		■	无线耳机		■
内裤		■	拖鞋		■	发票袋		■
运动鞋		■	指甲刀		■			
牛仔裤		■						
卫衣		■	**睡眠**					
路上			项目	数量	未处理	**飞行随身**		
牛仔裤		■	耳塞		■	项目	数量	未处理
鳄鱼T恤		■	睡眠长裤		■	书包		■
运动鞋		■	褪黑素		■	电脑		■
套头卫衣		■	眼罩		■	《创业维艰》		■
						信用卡		■
			运动与冥想			护照或身份证		■
			项目	数量	未处理	耳塞		■
			外套		■	现金		■
			套头卫衣		■	电影		■
			短袖打底		■	电话卡		■
			运动短裤		■	雨伞		■
			盖腿毯		■	拖鞋		■
工具：numbers			运动鞋		■			

图1-2-13

取舍：在清单中找出优先级

列清单是为了让复杂的事情变得更清晰、更有条理。而在列清单之后，清单中的内容一样需要有条理性，这就需要将其中的内容进行排序，找出不同内容的优先级。想要做到这一点，工程学思维中的"取舍思维"就显得非常重要了。

这一点不难理解，比如辩证法中就经常提到一个说法：面临一件事时，要分清事物的主要矛盾与次要矛盾，还要分清主要矛盾的主要方面与次要方面。这种说法的本质就是甄别与取舍。

不可能三角：不存在的完美世界

"取舍"这个词很有意思，对于很多人而言，它难的地方不在于"取"，而在于"舍"。

为了让大家更直观地了解取舍，我给大家介绍一个工具，叫作不可能三角（Impossible trinity）（图1-2-14）。

图1-2-14

什么是不可能三角呢?

就是在做事情的过程中,我们不可能把它既做得非常快,又做得非常好,同时所付出的成本还不高。绝大多数情况下,好、快、便宜这三点我们只能占两个。

比如,你选择了其中的"好"和"快",那么你就很难让成本变得低;而如果你选择了"便宜"和"快",那你就很难把事情做得很好。

生活中具有不同思维的人,对这三个角的取舍也是不同的。比如,工程思维强的人,通常会选择又"快"又"便宜"的解决方案,因为这样的解决方案通常最容易实现,也最容易规模化。

而具有艺术家思维的人刚好相反,他们通常会本能地选择其中的"好",宁可牺牲"快",尽其所能地创造出完美的作品。

这一点不难理解,毕竟艺术的原动力是表达,为了更好地表达,艺术家大多有完美主义情结。而工程学的目的是实现,在工程师眼中,如何把东西成功地做出来才是最重要的,所以工程师通常都具有反完美主义的特征。

工程思维的反完美主义

如今,汽车行业中的特斯拉选择自动驾驶的技术路径,其运用的方法就符合典型的工程师思维。

特斯拉的创始人埃隆·马斯克是一个非常典型的工程师。在为特斯拉做自动驾驶的解决方案时,他就选择了又快又便宜的机器视觉路径,而不是选择采用激光雷达和车联网这样更加昂贵的路径。尽管激光雷达和车联网的安全性显然更高。

马斯克的做法使很多传统汽车行业的人感到非常费解。

事实上，极致的工程师思维都是非常反本能的。为什么会这样呢？关于这个问题，我在后面的脑科学、人类学相关内容中会做详细的阐述，这里暂不展开。

任何一个真理，它的对面也可能是另一个真理。比如"工程学"一词，它的方法论是分解、量化和搬砖，而这三者的对立面——融合、混沌和突变，同样是世界的真理。所以，工程思维虽然很有用，但它肯定不是这个世界的全部。下一章我们就会讲到它的对立面。

本章小结

1.工程学思维告诉我们，世界上没有解决不了的问题，只有承受不了的成本。只要拥有无限多的资源和无限多的时间，任何一个人都可以利用分解思维，把复杂的事情分解成易于操作的简单模块，从而逐一解决。但在从"想"到"做"的过程中，又必须具备专注聚焦的能力，让自己像激光一样专注，而不是像手电筒一样散光。

2.量化思维告诉我们，量化的关键在于知道应该计算什么，而不是执着于计算结果。建立量化思维需要"三步走"，分别为：找到最容易想到的变量，通过叙事方法找到更多变量，运用简单运算计算结果。

3.取舍思维告诉我们，列清单可以让复杂的事情变得清晰而有条理，但还需要对其中的内容进行排序，做出甄别与取舍。我们不可能把所有事情都做得既快又好，同时又不用付出太高成本，绝大多数情况下，好、快、便宜三点只能占两个。而不同思维的人，对这三点的取舍也是不同的。

03

系统论：既见树木，也见森林

在工程学里，工程分解结构的核心就是拆分：把一个整体拆成很多个局部，然后聚焦每一个局部，每次解决一个问题，这个在哲学上也叫还原论。而系统论刚好把这个过程反过来，在哲学上它运用的方法是整体论。

如果说工程分解，是把大森林看作每一棵植物简单相加的结果，那么你用直觉就能知道，这里面肯定存在问题。因为植物之间，既不可能没有制约争夺，也不可能没有相互依存。不过正是这种错综复杂的关系，才构建了完整的丛林。**把丛林当成整体来研究，就是系统论的范畴。它让我们既见树木，也见森林。**

很多时候，如果我们纵观整体就会发现，那些看似怎么都解决不了的问题，其实是因为它处于一个更大的系统里面。如果不改变整个系统，只单纯解决一个局部，最终还是会被系统重新拉回来。

比如，两种生活的飞轮（图 1-3-1），一种叫非酋飞轮，另一种叫欧皇飞轮。它们就是典型的例子。

如果你陷入沮丧、灰心和消极的循环，那么单纯靠娱乐去麻痹自己，或者是靠鸡血去激励自己，其实都不能解决问题。只能一次次地回到老路上，就是因为你陷入的是整个系统。

非酋飞轮

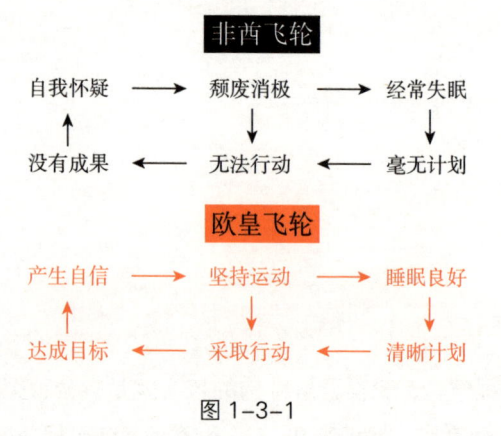

自我怀疑 → 颓废消极 → 经常失眠
↑　　　　　　↓
没有成果 ← 无法行动 ← 毫无计划

欧皇飞轮

产生自信 → 坚持运动 → 睡眠良好
↑　　　　　　↓
达成目标 ← 采取行动 ← 清晰计划

图 1-3-1

我有一个朋友经常失眠,而失眠的原因,说起来甚至有点儿匪夷所思。他是乳糖不耐受体质,却有睡前喝牛奶的习惯,结果就导致长期失眠。

失眠之后,通常脑子就一团糨糊,结果就没有办法做出任何清晰的计划;而无计划又会导致无法行动,没行动自然也就不会有什么结果;没结果又导致自我怀疑,自我怀疑就更加促使颓废消极。他也因此陷入了一个长期的消极闭环。

终于有一天,他发现自己是乳糖不耐受体质,于是开始戒奶。经过短短一个月,困扰自己多年的失眠问题就彻底解决了。站在系统论的角度来说,他就是找到了整个系统的杠杆解。

解决了失眠问题之后,他开始能够在早上坚持做5分钟的运动。这种方式能让他很好地释放自己的压力,进一步改善自己的睡眠,让第二天的状态更好,能清晰地规划出一天的待办事项列表。

同时,运动又让身体感觉良好,为完成行动目标保持充沛的行动能力,完成目标之后又会加强自信。自信增强了,就能够坚持运动，有良好的睡眠，于是恶性循环就这么切换到了良性循环。

除了这种飞轮，工作和生活中的飞轮也无处不在（图1-3-2）。

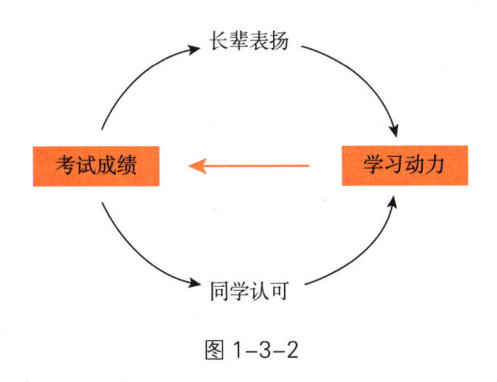

图 1-3-2

比如学习飞轮：你有学习动力，就能对取得好成绩有所帮助；而取得好成绩，又能够获得长辈的表扬、同学的认可。有了这两个，又能增强学习动力，进一步强化你的学习动力之后，最终再次促使你的成绩变得更好，进入自我增强的循环。

在工作中也是同理（图1-3-3），工作动力增强，工作业绩就可能上升；而工作业绩得到提升之后，就有可能得到升职加薪的机会或上级、同事的认可，这就使得工作动力变得更强。

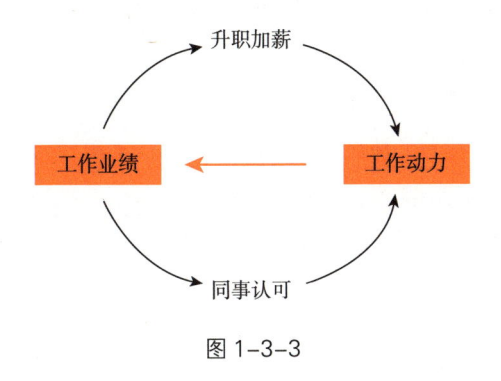

图 1-3-3

除了学习和工作，商业上也有这样的循环（图 1-3-4）。哔哩哔哩（以下简称 B 站）的自增强飞轮：有更多的 UP 主，就有更多的好内容，好内容就会吸引来越来越多的用户；更多的用户就会让 UP 主更容易得到收入和流量。而这两者就会促使更多的 UP 主进来产生好内容，以增强用户吸引力。用户和用户之间，还能够形成社区，不断自我增强适用的体验，这就是 B 站的良性飞轮。

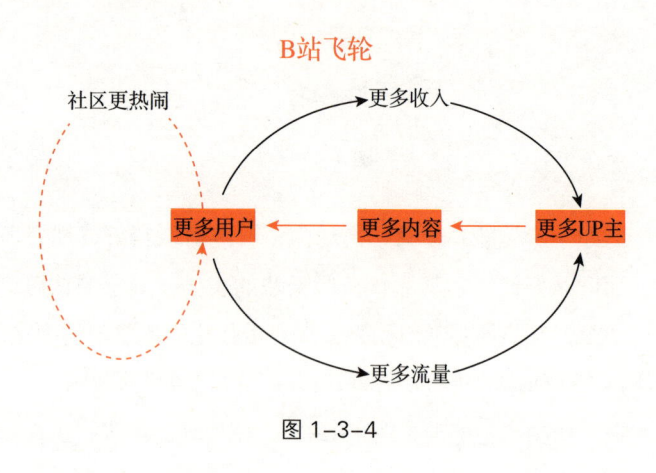

B站飞轮

社区更热闹

更多收入 → 更多UP主

更多用户 ← 更多内容 ← 更多UP主

更多流量

图 1-3-4

由此可见，很多事情一旦进入良性飞轮，就能达到事半功倍的效果。因为系统会自动推着你走，想不变好都难。但是反过来，一旦进入恶性飞轮，即便你非常努力，很多事情就像在跟你作对一样，挡都挡不住。

我为大家举了那么多案例，就是想让大家透彻地理解什么是系统论。换句话说，所谓系统论，就是一个把以上这些良性飞轮和恶性飞轮，以及其背后的机制呈现给大家的学科。

系统：学会从"上帝视角"看整体

当你站在寒风肆虐的冰雪冬日里，眼睫毛都被冻得根根分明时，再去想炎热夏季，穿着短袖短裤都出汗的情景，你就会对此刻席卷自己的冬日寒风有更加深刻的感受。可见，想要了解一个东西，如果先去了解它的反面，会更容易让人理解它是什么。

那么所谓的系统，究竟是什么意思呢？

即便你把很多东西放在一块儿，但它们之间没有联系，也形不成系统。比如一堆砖头、一堆沙子，或者是一些无关联的路人，像这种相互没有连接、联系的独立事物就形不成系统。

什么是系统？这里面化腐朽为神奇的东西，就是联系。 如果有很多实体，它们通过相互联系形成了一个有运作规律的整体，那么就形成了一个系统。比如身体、学校、公司和国家。

《运筹学》的作者罗素·艾可夫，把系统分为四大类。

第一，生物系统。比如张三、番茄和鸽子。

第二，社会系统。比如公司、城市和国家。

第三，机械系统。比如汽车、飞机和手机。

第四，生态系统。比如森林、海洋和地球。

系统 = 要素 × 关系 × 作用

系统由要素、关系、作用这三大组件组成。

第一，要素。分为正要素和负要素。正要素是什么呢？顾名思义，就是一些好东西。比如正信息、正能量、资产，就都属于正要素。

那负要素是什么呢？就是像负信息、负能量、负债这种听起来不好的东西。正能量和负能量我们都能理解，资产负债也不复杂，那什么是负信息呢？如果说正信息让这个世界减少不确定性，那负信息就是让世界变得更混乱的信息。比如欺骗、撒谎和谣言（图1-3-5）。

要素			
+	正信息	正能量	资产
−	负信息	负能量	负债

图 1-3-5

第二，关系。分为正关系和负关系。正关系就是加强关系，负关系就是减弱关系。

之前我所提到 B 站的飞轮系统，就蕴含了正、负两种关系。更多的 UP 主，产生更多好作品，这就是 UP 主和好作品之间的正关系。更多用户带来的收入和流量，让更多 UP 主进入 B 站，这也是正关系。

但是在它背后，还有一个负关系循环（图1-3-6）：当用户增加，意味着会有更多吐槽和更容易翻车的时候，用户增加对 UP 主的产能就产生了负关系。"百大暗杀名单"就是一个典型例子。

同时，用户增多和社区发展之间，也可能会产生负关系。因为社区越大，用户之间的共识也就越弱。如果没有正确的引导，就会产生社区割裂，各种骂战接踵而至。而骂战就会让用户离开社区，对用户的增多产生减弱效应。

负关系

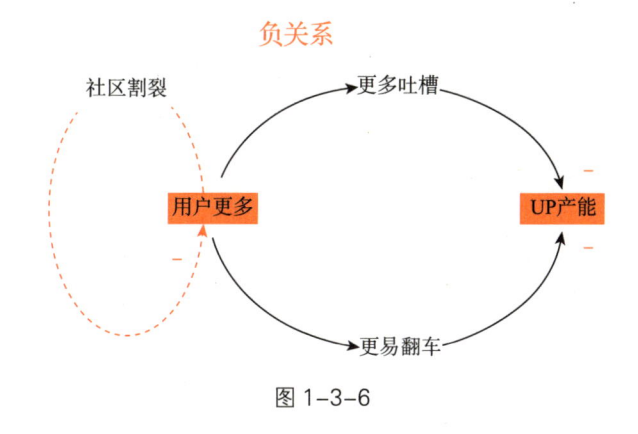

图 1-3-6

当正、负要素和正、负关系之间两两组合之后，还可以形成以下四种循环（图 1-3-7）。

要素	关系	作用
+	+	快
−	−	慢

良性循环

要素	关系	作用
+	+	快
−	−	慢

恶性循环

要素	关系	作用
+	+	快
−	−	慢

贤者时刻

自动纠错循环

要素	关系	作用
+	+	快
−	−	慢

回归平庸

要素	关系	作用
+	+	快
−	−	慢

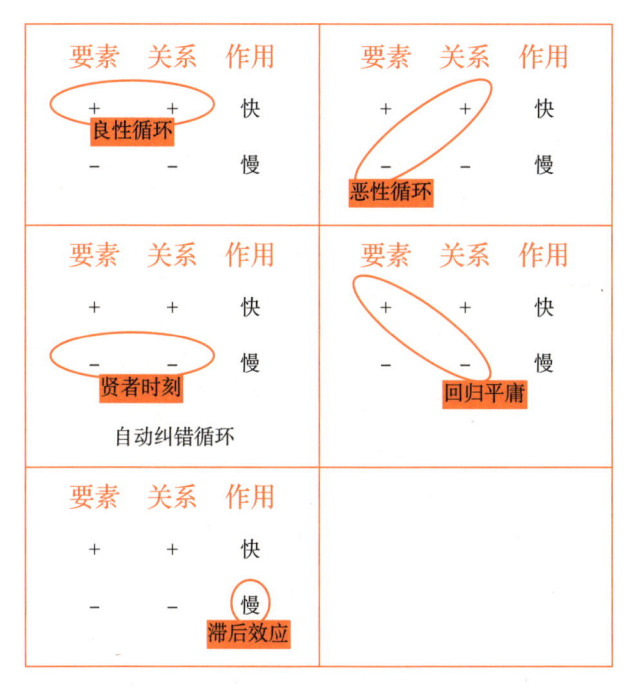

滞后效应

图 1-3-7

（一）正要素和正关系形成良性循环。自信、运动、睡眠和成果都是正要素，它们之间可以起到相互加强的作用。

自信促进运动，运动促进睡眠，睡眠促进计划，计划促进行动；而行动又促进成果，成果又促进自信，这是一个良性循环（图1-3-8）。

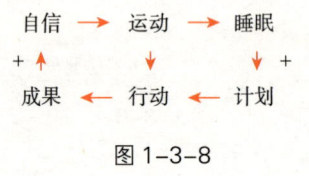

```
自信 → 运动 → 睡眠
 +↑     ↓     ↓ +
成果 ← 行动 ← 计划
```

图 1-3-8

那么，恶性循环是什么呢？这也就是我接下来要说的第二种循环。

（二）负要素之间的正关系，一个负要素促进另一个负要素，然后还形成了增强闭环，这就是所谓的恶性循环。

比如不自信促进颓废，颓废促进失眠；失眠促进无计划，无计划促进无行动；无行动促进无成果，无成果又促进不自信，这就是一个恶性循环（图1-3-9）。

```
不自信 → 颓废 → 失眠
 +↑      ↓     ↓ +
无成果 ← 无行动 ← 无计划
```

图 1-3-9

（三）负要素之间的负关系，形成贤者时刻。

贤者时刻又是什么意思呢？比如，你玩的时间非常长，过度娱乐，这个时候负罪感就会不断增强，这个是正关系。

但是负罪感积累到一定程度之后，就会反过来制约过度娱乐。会让你产生"不能玩了，需要干点儿正事"的想法。这就是负罪感对过度娱乐形成负关系，一旦出现这种"负负得正"，就会形成一个贤者时刻的自动纠错循环（图1-3-10）。

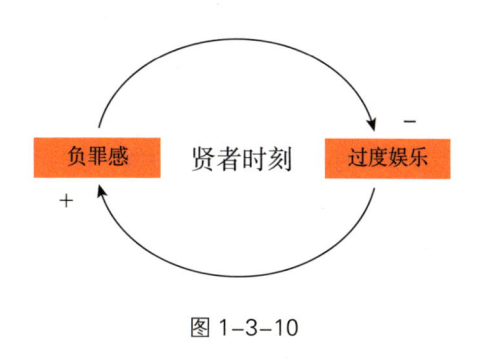

图 1-3-10

（四）正要素之间的负关系，形成回归平庸。

回归平庸（图1-3-11）指的是你想改变现状，就需要抛弃过去的成绩。而改变现状和过去的成绩，都是正要素。

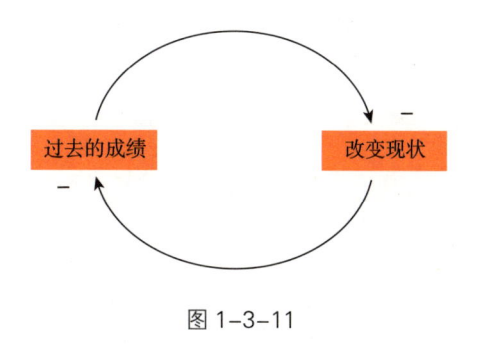

图 1-3-11

不过这两个事情之间，是一个相互抵消的负关系：当你想改变现状时，你就必须放弃之前的成绩；当你过去的成绩越好时，你就可能越不愿意改变现状。而这就叫作回归平庸。

在金融学里，贤者时刻和回归平庸都属于均值回归现象，所以接下来我会用"均值回归"这个词,来统一描述这两个循环。从这儿也能看出,金融学和系统论的模型也是能相互验证的,这也是跨学科美妙的地方之一。

总之,良性循环、恶性循环、贤者时刻和回归平庸这四种循环,其讨论的范围只局限在要素和关系这两个组件上。

第三,作用。还有一个组件是作用,它分成快作用和慢作用。快作用符合我们的直觉,也就是你做一件事情,立马就能得到反馈,这就叫快作用。

不过我们日常生活中的大量事情,其实都是慢作用。它可能会滞后很长的时间才出结果,这就叫作滞后效应。

比如你打游戏,打完怪马上升经验,经验到了马上升级,这就叫快作用(图1-3-12)。如果我们说游戏是现实的简化版,那么它简化的是什么呢?简化的就是真实生活中,行动和成果之间的那段漫长距离。

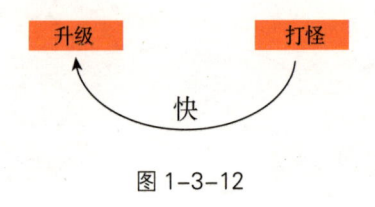

图1-3-12

这也是很多人对游戏上瘾的原因之一,它营造了一个公平、直观和高效的世界:你所应该得到的立即给你,一秒都不耽误。

但现实世界的情况是,你"打怪"完成了一个任务,或者是学会了一门知识,可能需要等到多年以后才能收获真正的价值。甚至很多时候,你因为等不及而选择中途离场,就再也等不了价值兑现的那一刻,这就是滞后效应带来的效果(图1-3-13)。

```
成长 ← 慢 → 打怪
```

图 1-3-13

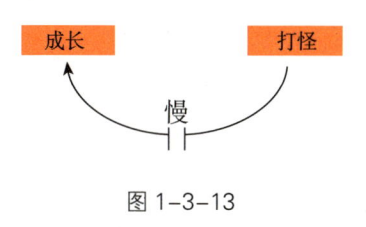

总之,正是以上这几种模式,才构筑出了整个系统论的根基。

有的人看到这里,也许会问:当我们遇到想要改变的循环时,又该如何进行化解呢?

以恶性循环为例,最简单的方法就是进行因果分析。

比如,你做事非常低效,那么,你只盯着"做事低效"这一件事情完全解决不了任何问题。只有通过因果分析,才能让你抓到"做事低效"背后的整个循环。

所谓的因果分析,就是要不断地追问为什么。比如,为什么会做事低效呢?有可能是精力不足造成的。

下一步你就要追问:造成自己精力不足的原因是什么呢?

背后的原因有很多,可能是新陈代谢不足,也有可能是你容易犯困,容易犯困可能是因为睡眠不足。而新陈代谢不足,又有可能是因为运动不足(图1-3-14)。

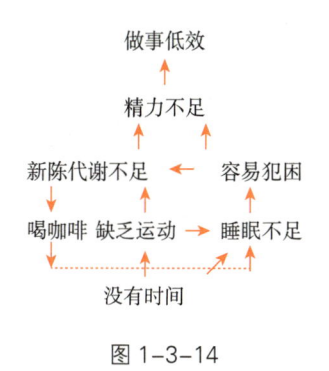

```
              做事低效
                ↑
              精力不足
                ↑    ↑
        新陈代谢不足 ← 容易犯困
         ↑    ↑       ↑
       喝咖啡 缺乏运动 → 睡眠不足
              ↑
            没有时间
```

图 1-3-14

那你现在的解决方案可能是去喝咖啡，但你发现喝咖啡又会进一步导致睡眠不足，特别是在晚上喝咖啡。睡眠不足又会进一步导致容易犯困，容易犯困又会导致新陈代谢不足，预示进一步需要咖啡。这样一来，就形成了一个恶性循环。

如果我们进一步追问会发现，你缺乏运动和睡眠不足这两件事情，有一个共同的原因，那就是没有时间。那没有时间又是怎么造成的呢？其实是因为你做事低效：低效导致没时间，没时间导致缺乏运动、睡眠不足；又导致犯困和新陈代谢不足，最后导致精力不足，致使做事低效，自然形成了一个恶性循环。

通过因果分析，逐层往里去推导原因，就可能在生活中找到各种各样的循环，这也是改善我们生活的第一步。不过，当我们找到恶性循环之后，接下来要考虑的就是如何化解恶性循环。

接下来这一小节，我就教大家如何利用杠杆解来化解恶性循环。

学会杠杆解，让人生变得风生水起

如果我们在生活中可以养成寻找杠杆解的思维习惯，就有可能让自己的生活变得越来越简单和高效。这里的杠杆解，也可以称之为命门、胜负手或者关键变量。

回到我们之前看到的那个精力不足的系统里，它的杠杆解又是什么呢？

通过图1-3-15，我们能直观地看到底层的动因里，其实还存在这么一个组合。

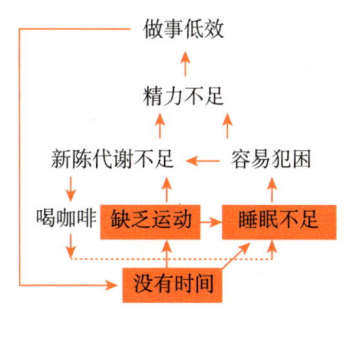

```
        做事低效
         ↑
        精力不足
         ↑        ↑
    新陈代谢不足 ← 容易犯困
         ↑        ↑
    喝咖啡   缺乏运动   睡眠不足
                ↑        ↑
               没有时间
```

图 1-3-15

没有时间导致缺乏运动和睡眠不足，就是我们要找的杠杆解。

那么在下一步，我们应该怎么解决它们呢？

在这里只讲一个关键点，那就是建立仪式。

什么叫仪式呢？它是一套固定的、自动执行的动作组合。在执行仪式时，你不需要思考任何东西，你只要开始了第一个动作，惯性就会帮你把剩下的做完。

就拿刷牙来说，只要你每天早上走进浴室，拿起牙刷的那一刻，你就进入了刷牙的仪式。剩下的一系列动作，完全属于自动完成，所以建立仪式可以尽可能地减少意识的消耗。这样一来，我们就可以把意志力节省下来，用在更需要它的地方。

以我自己为例，我有两套非常重要的仪式——睡前仪式和晨运仪式。这两套仪式，是我经过很长时间的试验之后，发现的关于自己人生的杠杆解。

第一套，睡前仪式。我会在睡前 15～30 分钟就把所有的灯都关掉，让自己置身于一个相对黑暗的环境中，不用手机和电脑之类的电子设备,也不看书或听音乐,让自己在黑暗中不做任何事情。这个时候我就会发现,上床睡觉是唯一可以做的有趣的事。

不要小看这一点,它的背后其实蕴含着生物学的原理。我们的祖先就是日出而作,日落而息。我们今天的身体构造,与他们相比并没有什么不同。

我们的头脑里有一个东西叫作褪黑素,它能促进我们的睡眠。只不过它需要在夜晚黑暗、远离光线的情况下,才会开始分泌。而现代人使用电子设备太过频繁。很多人在睡前会习惯刷手机,这就严重干扰了褪黑素的分泌。所以很多人就会陷入越刷手机越失眠,越失眠越刷手机的怪圈。

第二套,晨运仪式。晨运正好与刚才提到的睡眠耦合,只要我每天晚上可以执行好睡眠仪式,第二天早上的晨运仪式就会顺利地进行。

我每天会在 5:30—6:00 起床,然后在 6:00—7:00 做不太激烈的晨运。比如跑步,或者在家里打打拳。这种运动通常只需 15 ~ 20 分钟,而且为了避免无法坚持,我一般还会有好几套备用方案:当我不想跑步时,就打拳;不想打拳时,就跟着运动软件上的视频做室内运动。我常用的是一个叫 Seven 的免费小众锻炼软件,这个软件能让我每天简单运动 7 分钟。

自从有了这两套仪式之后,我的工作效率和生活质量有了非常大的改善,整个人进入一个非常良性的循环。

我常年创业,很长时间都处于高压和焦虑的状态。但我发现不管境遇如何糟糕,只要抓住睡眠和运动这两根救命稻草,生活就永远不会失衡,最后一切都能扛过去。

让良性循环"滚"起来

说完恶性循环的破除,那么良性循环又怎么建立呢?

答案很简单,大的良性循环,从小的良性循环发展而来;难的良性循环,从易的良性循环发展而来。

仍以我个人的睡眠和晨运仪式的建立过程为例,假如我现在问你:"让你每年365天,每一天都保持运动,你能不能做到呢?"你会说肯定做不到。如果每天只要求你做2个俯卧撑或5个仰卧起坐呢?你可能就会觉得可以。

有人会问了,这么简单就算做到又有什么意义呢?其实意义非常重大,因为你对自己做了非常小的承诺,并且兑现了该承诺。

每次你兑现承诺的时候,实际上你就建立了一个承诺和兑现的良性循环(图1-3-16)。兑现产生的自我信任感,可以让你进一步承诺,进一步承诺对应进一步兑现,这个循环就会像滚雪球一样长大。

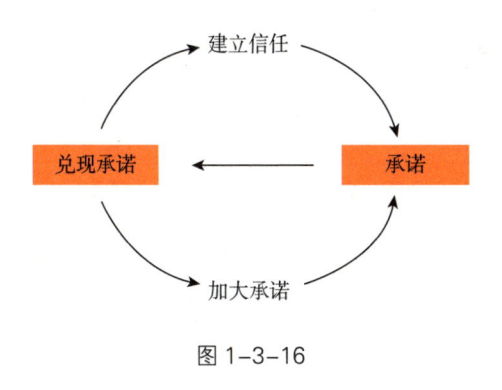

图1-3-16

就像睡眠,如果让你现在就做到,睡前30分钟远离手机,你肯定觉得非常难。可如果把 30 分钟减少成 3 分钟呢？只要你能做到睡前 3 分钟不玩手机，你以后就可能做到 5 分钟，之后便可以在这个基础上不断加码。

运动也是一样，我自己建立运动仪式时，也是从每天早上只运动 3 分钟开始，每天就动一下。坚持一个月之后，会发现习惯已经养成，早上只要不动就有点儿难受。后来不自觉就增加到 10 分钟，由此，我的良性循环就建立起来了（图 1-3-17）。

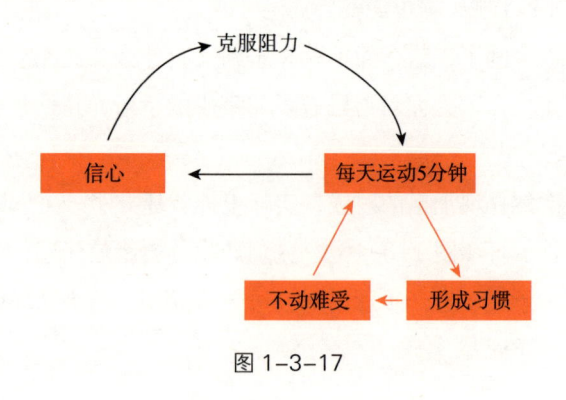

图 1-3-17

良性循环和恶性循环都是马太效应。

介绍完它们之后，接下来我要说的则是与马太效应完全相反的**均值回归**。

均值回归，可以说是大自然的法则。比如，如果你整个宿舍的室友都在打游戏，你在这样的环境里，想要成为一个准备考研或考证书的努力上进的人，这时你所要面对的关键问题就是突破现状（图 1-3-18）。

你所想的"新突破"，会和同学之间已经形成的良好关系形成相互制衡的负关系。在你想要突破时，这种负关系就会拉你回去，这种现象非常常见。尤其是你跟身边的人关系越亲密，想要跳脱出该圈子的行为模式，去构筑属于自己的行为模式，就会变得越困难。

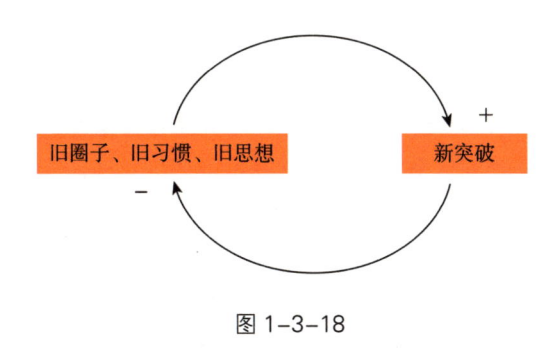

旧圈子、旧习惯、旧思想 → 新突破

图 1-3-18

这种情况在你工作之后（图 1-3-19）也会遇到，如果你想成为部门里业绩超群的人，那你就会遇到以下两种挑战。

第一，你的工资会永远低于你的能力。因为工作能力对工资的带动作用具有非常严重的滞后效应。即便你现在能力很强，也要等到明年调薪时才能加薪；可到了明年加薪时，你已经变得更强了。

第二，你周围的同事，会不自觉地开始疏远你。没有人会愿意在业余时间跟一个沉迷工作的人一起玩。

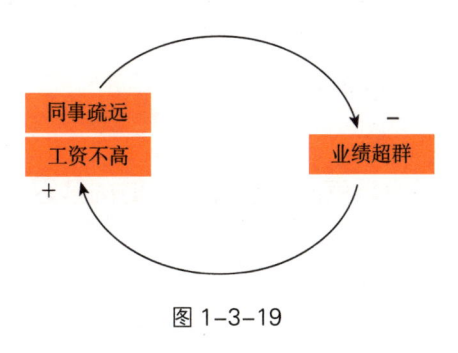

同事疏远 / 工资不高 → 业绩超群

图 1-3-19

其实大家都不是坏人，只是因为任何人类社群，本身都是一个均值回归的大系统，我们每个人只是在扮演自己的角色而已。

因此，在这种情况下，如何应对这种挑战，最终取决于你想要的是什么（图1-3-20）。不论是在学校还是公司里，都存在一个不可能三角：人际和谐、回报公平和越变越强。在不可能三角中，我们每个人都只能取其中的两样东西，不可能三样兼得。

你想要什么？
人际和谐　　回报公平
越变越强

图 1-3-20

你希望做到人际和谐、回报公平，那你就很难越变越强；你希望回报公平和越变越强，那你就不可能做到人际和谐；你希望人际和谐和越变越强，就需要多请客吃饭，牺牲回报。

在这个不可能三角里，没有对错，只有选择。如果你想全部都要，那最后可能什么都没有。

生活除了像巧克力，还像"有时间延迟"的热水器

电影《阿甘正传》里有一句经典台词：生活就像是一盒巧克力，你永远不知道下一块会是什么味道。其实我们真实的生

活不只是像巧克力，它还像有时间延迟的热水器。

什么意思呢？想象一下，我们在洗澡时拧冷热调节阀，往往需要延后 60 秒才会有所反应（图 1-3-21）。当我们不知道这 60 秒的存在时，就会拼命拧热阀，这样在 60 秒之后必然会出现过热的情况，反之也一样。

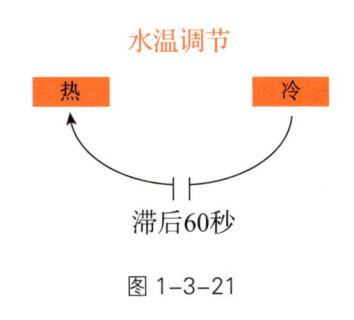

水温调节

热　　　冷

滞后60秒

图 1-3-21

这种一会儿烫一会儿又冷的状态，就有点儿像我们苦难的人生。

比如，我们年轻时拼命熬夜、吃垃圾食品，这样做对身体的坏处需要滞后 7～8 年才能显现出来。等人到中年，身体开始有各种病痛的时候，又开始注意解决健康问题。而这种过度的后果，又要等多年之后才会显现出来。这就是很多中年人身体长期亚健康的原因之一。

可见，滞后效应是一个非常麻烦的东西。尽管我们现在已经身处信息飞速发展的时代，但还是有很多东西，必须有足够的时间才能孕育出来。

在投资界，有一个叫价值投资的流派，他们致力于研究滞后效应（图 1-3-22）。

在他们看来，把钱投进一个好的资产，或者是进入一个好的行业，通常情况下可能会滞后 5～7 年，才会带来巨大的回报。

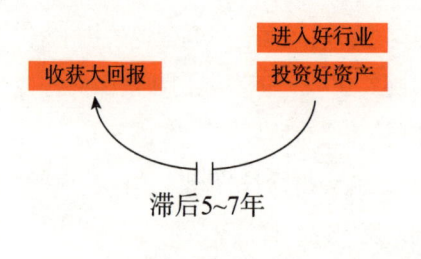

```
收获大回报  ←——  进入好行业
                 投资好资产
         滞后5~7年
```

图 1-3-22

而现在,我们花大量时间建立一个好的生活习惯,这个回报的时间也需要等到大概 7 年之后才能体现。这个时间因为实在太长,以至于大多数人都等不了。

如果我们再深入,还会发现另外一个模型——**正弦波模型**(图 1-3-23),在这段滞后效应的时间里,我们实际上的境遇还在不断地发生波动。

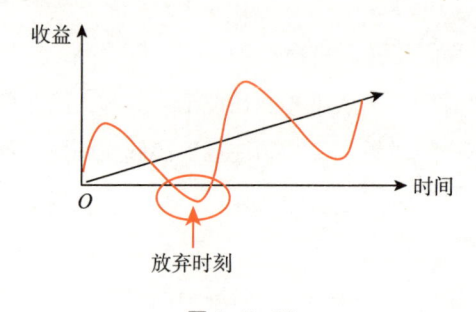

图 1-3-23(收益—时间,放弃时刻)

比如,即便你进入一个很有前途的行业,也不可能一帆风顺。尽管整体呈上升趋势,你在这个行业里的体验也应该是忽上忽下的状态。而且你每次跌入谷底时,仍旧会有非常差的体验。

如果这种糟糕的体验跌破了你的容忍阈值,你就可能不再等待，直接放弃离场。

那么，在这种时候你能不能坚持下来，就要取决于系统论里的另外一个概念——储蓄池。

储蓄池，让你拥有未雨绸缪的"超能力"

我们每个人的生活，都是在一边赚钱一边花钱；身体的能量，也是在一边摄入一边消耗；和恋人之间的关系，也是在一边积累一边消耗。总的来看，我们在人生中经历的这些，就像一个储蓄池，它像洗澡盆一样从一边流入，又从另一边流出。

如果想真正地把储蓄池做起来，也只有持续让流入量大于流出量才可以做到（图 1-3-24）。人生顺利时可能显现不出储蓄池的作用，但在人生的各种谷底时，它就能派上大用场。

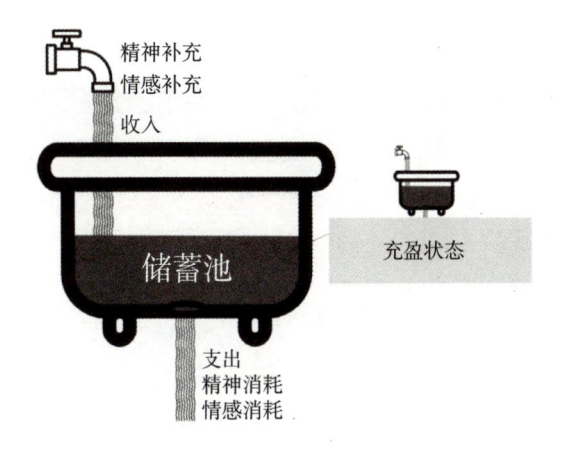

图 1-3-24

以谈恋爱为例，如果你平时非常关心你的恋人，那你就相当于存入了很多心理存款。在这种情况下，一旦你们之间遇到信任危机，你会发现储蓄池的作用非常大。

再以投资为例（图1-3-25），当一个投资下跌50%时，很多没有储蓄池的人就会选择离场，因为这种下跌击穿了他们的心理防线。

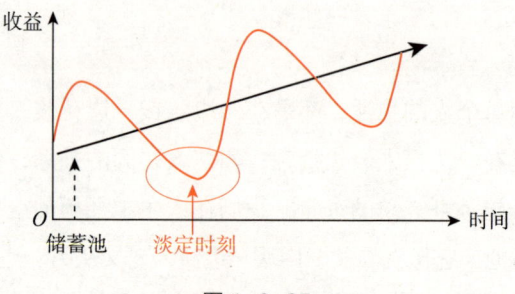

图 1-3-25

如果这时有储蓄池，情况就会大不相同，因为储蓄池会拉高一大截的波动曲线，给你一个缓冲地带。因此，即便你跌入一般人都无法忍受的波谷，也仍然会有一个非常大的缓冲地带来保证你不受伤害，这时你就相当于获得了一个淡定时刻。

如果一个人坚信自己在做正确的事情，**那么他又是凭借什么扛过漫长的滞后效应的呢？其实靠的不是决心、毅力和打鸡血，而是精神、情感和金钱上的储蓄池。**

本章小结

在这一章，我主要讲了系统的三个组件、五种模型，还讲了杠杆解和储蓄池两大工具。

正如伯特兰·罗素在《幸福之路》里写的一段话：很多人的大脑中永远只有一幅图画，遇到事情来破坏这幅图画时就会非常懊恼。因此，我们不要只有一幅图画，而要拥有整个的画廊。

1.系统论告诉我们，很多看似解决不了的问题，都是因为它们处于一个更大的系统里。要解决这些问题，就要既见树木，也见森林，找到彼此间的联系，从根本上寻找解决方法。

2.系统论五大循环告诉我们，找到生活中各种各样循环的原因，就能找到改善生活的有效方法。而寻找杠杆解的思维习惯，可以让我们的生活变得简单和高效。

3.储蓄池效应告诉我们，要扛过漫长的滞后效应，靠的不是决心、毅力和打鸡血，而是精神、情感和金钱上的储蓄池。

04

函数：预测未来

"函数"这个词我们经常听到,初中数学就开始接触了,虽然很多人现在回想起来可能仍然会皱眉头,但函数却是数学带给这个世界最好的礼物之一。

著名数学家乔丹·艾伦伯格曾画过一幅非常经典的图,将数学分为4个区(图1-4-1)。

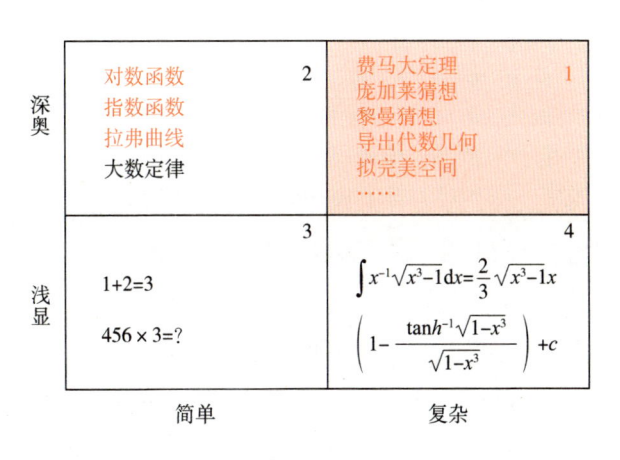

	简单	复杂
深奥	2 对数函数 指数函数 拉弗曲线 大数定律	1 费马大定理 庞加莱猜想 黎曼猜想 导出代数几何 拟完美空间 ……
浅显	3 1+2=3 456×3=?	4 $\int x^{-1}\sqrt{x^3-1}dx=\frac{2}{3}\sqrt{x^3-1}x$ $\left(1-\frac{\tanh^{-1}\sqrt{1-x^3}}{\sqrt{1-x^3}}\right)+c$

图 1-4-1

其中:

1号区中内容深奥而且复杂,包括费马大定理、庞加莱猜想、黎曼猜想等。

2号区中的内容深奥但是简单，包括对数函数、指数函数、拉弗曲线、大数定律。

3号区中的内容浅显而且简单，包括加减乘除等。

4号区中的内容浅显但是复杂，包括复杂的定积分等各种复杂的公式。

对于我们大多数人来说，在这四个区域中，2号区域内的数学知识是最有价值的，因为它们的实用性强，又比较简单直观。尤其是其中的函数部分，更是这个区域中最重要的组成部分。

什么是函数

在日常生活中，每当我与一些非理科生说起函数的时候，大家往往是一脸茫然，似乎函数是一种特别深奥的东西。实际上，很多人之所以觉得函数难以理解，最主要的原因是我们的教科书为了追求严谨，把一些简单的东西说得太抽象了。

我专门查找了初中数学课本上关于函数的定义，它是这样说的：在一个变化过程中，有两个变量 x 与 y，如果对于 x 的每一个值，y 都有唯一的值与它对应，那么就说 x 是自变量，y 是 x 的函数（因变量）。

你看，这个定义简直是又抽象又拗口，能记得住才怪！

实际上，大多数函数都是可以简化为图形的，图形可以很直观地展现出一个变量与另一个变量的对应关系。而函数就是把一个变量跟另一个变量一一对应起来的图。

图 1-4-2 就是经济学中著名的拉弗曲线。

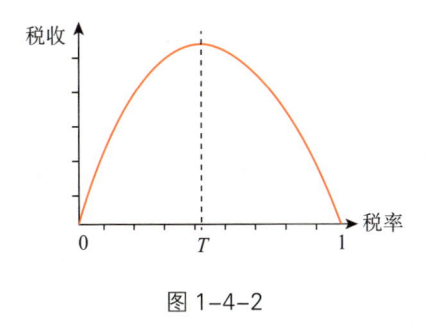

图 1-4-2

这个名称听起来似乎很学术，其实原理极其简单，它描述的就是政府能够收上来的税收和税率的关系。横轴代表税率，税率从 0 到 1，0 代表完全不收税，1 代表把所有人赚的钱都收上来；纵轴代表政府总共能收上来的税收。

这条曲线的意思是说，只有在 0 到 1 之间找到一个适当的值 T，政府可以收上来的税收才是最多的。如果税率为 0，显然政府一分钱都收不到；但如果税率为 1，那就没人愿意工作，同样收不到一分钱。所以，税收与税率之间的对应关系就是一个倒 U 形曲线，这样理解起来就非常容易了。

类似的函数图可以用于我们生活中的很多方面，比如我们吃东西和所获得的愉悦度之间（图 1-4-3）就可以用此类函数来表示。如果你感到非常饥饿，这时你感觉非常不愉快；随着你吃下一些东西后，愉悦度会逐渐达到高峰；但如果你继续吃，甚至吃撑了，那会越来越难受；吃到最后，你把胃撑坏了，愉悦度就又回到了 0。

另外，锻炼与健康之间也是这样的对应关系，锻炼在横轴，健康度在纵轴，每一个锻炼程度与健康度都是一一对应的关系（图 1-4-4）。

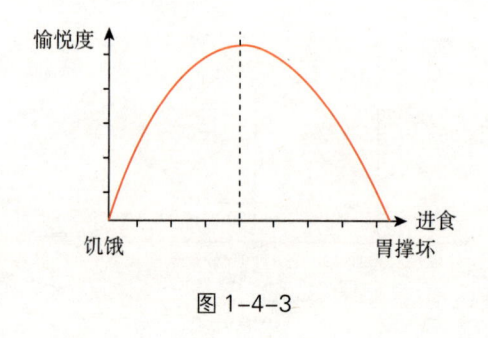

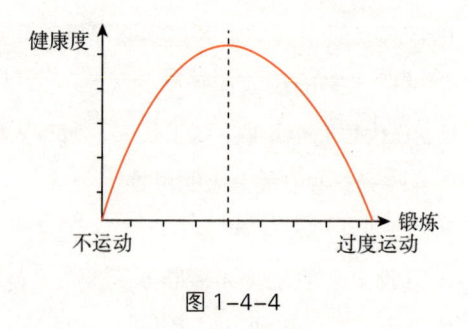

图 1-4-3

图 1-4-4

这就是函数，它不但不是什么高深的东西，反而还简单好用，堪称现代人居家旅行必备的工具。

利用时间函数，推测事物未来走向

在我自己的生活中，我发现最有用的一类函数是时间函数。时间函数就是把时间作为自变量，放在横轴上，纵轴可以对应收益、营业额、价值、能力、价格、情绪、精力等各种因变量。它们的变化与时间的对应关系就是时间函数（图1-4-5）。

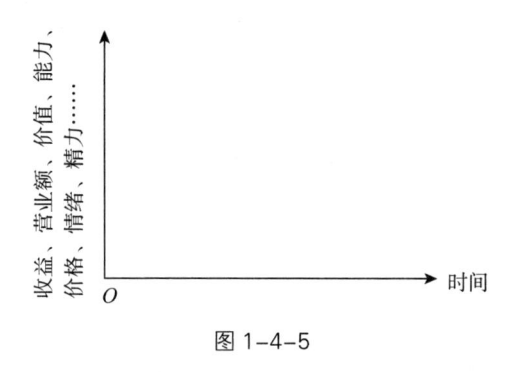

图 1-4-5

时间函数之所以强大，是因为它可以给我们提供一个穿透时间、预测未来的上帝视角。作为普通人，我们在生活中最容易犯的错误就是短视。殊不知，最近一段时间的境遇可能会极大地影响我们对未来的判断。

比如，一个人最近过得很糟糕，那么他就会倾向于认为未来同样糟糕。而事实情况是：未来有可能会变好，一旦你把历史时间函数拉出来，往往瞬间就会茅塞顿开。

在时间函数当中，有一种技术成熟度曲线（Hype cycle），可以用于生活的方方面面。

技术成熟度曲线：预测未来的"神器"

技术成熟度曲线模型（图1-4-6）是由著名咨询公司高德纳（Gartner）发布的，在许多技术发展的历史进程中，我们都能看到技术成熟度曲线的身影，大到行业发展，小到企业走势。

可以说，技术成熟度曲线对众多行业发展周期都进行过预测与判断。

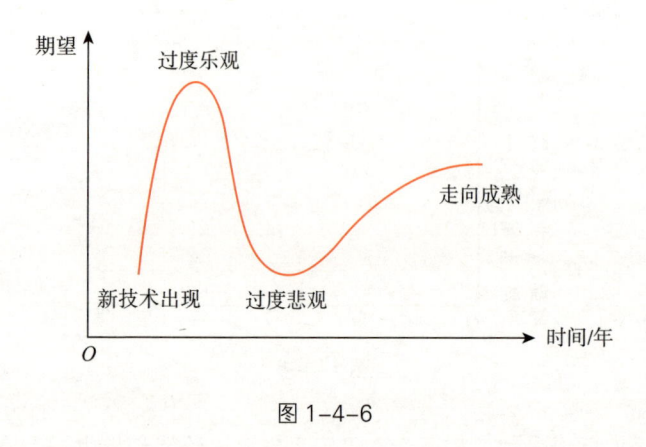

图 1-4-6

它所表示的是，在一项新技术出现之后不久，整个世界通常会陷入过度乐观、过度兴奋的状态，但是随着技术的逐渐落地，大家又会陷入过度悲观状态，因为它并没有发展得那么快，此后，大家慢慢觉得这项技术也没什么了不起，到最后就逐渐淡忘了。

但在这之后呢？这项新技术又慢慢成长起来，在远离大众视野的地方逐渐走向成熟。

我们生活中很多事情的变化规律就很符合技术成熟度曲线形态，比如世界毒打曲线（图 1-4-7）。

当我们在年轻的时候，通常觉得自己无所不知，自信程度非常高，但随着我们逐渐长大，从中学到大学，从大学到社会，就会不断地经历被"毒打"的现实。比如，在中学时成绩很好，考上了大学，结果跟同学和周围环境一对比，突然发现自己也没那么厉害，这时自信心就会跌入谷底。

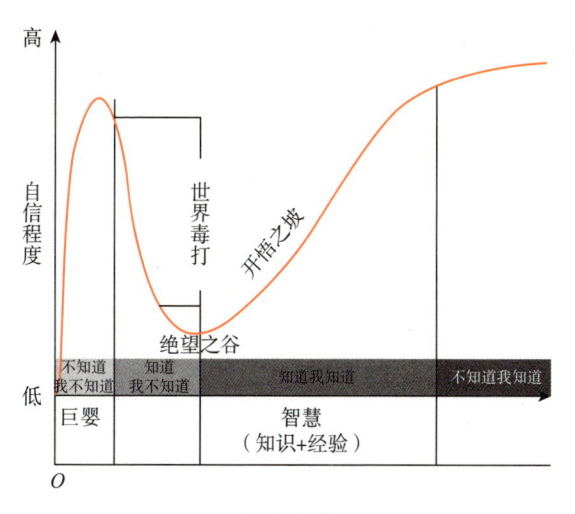

图 1-4-7

随着对自我心理建设的逐渐形成，我们会慢慢攀爬起来，觉得自己又充满了自信。然而从大学进入社会后，又一次被社会毒打，自信心再次跌入谷底……同样，从一个行业跳入另一个行业后，也会有这种情况发生，让我们的自信先跌入谷底，再慢慢向上攀爬，有时可能会多次跌入谷底，再向上翻盘。

我们人生中的许多境遇都符合这个规律，这也提醒我们：**不要高估 2 年内自己身上能发生的变化，但也不要低估 10 年内可能发生的大变化；不要高估坚持 2 个月能做到的事情，但也不要低估坚持 10 个月能达到的结果**（图 1-4-8）。

不要高估**短期**能发生的变化
不要低估**长期**能发生的变化

图 1-4-8

如果我们再深入研究一下这条曲线，它是怎么产生的呢？

实际上，这条曲线由两条不同的曲线构成，一条叫作人性曲线，一条叫作物性曲线（图1-4-9）。

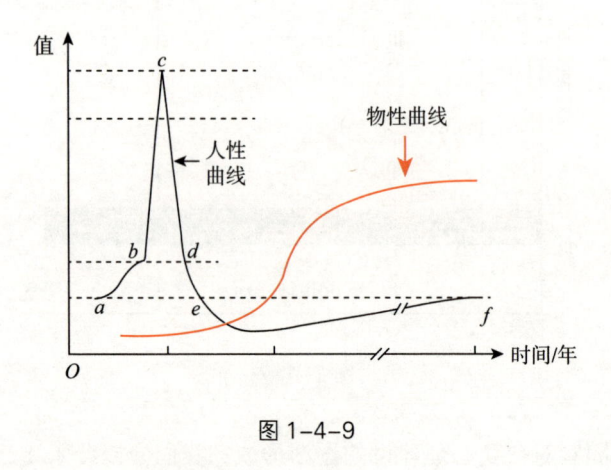

图 1-4-9

那么，人性曲线是怎么来的呢？

从生物学角度来说，人性曲线就是细胞膜电位和时间的函数图（图1-4-10），这是神经科学当中一个非常有名的曲线。

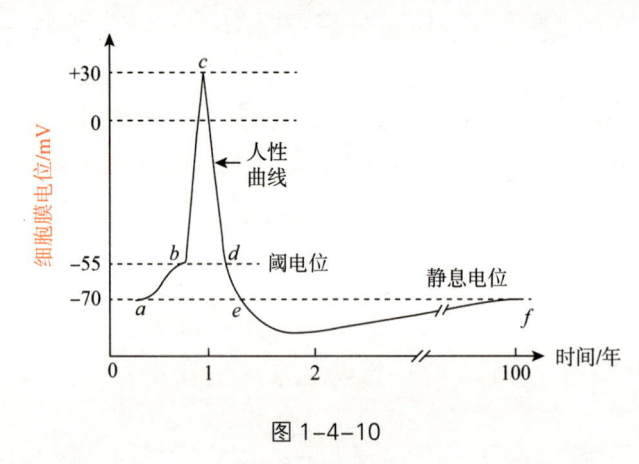

图 1-4-10

这个函数图表示，当我们受到某种刺激（a 点），并且刺激超过了某一个阈值（b 点）时，我们的整个神经电位就会飞升，一下子越到图中的 c 点，然后再跌落下来（d 点）。在跌落时，往往也会出现过度下跌（e 点），然后重新恢复到平静状态，这时就会达到一个相对稳定的静息电位。

这个函数图就是我们受到各种刺激时，细胞电位的反应情况，也是人类遇到各种刺激时的一个缩影。人类的很多反应都逃脱不了这样的曲线，所以也称它为人性曲线。

技术成熟度曲线的另一个部分就是物性曲线。说到物性曲线，我们要提到另一个非常重要的事物发展函数——**逻辑斯蒂函数**。它是由数学生物学家韦吕勒提出的一个非常著名的人口增长模型，被广泛应用于生物学、医学、经济管理学等方面，可以描述很多事物在经历飞速增长之后，逐渐迈向稳定的过程（图 1-4-11）。

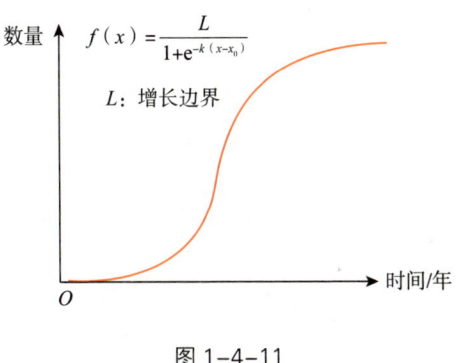

$$f(x) = \frac{L}{1+e^{-k(x-x_0)}}$$

L：增长边界

图 1-4-11

从图 1-4-11 中可以看出，这是一个数量 - 时间函数，所描述的是随着时间的增长，物体数量是如何变化的。一开始，数量的增长十分缓慢，但跨过一个拐点后，这个数量会急剧增长,并逐渐变得陡峭,增长到一定程度后就会遇到玻璃顶,之后逐渐收缓。

因此,逻辑斯蒂函数就是一条由一个指数级增长的力量和一个循环阻力共同构成的曲线。其中,指数级增长的力量是指在一个资源丰裕的环境下,如果没有任何限制,不管是人口还是其他,都会形成一个指数级增长的形态。当指数增长到一定程度之后,就会遇到一个环境阻力线(图1-4-12)。这条阻力线会将逻辑斯蒂函数阻拦在一个增长极限当中,这个阻拦的力量就是玻璃顶。因为玻璃顶的存在,使得图中的橙色增长曲线最终变成黑色增长曲线,也就是逻辑斯蒂增长曲线。

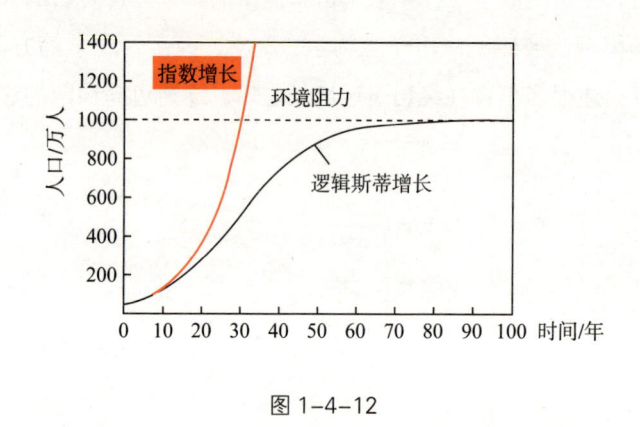

图 1-4-12

这条增长曲线非常符合我们在日常生活中遇到的一些真实情况,甚至说人类社会的发展就是遵循这幅曲线图的(图1-4-13)。

通过这幅人口数量增长曲线图,我们可以看到,在公元前10 000年的时候,人口数量是非常少的,直到公元元年之前,人口增长都十分缓慢。到公元元年时,全球人口也只有2.5亿。

然而在此之后，人口数量曲线开始出现拐点，此后在短短的几百年里飞速飙升，从 2.5 亿到 25 亿、67 亿……增长曲线变得越来越陡峭。

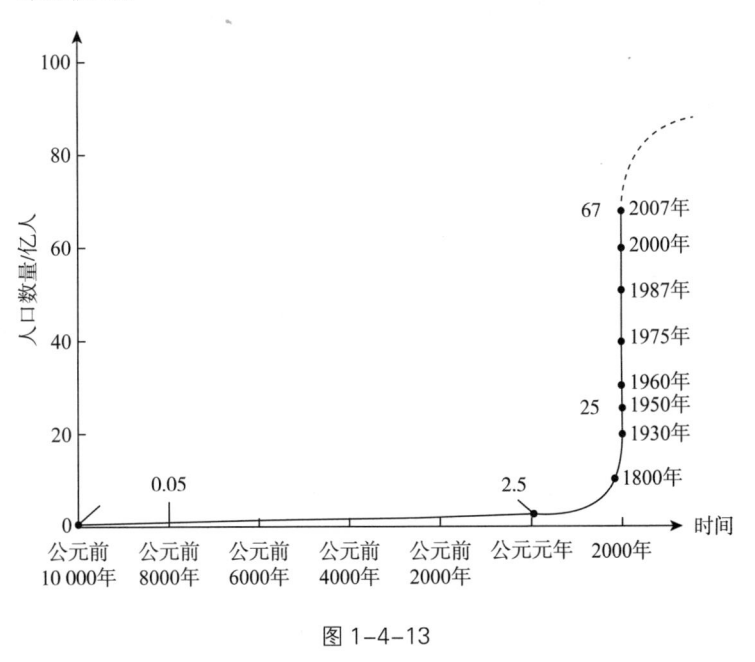

图 1-4-13

但是，从 2007 年之后到现在，我们看到很多国家的这条增长曲线已经开始出现拐点，比如日本、德国、意大利等。从中我们也能感受到，这个逻辑斯蒂增长曲线与现实是十分吻合的。

倒 U 形曲线：描述事物的发展规律

现在，我们分析一下过去 500 年来各个大国的生长力发展函数，就能从中发现一些端倪了。

我们来看一下这幅世界各国国力发展与时间关系图（图

1-4-14)。你会发现，它们都是符合倒 U 形曲线的。

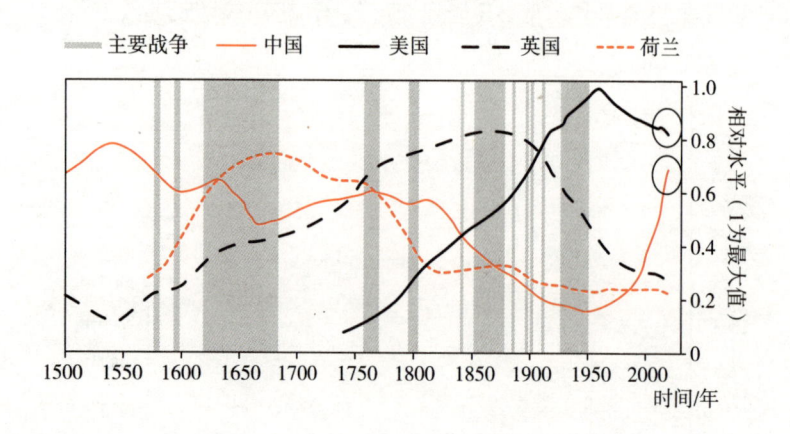

图例：主要战争　中国　美国　英国　荷兰

图 1-4-14

从这幅图中可以看出，一开始是荷兰崛起，但随着时间的推移，曲线先上后下。

接着是英国超越荷兰，一路向上走，而荷兰走完了它的倒 U 形曲线。

再接下来是美国崛起，英国回落。但美国在发展到一个顶点后，也出现了回落，符合倒 U 形曲线。

只有中国，在经过提升、回落之后，再一次从谷底升起，正处于倒 U 形曲线的上升期。沿着这个趋势，中国位于 U 形曲线上升期。

从中也可以看出，有了时间函数，就给我们提供了一个推测和判断事物未来走向的新的角度。这个推测是百分之百准确的吗？当然不是，因为任何结论都需要经过多学科视角进行验证，但函数肯定是其中一个非常适合的视角。

倒 U 形曲线适合描述很多事物的发展规律，比如行业的生命周期。每一个行业的发展都符合这条曲线所描述的情况（图1-4-15），会经历上升的曙光期、快速上升的朝阳期、平稳发展的成熟期，以及之后的衰退期。

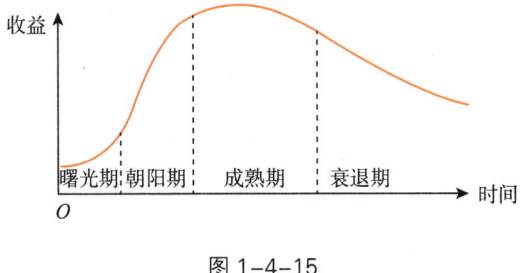

图 1-4-15

再比如我们人类身体机能的发展，也遵循这样一个倒 U 形发展态势（图 1-4-16）。

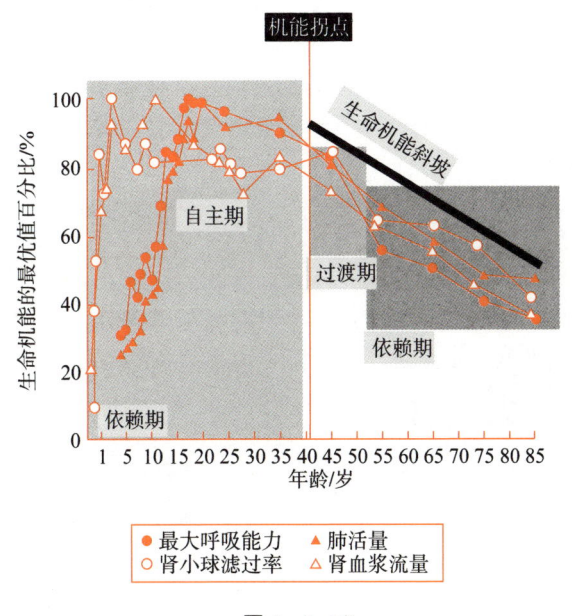

图 1-4-16

可以看出，代表人体生理机能的最大呼吸能力、肺活量、肾血浆流量、肾小球滤过率等在 5～15 岁都是一路上升的，表示这些机能在这个阶段里都在逐渐增强。

到了 20～30 岁时，人体机能达到高峰，之后保持平稳（图 1-4-17）。

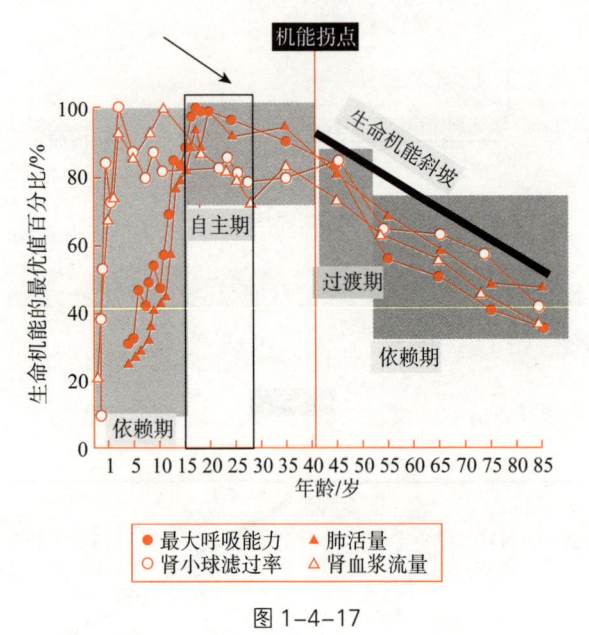

图 1-4-17

而到了 35～40 岁时，各项机能开始出现拐点，随后身体机能一路下落（图 1-4-18）。这与很多事物经历从出生到衰亡的规律几乎是完全一样的。

此外，我们的智力发展也符合这一规律。比如人类的流体智力（Fluid Intelligence）与时间之间的函数图（图 1-4-19）。

图 1-4-18

图 1-4-19

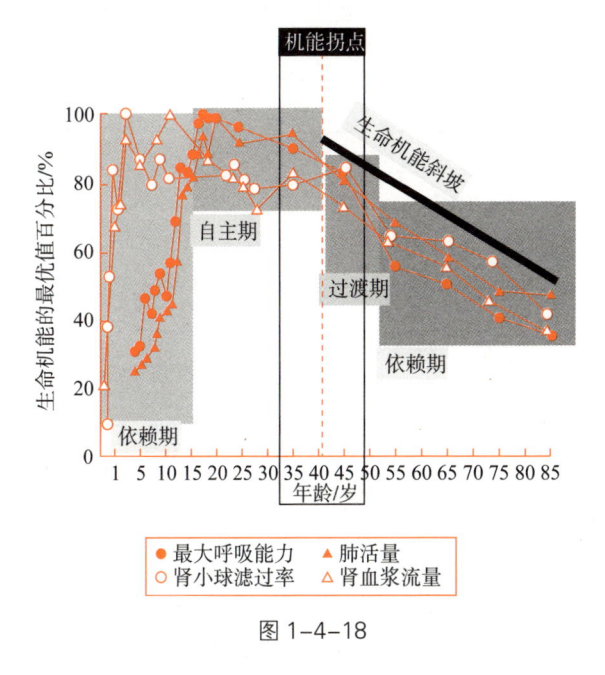

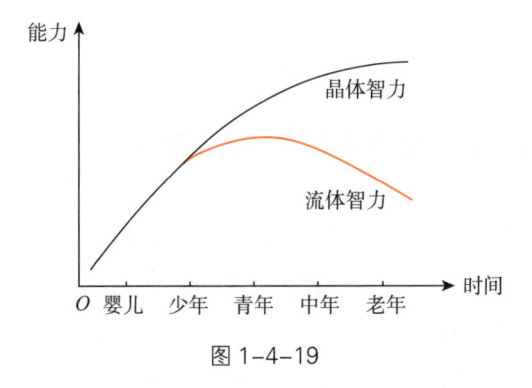

流体智力与我们的身体天赋高度相关,决定了灵活应变、学习能力等这些最关键的能力。而它的发展也符合从婴儿到少年、青年、中年、老年这样的倒 U 形发展态势。

还有人生犯错的成本,也符合倒 U 形曲线(图 1-4-20)。

图 1-4-20

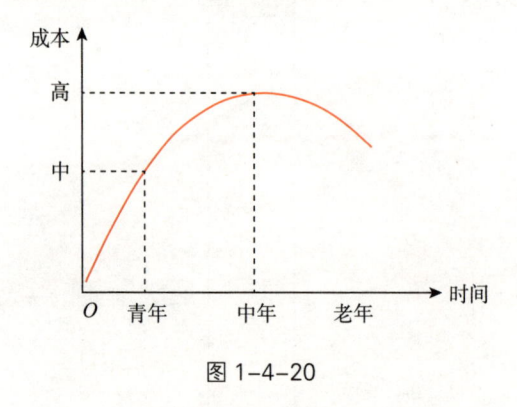

青年的时候,人犯错的成本比较低,因为有很多机会可以改正,人生还可以重新再来;到了中年,犯错成本就变得非常高了,因为犯错会对周围的人和事产生很大的影响;到了老年,犯错成本又变低了,因为牵挂变少了,孩子已经长大了。所以我们会看到,很多老年人反而开始寻找自我,不再瞻前顾后,其实就是这个道理。

遵循函数波动规律,做好人生规划

在时间函数中,还有一种比较重要的函数,就是正(余)弦函数,它要比倒 U 形函数的普适性更强,所对应的函数形态是波动的(图 1-4-21)。

波动是时间的伴侣,有很多变量与时间之间的函数都符合这种波动规律。比如,我们的人生境遇、情绪、心跳等。人生通常都会在经历波峰之后回到低谷,低谷之后又返回至波峰;情绪也是如此,通常会在兴奋之后变得压抑,压抑之后又会变得兴奋……这些都是我们无法逃避的，所以波动函数也无处不在。

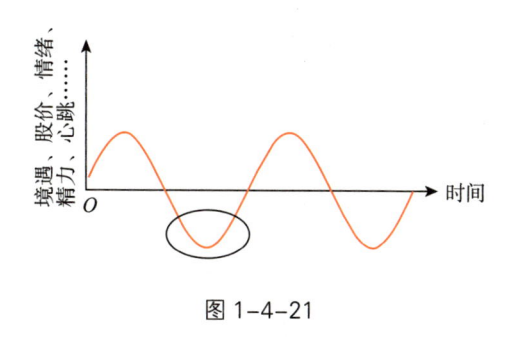

图 1-4-21

了解到波动函数的规律，对我们有什么启发呢？假设你最近过得很不顺利，那么接下来会怎么样？通过时间函数，我们就可以推测出来，这种不顺利到底是黎明前的黑暗，还是黑夜前的黄昏。

这句话怎么理解呢？

根据时间函数，如果你目前过得不顺利，那么随着时间的推移，你的收益就是一路向下的（图 1-4-22）。

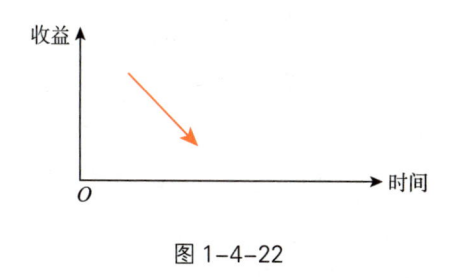

图 1-4-22

但是，当你把它套入整个波动图中，你就会看到，它也许只是你人生整体上升趋势中的一个波谷（图 1-4-23）。这就是黎明前的黑暗。

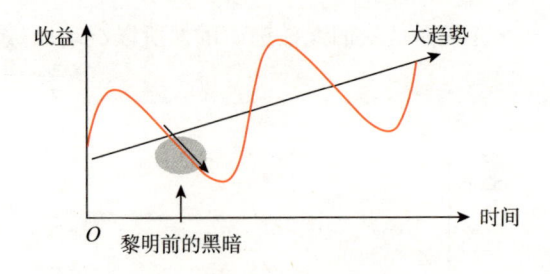

图 1-4-23

当然，这个曲线也可能会反过来，是整体下降大趋势的一个前奏，这时它就是黑夜前的黄昏了（图 1-4-24）。

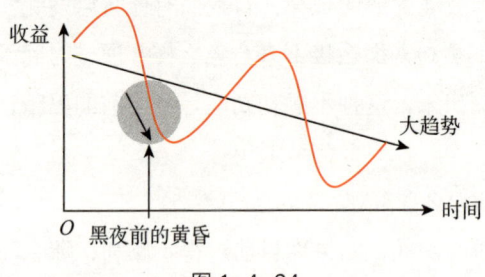

图 1-4-24

波动函数图看起来很简单，但波动背后的大趋势才是关键。要读懂这个大趋势，我们就必须跳到函数之外去看问题。因为要解答很多问题，就必须两个或两个以上的模型相互印证。以判断大趋势为例，我们通常还要借助系统论、管理学、金融学、政治学、历史学等很多知识。

关于人类发展的趋势，桥水基金创始人瑞·达利欧曾经画过一个产业发展的大小周期曲线（图 1-4-25）。

他认为，这个世界的发展就是由很简单的三条曲线构成的。第一条曲线是小周期，小周期会围绕一个大周期去波动，而大周期又会围绕一个更大的不断成长的生产力发展函数波动。三条曲线叠加在一起，就构成了人类经济活动的整个时间函数。

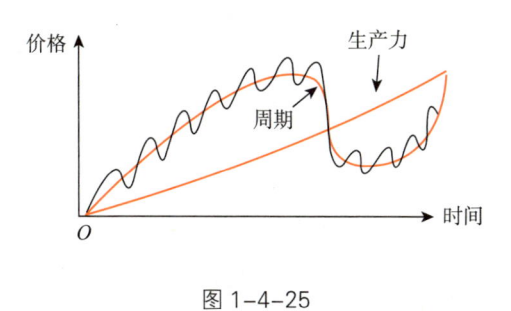

图 1-4-25

而对于我们人类来说，在很多情况下，我们经历的只是人生这个大周期当中某个小周期里的一个非常小的片段而已。如果我们能跳出眼前的桎梏，看到整个大环境，那么就不容易受到短期趋势的蒙蔽，拥有更加长远的眼光，进行更加科学的人生规划。

复利效应与玻璃顶效应

复利效应和玻璃顶效应在数学上代表的其实是两类函数，一类是指数函数（图 1-4-26），另一类是对数函数。这两种函数互为反函数。

其中，指数函数是一个增长奇迹函数，平时我们可能听说过关于它的很多叫法，最常见的就是**复利效应**，此外还包括**暴**

发式增长、裂变式营销，以及各种丧尸片中描述的场景，如病毒传播、丧尸数量增长等。

指数函数
$y=a^x\ (a>1)$

图 1-4-26

简而言之，凡是与指数函数有关的东西，产生的效果都是非常戏剧性的。而对数函数的特性与指数函数刚好相反。

指数函数的增长过程

通常来说，指数函数的增长过程可以用一个形象的例子来表示，就是裂变（图 1-4-27）。细胞的裂变、想法的传播、病毒的传染、传销组织的壮大等，都是这样的过程。

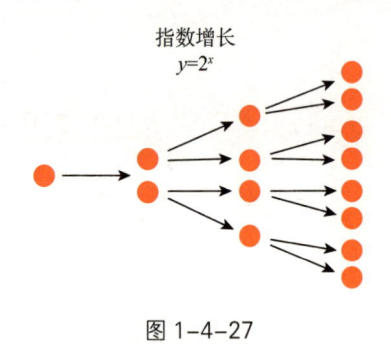

指数增长
$y=2^x$

图 1-4-27

它们的模式都差不多，基本都是一传二，二传四，四传八，八传十六……表面上看，它们裂变到四级也只是从 1 裂变为十几而已，但如果连续裂变40级，这个数字就会变成1000亿，这就是指数级裂变的强大威力（图1-4-28）。简单来说，一旦这个系统运转起来，虽然开始时很缓慢，但后面就会突然间爆发，让所有人惊掉下巴。

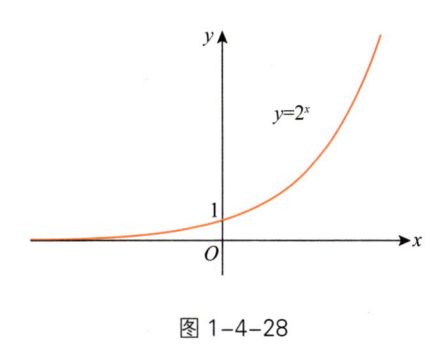

图 1-4-28

同样，从这个模型里，我们也可以看到指数增长的脆弱性。如果早期其中的某个关键链路断裂，那么整个增长模型就会崩塌（图1-4-29）。

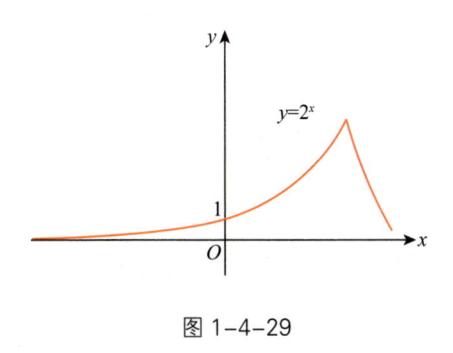

图 1-4-29

举个极端的例子，如果有人给你一个鸡蛋，并且告诉你，这个鸡蛋只要孵出小鸡，小鸡就会不断地生蛋，蛋再孵鸡，鸡再生蛋……未来你可能就会成为亿万富翁。结果，你刚拿到这个鸡蛋不久,就把它打碎了,瞬间便损失了几个亿。

这就是指数级增长的脆弱性。

我们生活中很多事物的发展都符合指数函数的特征。

以技术进步为例,当突然出现一项新技术时,开始时没人看好,它只能在小范围内被应用,但当它有一天突然成熟出圈后,大家就会发现,它几乎跟所有领域的事物都能发生联系,继而一传十,十传百,飞速传播。当年互联网技术的发展就是这样的,当它破圈时,几乎所有行业都可以"互联网+"。

更早的电力时代也是如此,一旦发电用电技术变得成熟,就会发现几乎万事万物都能用上电。汽车可以用电,做饭可以用电,洗衣服可以用电,工厂也可以用电,于是用电规模就会大暴发。

通信工具的出现也符合指数级传播效应,比如微信。在微信刚刚诞生时,几乎没人关注,而出圈后,每个人都会让自己身边常联系的人用起来,这样才能体现出微信作为通信工具的本质价值。所以微信仅仅用了10个月的时间,就几乎遍布了大江南北。

像**技术进步、通信工具、传闻、流言八卦、传染病、潮流**等都符合指数增长效应的特征。

掌握指数函数特性,抓住趋势拐点

指数函数最特别的地方就是它在早期发展的时候极具迷惑性(图1-4-30)。

比如新型冠状病毒性肺炎疫情(简称新冠肺炎疫情),在早期发展阶段,全世界都觉得这个病没什么大不了,因为它虽然具有传染性，但发展极其缓慢。就在人们掉以轻心的时候，它却以快得让人难以置信的速度蔓延开来。

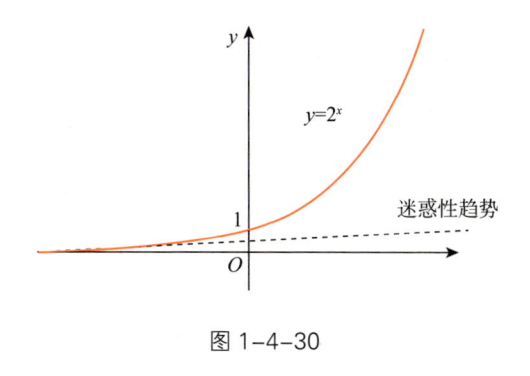

图 1-4-30

究其根源，其实是我们人类的大脑无法从直觉上理解指数函数，因为在原始人类的生存环境里，人类很难遇到指数级生长的事物，这就导致人脑根本没有进化出理解指数级事物的本能，很容易忽略这类事物的存在。

这一点与我们前文所讲的倒 U 形函数（图 1-4-31）、波动函数都很不一样，这两类函数都处于人类直觉覆盖的区域，所以很容易注意到它们的存在。而指数函数，即使是最训练有素的专家也可能会无意间忽略它。

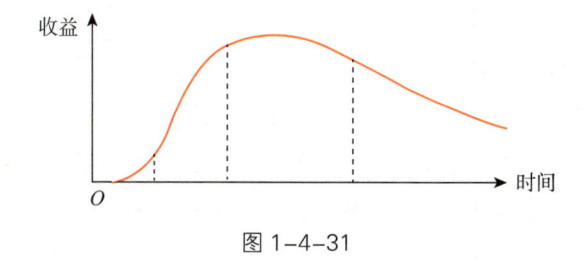

图 1-4-31

举个例子，在 2020 年 2 月到 3 月时，新冠肺炎疫情的全球确诊病例为 4 万多例。放在全球 70 多亿人口里面，这 4 万例是个非常小的数目。如果观察当时新型冠状病毒性肺炎患者增长数目的曲线图，就会发现从 2 月 19 日到 3 月 1 日的曲线几乎是平稳的（图 1-4-32）。很多欧美国家对于自己国家新冠肺炎疫情的预测，就像图中的那条虚线一样，根本不觉得这是个问题，更不会认为它会对自己的国家产生任何影响。

国外累计确诊/现有确诊趋势

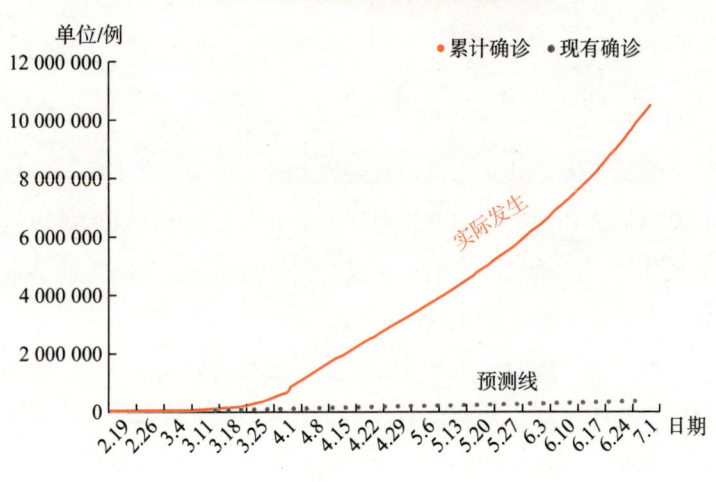

图 1-4-32

但是后来的实际情况是，新冠肺炎疫情的确诊病例数量曲线在跨过一开始的拐点后，呈现出飞速上升的趋势，并且这中间几乎没有发生任何特殊情况，病毒也没有变异。只是这种传播特性刚好吻合了指数增长的特性，所以便出现了一个所谓的拐点。而我们常说的突然暴发，也并不是真的突然，而是一直都在暴发，只是一开始人们没有注意到而已。这就是指数函数的一个非常重要的特征。

理解了指数函数，或者说知道世界上存在指数函数这种现象，对我们来说非常重要。

假设你有机会进入一个指数级增长的行业，或者有某种机会在自己身上引发某些指数级变化，那么你就要打起十二分精神。因为只要赶上一次指数级增长，很多人的人生就会发生彻底的改变。

对数函数与玻璃顶效应

对数函数是指数函数的反函数，其形态与指数函数刚好相反（图 1-4-33）。

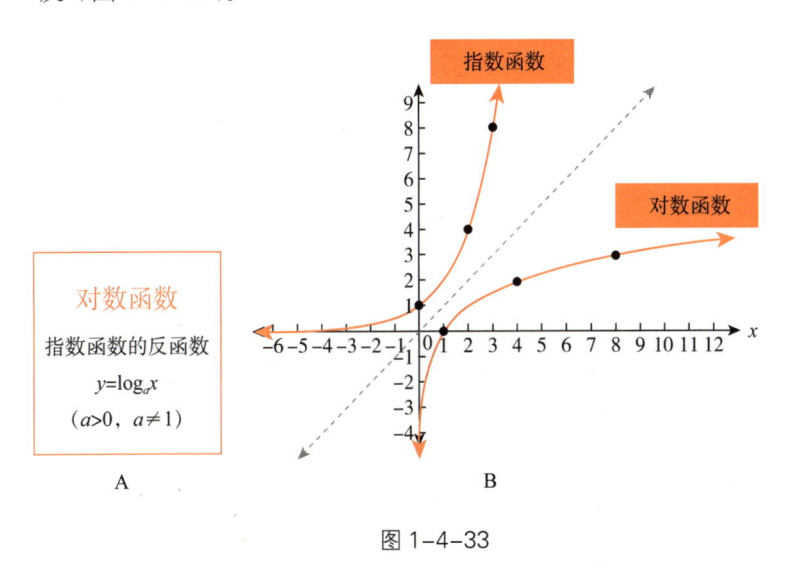

A

对数函数

指数函数的反函数

$y = \log_a x$

$(a > 0, a \neq 1)$

B

图 1-4-33

指数函数的特征是先慢后快，突然暴发；对数函数则是先快后慢。但它并不是突然在某个拐点暴发，而是出道即巅峰，一出现就非常厉害，到后来就慢慢没有任何变化了（图 1-4-34）。

指数函数
先慢后快 突然暴发

对数函数
先快后慢 出道即巅峰

图 1-4-34

为什么会出现对数函数这样的函数形态呢？原因就在于它存在一个玻璃顶效应（图 1-4-35）。

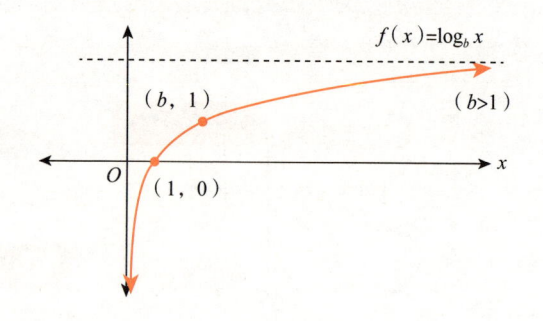

图 1-4-35

我们生活中的很多事物都会产生玻璃顶效应。比如送外卖，你一天不停地送，不吃饭，不睡觉，总共也只有 24 小时可以用，不可能因为你足够努力，每天送外卖的时间就超过 24 小时。那么，这个 24 小时就是你的玻璃顶。它不可能无限增长，你每天也不可能突破 24 小时，它是有时间约束的。

再比如共享单车这个项目，其商业模式就会受到空间约束。在一座城市中的公共区域摆放共享单车，听起来空间好像很大，没有天花板，实际上仍然是有限的。在铺到一定数量后，一定会遇到一个玻璃顶,这就是空间约束,也是符合对数函数特性的。

还有内在价值约束,比如有一款产品要营销,一开始铺天盖地地打广告,产品销量提升很快。但是只要广告停下来,销量就会随之下降,甚至停止。这就意味着这款产品本身缺乏很强的内在价值,无法建立口碑,所以它的销量曲线也会呈现对数曲线模式。

凹形幂函数与凸形幂函数

凹形幂函数(图1-4-36)与凸形幂函数读起来都有些拗口,很多人比较陌生,其实从整体上来说,它们就是一类时间-规模函数。

凹形幂函数

$y=x^a$ ($a>1$)

图1-4-36

从整体上来讲,凹形幂函数的形态如图1-4-37中浅橙曲线所示。

通过这幅函数曲线图我们可以看到,它的中间有一条对称线($y=x$)。所谓凹形幂函数,你可以简单理解为把图中的对称线向下按压,形成一种函数形态;凸形幂函数则刚好与凹形幂函数相反，相当于将对称线向上推，形成了另一种函数形态。

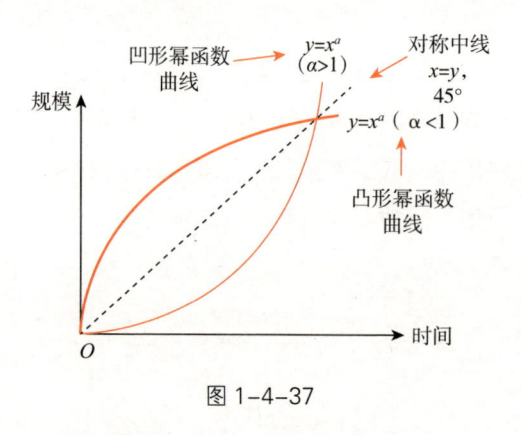

图 1-4-37

凹形幂函数的公式就是 y 等于 x 的 a 次方，而这个 a 大于 1。比如，y 等于 x 的 1.25 次方，或者是 y 等于 x 的 2 次方，这都是典型的凹形幂函数。

凹形幂函数有什么特点呢？我们学习这么复杂的函数有什么用呢？

实际上，凹形幂函数代表了我们生活中一种非常强大的可以长期增长且不会遇到玻璃顶的函数状态。

著名物理学家杰弗里·韦斯特在《规模》一书中说，通过分析研究后发现，头部国家和头部城市的发展形态非常符合凹形幂函数。它们都是时间的朋友，随着时间的推移，它们的增长不但不会停下来，还会变得越来越健康。

这些国家和城市具有一些显著的特点，就是一开始发展都不是特别抢眼，但有一天会突然突破对称线，而且一旦突破后，就会越走越远，越升越高（图 1-4-38）。

图 1-4-38

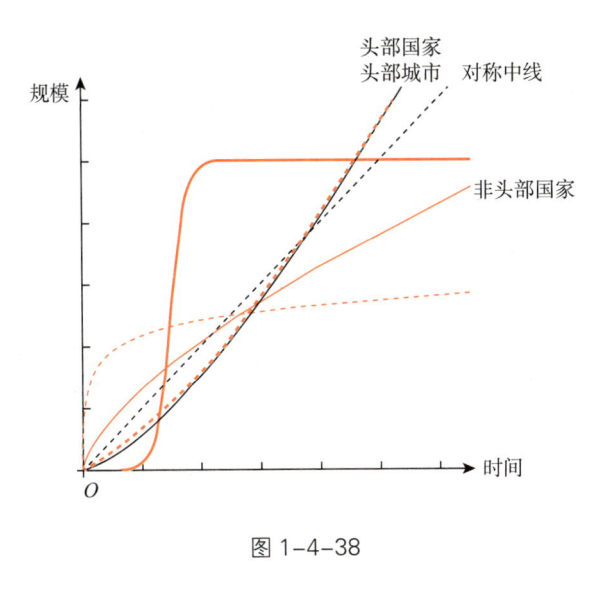

所以，我们了解了凹形幂函数的意义，就会知道这个世界上真的存在一些事物或一些职业是完全没有天花板的，可以一直增长下去。

凸形幂函数的增长曲线与凹形幂函数刚好相反，它一开始可能会增长得快一些，但增长会遇到"瓶颈"。当凹形幂函数曲线与凸形幂函数曲线交叉后，那么我们面临的形势就发生改变了。

对比四种函数，合理规划职业

前文我们讲了多个函数，现在我们把其中四种具有代表性的函数放入同一个坐标系内进行对比，看看它们都能给我们带来什么样的启发。这四种函数就是逻辑斯蒂函数、对数函数、凸形幂函数和凹形幂函数（图 1-4-39）。

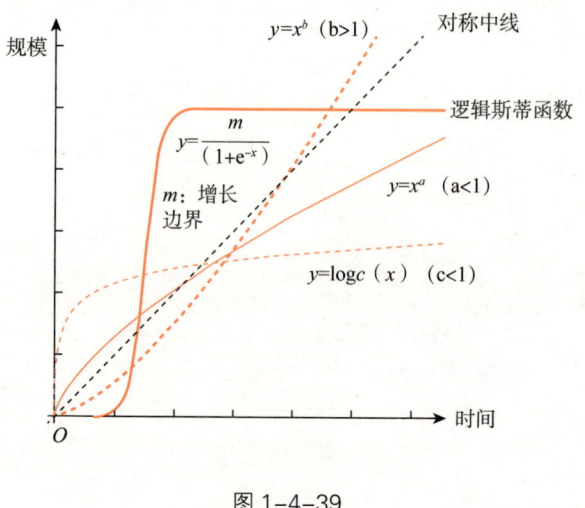

图 1-4-39

在这幅图中，深橙色曲线为逻辑斯蒂函数，浅橙色虚线曲线为对数曲线，浅橙色曲线为凸形幂函数曲线，深橙色虚线曲线为凹形幂函数曲线。

其中，头部国家和城市的发展曲线都符合深橙色虚线曲线的形态，它们通常都会不断发展，几乎没有尽头。而腰部国家和城市的发展曲线通常符合浅橙色曲线形态，它们虽然也可以不断发展，但增速可能会越来越慢。如此看来，头部国家与非头部国家之间的发展函数有着本质的差别，一种为凸形幂函数，另一种为凹形幂函数。随着时间的推移，这两种发展函数的发展距离也会不断拉大。

理解了这一点，我们就能够理解，一旦中国成为世界头号强国，发展速度就有可能从原来平缓的凸形幂函数曲线跳到向上昂扬的凹形幂函数曲线，从而彻底走上与之前完全不同的道路。相反，美国一旦落后于中国，就可能从原来自己一直享受的增长红利状态切换到另一种增长越来越慢的模式当中，这是他们完全无法接受的事情。

除了国家大事之外，这四种函数对于现在的很多年轻人也有一定的启发。实际上，我们的职业也可以分为四种类型，分别为指数函数型职业、对数函数型职业、凸形幂函数型职业和凹形幂函数型职业（图1-4-40）。它们具体包括哪些职业呢？如图1-4-41所示。

四大人生职业类型

指数函数
对数函数
凹形幂函数
凸形幂函数

图 1-4-40

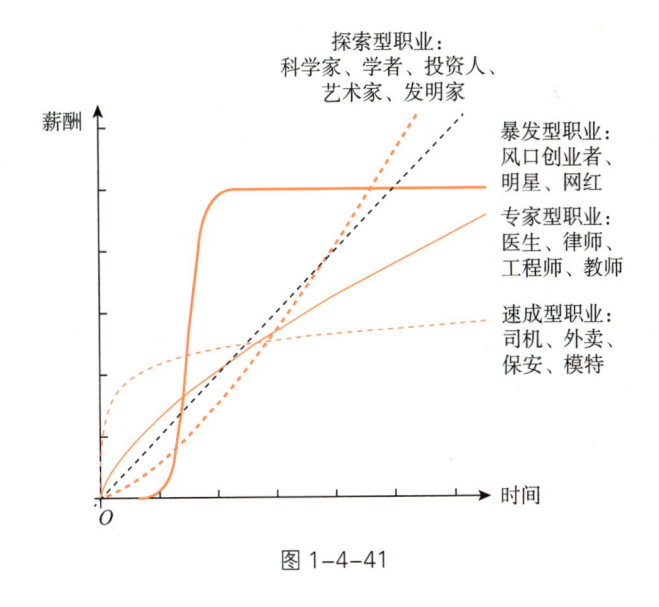

图 1-4-41

首先，符合逻辑斯蒂函数增长曲线的职业是暴发型职业，比如那些需要追求风口型的创业者、网红、明星等。他们都是一夜爆红，非常符合指数函数型的增长形态。但这种职业的特点就是暴发到一定程度后，都会遇到玻璃顶。所以从业者为了快速发展，就必须给自己设定非常清晰的边界，如专门针对"腐女"市场的男星，或是专门针对二次元人群的游戏创业者等，都有可能在短时间内获得暴发性增长。但当他们发展到后期，想要破圈到大众市场时，可能就要等待很多年，甚至最终也无法成功。

对数函数曲线对应的职业为速成型职业，从事这类职业的人往往是出道即巅峰。这类职业很多，它们就是所谓的宽门，只要你符合特定的条件，一入行就可以迅速兑现回报。外卖员、保安，都属于这种职业。他们往往很快就能赚到钱，但不久就会遇到行业玻璃顶，如果要实现自我突破，通常需要经历一次彻底的转型才有可能。

凸形幂函数曲线对应的职业为专家型职业，从某种程度上来说，这类职业是时间的朋友，会随着时间的推移而不断实现能力提升。只是到达一定时间后，从业者能力的增长幅度会逐渐放缓。医生、律师、工程师、教师及各领域的专家等，都属于这一职业。当然，类似医生、律师这样的职业，其真实薪酬增长曲线并不完全符合凸形幂函数曲线，因为他们的薪酬都是不连续跃升的，并不像函数那样连续增长，所以函数曲线也只是一种抽象概括。比如医生这个职业，从主治医师升迁到副主任医师，再升迁到主任医师的过程，都会有大幅的机会和收入跃升。

那么，什么样的职业属于没有天花板的职业呢？就是凹形幂函数曲线对应的探索型职业。所谓探索型是指这种职业通常需要从业者去探索一些人类未知领域的知识，所以这种职业通常是没有玻璃顶的。随着时间的推移，如果他们能熬过最开始的艰难阶段，到后期他们的职业生涯发展与所取得的突破是成正比的。这类从业人员包括科学家、学者、艺术家、发明家，以及一些真正意义上的投资者等。

但是，如果我们更深入一层就会发现，这里还有一种无处不在的向下的力量，这股力量会让这些曲线都面临一个向下的引力，这就是熵增定律（图1-4-42）。

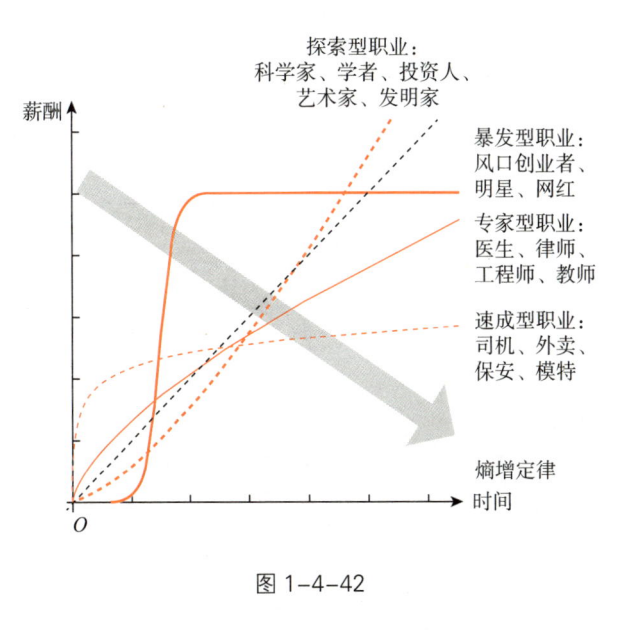

图 1-4-42

比如在速成型行业中，如果你已经进入一个平台期，那么随着时间的推移，你不但不能保持这条曲线的平台阶段，还有可能不断被向下拉。因为这个世界本来就是不进则退，这是由熵增定律决定的。

所有的曲线也都会遇到这样的难题，会遇到不断被向下拉扯的力量。如果拉的时间足够长，那么所有的人类曲线都会归零，回到倒 U 形的抛物线上，因为所有人最终都会死。

各条曲线之间其实是可以融合的，函数之间也是可以叠加的。而一旦增长曲线与倒 U 形曲线结合后，我们就可以看到更大的全貌（图 1-4-43）。

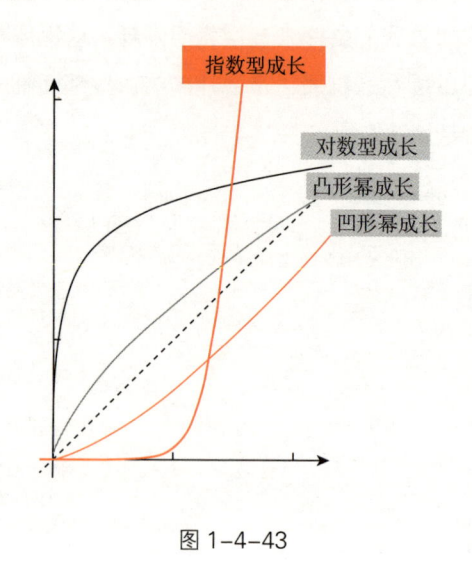

图 1-4-43

最后，了解了这四条曲线，给我们的启发是什么呢？

在职业规划方面，我们可分为短期、中期和长期来看待不同的职业境遇。

如果你只看短期规划，那么就应该选择对数函数型成长的行业，比如毕业出来就去做网红，快速获得收入增长。在这个阶段，可以先把其他几类函数型职业完全抛开，不去关注，因为它们都比不过对数函数型职业。

如果你看的是中期规划，就会发现指数型函数对应的职业都是冠军，那些赌对风口的人，一旦赶上大机遇就可能一飞冲天，把身边的人远远抛下，一枝独秀。

如果你看的是长期规划，就要看凹形幂函数所对应的职业（学者类、科研类工作等）。这类职业通常在短期、中期都发展平平，却一直都是缓慢向上增长的，即使时间拉得很长，突破所有曲线的玻璃顶，也仍然会继续向上走，职业生涯也非常长。

总而言之，以上这些函数在我们的生活中都能找到很多应用场景，我们可以根据自己的实际情况和不同种类函数的规律，对自己的职业和生活做出正确的预测和判断，从而让自己更好地成长与发展。

本章小结

1. 技术成熟度曲线理论告诉我们，面对人生中的各种境遇，不要高估 2 年内自己身上能发生的变化，但也不要低估 10 年内可能发生的大变化；不要高估坚持 2 个月能做到的事情，但也不要低估坚持 10 个月能达到的结果。

2. 倒 U 形曲线理论告诉我们，每种事物、每个行业的发展都会遵循倒 U 形发展态势，经历上升的曙光期、快速上升的朝阳期、平稳发展的成熟期，以及之后的衰退期。这也为我们提供了一个推测和判断事物未来走向的新的角度。

3. 函数波动规律告诉我们，人生通常会在经历波峰之后回到低谷，之后又返回波峰。掌握这一规律，我们就可以科学地规划自己的人生，不让自己因为那些短期看起来光鲜亮丽的微观形势，而忽略自己所处的整体大环境或大行业下降的趋势。

4. 复利效应告诉我们，有些事物是呈指数级增长的。如果你有机会进入一个指数级增长的行业，或者有某种机会在自己身上引发某些指数级变化，那么你的人生就会发生彻底改变。

5. 函数规律告诉我们，指数函数型职业、逻辑斯蒂函数型职业、凸形幂函数型职业和凹形幂函数型职业对应着社会上的具体职业类型。根据这些职业的特点和函数曲线，做好自己的短期、中期、长期职业规划，在不同的人生阶段选择最适合自己发展的职业类型。

05

脑科学：了解真正的自己

我们今天已经迈入科技日新月异的时代，但在过去 50 多年的时间里，人类对大脑的研究一直非常缓慢，因为人类的大脑简直就像宇宙一样神秘和复杂，有人甚至称它是"已知宇宙中最为复杂的事物"。就算我们现在知道人类的大脑中大约存在着 860 亿个神经元，可是对这些神经元之间的连接细节及工作原理，我们仍然知之甚少。

今天，脑科学已经成为现代人必修的一门重要课程，因为它几乎是所有研究人类行为科学的基础学科。比如，大家看过"肌肉记忆"这个词，可是肌肉记忆并不长在肌肉里，而是长在我们大脑额叶的运动皮质上。就像我们说的"心疼哥哥"，它其实是我们的大脑反应，并不是心的反应。

为了认识和了解大脑，有时候人们不得不提出一些比喻性的概念，比如神经科学家保罗·麦克莱恩就提出了一个"三元脑"（triune brain）比喻。这个比喻虽然不太严谨，但胜在直观，我们就先从它说起吧。需要说明的是，本章所有关于人脑的配图均为示意图（只展示区间范围），如需深度研究，建议查看专业 3D 软件或书籍。

三元脑模型,最简单的大脑结构

麦克莱恩提出,按照在动物演化历史中出现的先后顺序,人类的大脑可以分为三层。从最里面向外看,这三层分别为爬行脑、哺乳脑和人类脑(图 1-5-1)。

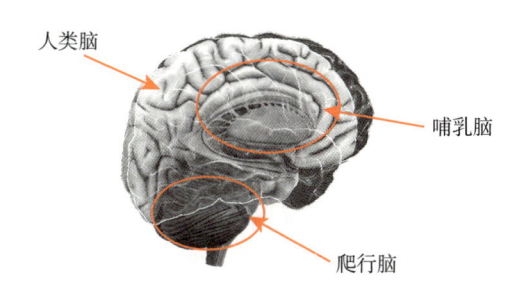

图 1-5-1

从这三个名字我们就能看出,爬行脑部分肯定是最早演化出来的,而人类脑是最晚进化出来的。越早进化出来的脑区越初级,越晚进化出来的脑区就越高级。

接下来,我们就深入了解一下这三个脑区的差别(表 1-5-1、图 1-5-2)。

表 1-5-1 脑理论

	爬行脑	哺乳脑	人类脑
构成	脑干、小脑	边缘系统	新皮质
功能	战斗、飞行	情绪、记忆、习惯	情绪、记忆、习惯语言、抽象、思考、想象、意识
	自动驾驶	快决策	分析、推理、复杂思考、慢决策

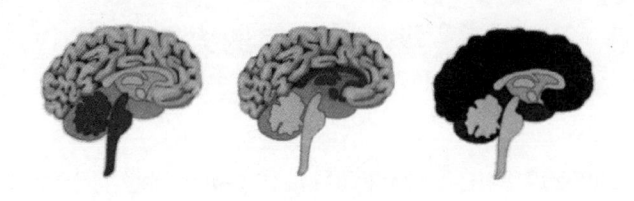

图 1-5-2

首先是人类脑，它属于哺乳动物大脑皮质中的新皮质，可以说是人类智慧的精华。它的主要功能就是分析、推理、复杂思考和慢决策等，所有需要深思熟虑的东西都由它来负责。比如，你考虑是否要换一份工作，或者换一个城市居住，等等。

其次是哺乳脑，它的主要构成是边缘系统，主要功能是情感、深层记忆、习惯形成、上瘾等。哺乳脑是让人快决策的区域，比如你与别人一见钟情、你决定买一瓶可乐、你决定去哪里吃午饭，这些都属于快决策。

诺贝尔奖得主丹尼尔·卡尼曼所著的《思考，快与慢》中说到，人类的快系统和慢系统，其实指的就是人类脑与哺乳脑的分工。

最后是底层的爬行脑，它的主要构成是脑干和小脑，主要负责人类最基本的生理功能，如呼吸、心跳、血压、体温、流汗等，这些也属于我们每天用到却不自知的功能，并且也是不依靠药物基本影响不了的功能，很难仅靠人体自行干预。

理解了三元脑的结构，我们便知道了人类不断进步和知行合一的关键，它们都来自我们更加容易控制的人类脑对于更加不可控的哺乳脑的驯化。我们常说的刻意练习，就是这样一个过程。至于爬行脑负责的功能，大部分都属于我们驯化不了的深层本能。

有了以上的框架认知，我们再来了解脑区更多的细节就会变得更加容易。

需要注意的是，这个模型也只是一种抽象比喻。你要是打开大脑看，并不能精确区分哪个部分属于哪一层，因为各层之间有着很多互相重叠的区域。

最复杂的人类脑有哪些分区

人类脑主要是负责学习和思考的。

人类脑新皮质中的四个重要脑区分别是额叶、顶叶、颞叶和枕叶（图1-5-3）。

在这幅脑区图中，我们可以看到，额叶是人类新皮质中所占面积最大的一个区域，也是最重要的区域，负责我们人类最核心的智慧、分析、判断、推理、社交、自控、学习、语言、洞察等高级功能，后面我们有更详细的分析。

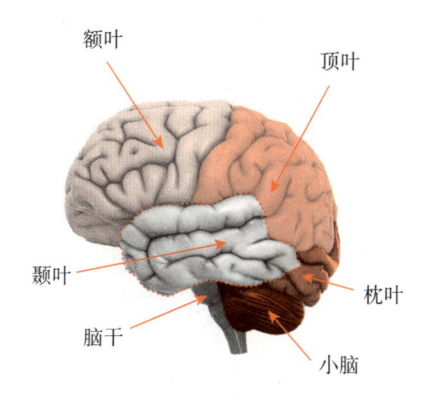

图 1-5-3

顶叶部分紧挨着额叶，位于我们的头顶部位，也就是大脑半球的上半部。它最核心的功能是负责宏观调控，包括**整合信息、协调动作、空间想象、数学思维**等。很多时候，这个区域发挥作用的过程具有无法解释性和突然性，类似于我们常说的"顿悟""开窍"。比如，很多数学天才称自己能在大脑中看到一些数学公式呈现出来的复杂的图像结构，这就是顶叶的想象力与数学抽象思维相结合的结果。

枕叶位于我们的后脑勺儿部位，它只有一个核心功能，就是**视觉**。很多人可能都有过这样的体会，就是后脑勺儿不小心被人打了一巴掌，或者不小心撞了一下后，立刻就会感觉眼前发黑，这就是枕叶部位受到刺激导致的。

最后一个是颞叶，它的主要功能是负责**语言理解、面部识别，以及学习和记忆各种信息、知识**等，所以这里也是人类洞察力的主要来源，它的核心功能就是让我们学会观察。这也提醒我们，我们的学习和记忆能力与我们观察事物细节的能力其实是高度相关的。

顺便说一下，我们左侧的颞叶比右侧的颞叶略大一些，因为人类的两个语言神经中枢都分布在左侧（图1-5-4）。

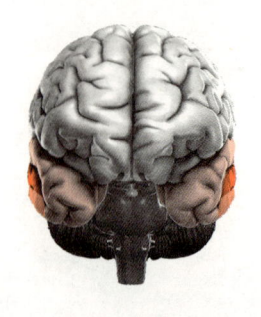

图 1-5-4

从外部来看，**颞叶刚好有三层，而且这三层的叫法都很直白，分别为颞上回、颞中回和颞下回**（图 1-5-5）。

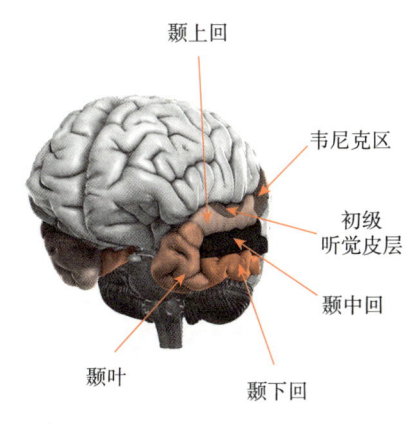

图 1-5-5

其中，颞上回主要负责听觉处理和记忆，它的末端是负责理解语言的神经中枢韦尼克区，听觉与语言理解区域在一起，这是很好理解的（图 1-5-6）。

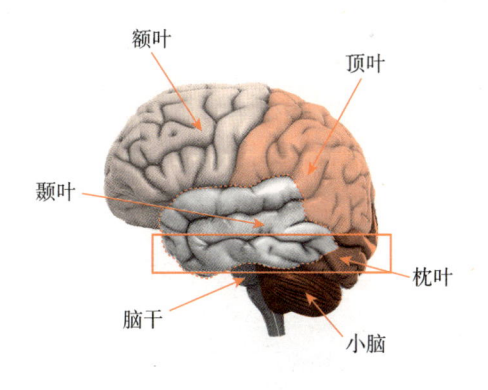

图 1-5-6

与颞上回负责听觉功能相对应的颞下回，负责的是人脸识别和记忆功能。前面说了，整个枕叶区都是负责处理视觉的，而人脸识别也属于视觉系统，这就使得大脑中处理视觉相关的区域特别多，由此我们也就明白了，为什么我们会有强大的人脸识别和记忆能力。

相对来说，大脑中处理听觉的脑区却很少，甚至不及整个颞叶区的三分之一。

这也是为什么我们在给人讲大道理时，对方却很难听进去，原因就是人类的听觉脑区太小了。如果你想让对方明白某个道理，最好能让他有视觉感受，这样他才会形成深刻的记忆。这也是所谓"一图胜千言"的脑科学原理。

额叶区是人类智慧精华的聚集地

额叶区是四大脑区中最重要的区域，也被称为人类智慧的精华区，它负责的都是跟智慧相关的功能。额叶区也分好几个组成结构，包括前额皮质、布罗卡区、初级运动皮质、运动前区、额叶眼区等（图 1-5-7）。接下来我们分别了解一下。

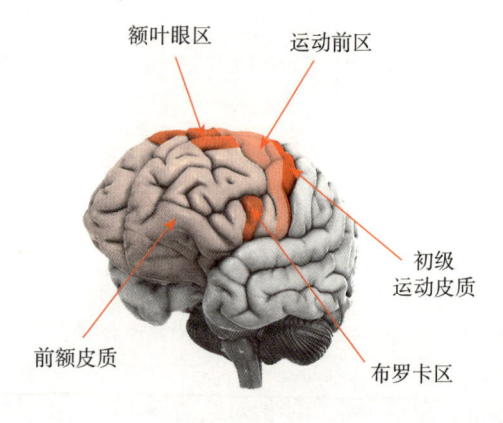

图 1-5-7

1. 前额皮质

在这些组成结构中，**前额皮质是最大的一个区域，它主要负责计划、分析、判断、专注、社交、自控等**。可以说，前额皮质是人类之所以能够成为人类最关键的区域。

我们来看图 1-5-8。

图 1-5-8 从左到右依次为猫大脑、狗大脑、猴子大脑和人类大脑，脑图中画有方格的部分为相应动物的前额皮质。可以看出，人类大脑的前额皮质面积最大，远远大于其他几种动物的前额皮质。而猫的前额皮质几乎可以忽略不计，狗的前额皮质要比猫的大得多，所以你会发现狗的聪明程度要远高于猫。猴子的前额皮质又比狗大，仅次于人类，所以它们能够进行更多的思考。到了人类，前额皮质已经变得更大了。

猫大脑　狗大脑　猴子大脑　人类大脑

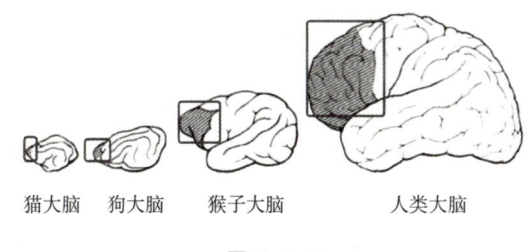

图 1-5-8

前额皮质越大的动物智商越高，也就越聪明，而且只有当前额皮质大到一定程度后，才会出现语言中枢。所以在猴子的前额皮质中找不到明显语言中枢的位置，只有人类的前额皮质中才有。

前额皮质与"年轻"这个词是高度相关的，因为它是人类大脑中最晚发育成熟的区域，人基本要到 25 岁后，这个区域才会发育成熟。不过这也不难理解，毕竟它是人类智慧的精华区，是需要花费更多的时间来完成发育的。

图 1-5-9 就是人类的前额皮质的发育曲线图。从图 1-5-9 中可以看出，在人类 15~25 岁这个阶段，前额皮质都是处于高速发展的状态。在 15 岁之前，前额皮质基本没怎么发育，而前额皮质主要负责人类的社交、专注、自控、分析、判断等功能，所以孩子在 15 岁之前的社交行为与成人是很不同的，自控力也比较差，直到 25 岁之后才逐渐有所改变。

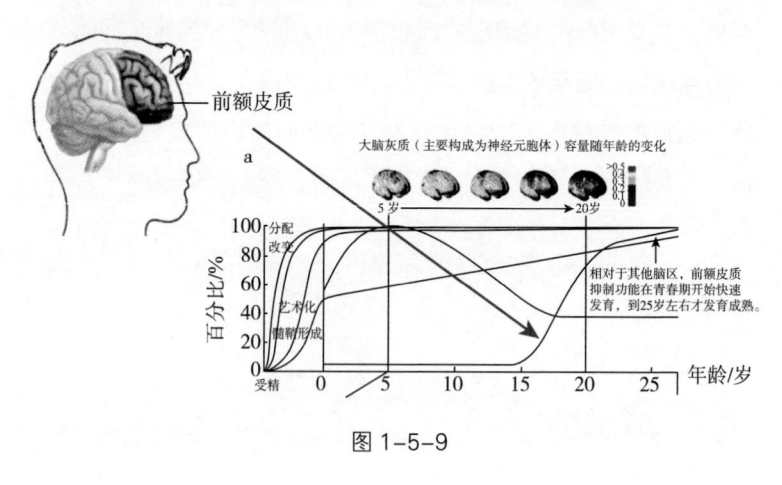

图 1-5-9

哲学家乔治·芒福德在《专注的运动员》书中曾写过一句被后人多次引用的名言："Between stimulus and response there is a space. In that space is our power to choose our response. In our response lies our growth and our freedom（刺激与回应之间存在一段距离，成长和幸福的关键就在那里）"。

这句话从哲学层面深刻地解释了成长的意义，但是如果你懂得脑科学的话，你的理解会更加精确。这个所谓的"刺激"与"回应"之间的距离并不神秘，它其实就是自我控制与延迟满足的能力，而这个能力取决于一个人的前额皮质发育程度。年轻人为什么爱冲动？就是因为他们的大脑中与自控相关的区域尚未发育完全。

那么，随着时间的推移，年轻人大脑中的这个前额皮质是发育得越来越快，还是越来越慢呢？

总体来说，是越来越慢的。因为在进入信息社会后，人类获得信息的数量和质量都远远高于工业和农业时代，这就让人类前额皮质越来越专注于优先发展更高维度的信息处理能力，从而能更快、更多地处理信息，使得大量的神经元被用于理解、分析和判断信息。这样一来，此消彼长，发展自控的神经元资源就会被削弱，人类自控力的发展速度也比前人更慢。

不过，这也不见得是坏事。自控力发展得慢，人类成熟就变得更晚，而越晚成熟，人类对整个世界的理解维度也会越高。

前额皮质还有两个功能，就是社交和模仿。

这两个功能对我们学习、认知自我、做决策分析等，都非常重要。人类的很多能力都是在不同的环境中慢慢习得的。当我们身处一个特定的环境中，就会被环境所熏陶。这种熏陶作用的过程，就是我们的大脑中一类神经元起作用的过程，这类神经元叫作镜像神经元。

2. 镜像神经元

镜像，意思就是照镜子，所以镜像神经元的核心功能就是凭借本能来模仿周围人的行为。

比如我们在跟人聊天时，就会不自觉地调整自己的身形、语气等去配合对方；或者你在国外生活一段时间再回国后，言谈举止就会有点儿像外国人。这都是同样的道理。

镜像神经元主要分布在前额皮质的两大区域中，一个是运动前区和初级运动皮质区，另一个就是布罗卡区。

由图1-5-7可以看出，运动前区和初级运动皮质区在大脑当中的位置，与脊柱和脑干如同被一条直线穿起来，也就是呈直线排列。我们常说"醍醐灌顶"，其中的"顶"指的就是这条直线，它可以称为人类信息的高速公路。

但是你会发现，这两个部位的名称中都带有"运动"两个字，可见它们与人体的行为运动有关。事实也的确如此，它们是控制人体行为最直接的一个区域，有些时候我们不自觉地模仿别人，就是因为镜像神经元控制了我们的运动区域。

3. 布罗卡区

布罗卡区（图1-5-10）也是额叶内一个比较重要的区域，主要负责语言的产生、模仿、社交等，其中也有很多镜像神经元。 我们在学习语言时，用到的不是负责分析和推理的前额皮质，而是负责模仿与社交的镜像神经元。

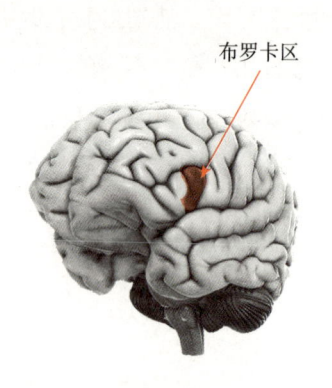

图1-5-10

另外，镜像神经元还是我们产生共情能力和同理心的原因，同时它还与音乐能力高度相关。这就解释了为什么音乐天赋高的人，语言能力通常都不会太差；为什么学习语言和音乐时，都需要深度浸泡在大环境中，极力去模仿。而通过考试做题、分析推理等方式来学习，反而会事倍功半，效果不佳。

现在我们想象一下，针对前面的内容，如果我把其中的脑图全部去掉，只靠文字来理解关于脑科学原理的内容，你会感觉怎么样？

我相信很多人都会感觉特别晦涩、难以理解，这就涉及了学习方法的问题。沿着这个话题，我们来了解一下费曼学习法。

费曼学习法，唤醒更多脑区

很多人对费曼学习法并不陌生，它的意思是说，如果你要学会某类知识，最好的方式就是先去教会别人，而教会别人最好的方式是边说边画。

其中就蕴含了深刻的脑科学原理。其实我们平时在学习时也会发现，如果能把要学的知识说出来，就比单纯地在脑子里想更容易记住，因为这样你同时激活了前额皮质、布罗卡区和颞上回。

如果你能写下来和画下来，那么你又唤醒了多个视觉中枢。

如果你再跟别人讲出来，那么就可能又进一步唤醒了镜像神经元。

如果对方听得津津有味，那么你还会唤醒负责奖赏的下丘脑。

如果你还能设身处地地把自己的触觉和嗅觉都唤醒，这些就会激活你更深层次的脑区，使学习效率更高。

换句话说，在学习过程中，如果我们唤醒的脑区越多，那么掌握的知识也会更多、更深刻。这个原理不仅可以用于学习当中，也可以用于营造体验、打造品牌、社交沟通等很多领域。

举个例子来说，我太太以前经常口头批评我，说我在刷牙时从中间挤牙膏显得不好看，认为从尾部挤牙膏才显得整洁。一开始，她希望通过语言沟通来让我改变这个习惯，但单纯的语言沟通效果很弱。后来有一次，她直接拎着我的耳朵，把我揪到镜子前，让我自己观察从中间挤牙膏多么难看，结果我一次就记住了。

这就是因为她的行为激活了我大脑中的多个脑区，包括听觉、视觉，以及揪住我耳朵时给我造成的疼痛感等，多重冲击之下，我的大脑就牢牢记住了她传达给我的信息，效果肯定比她直接给我讲道理好得多。

不受控制的底层脑区

在"三元脑"模型中，哺乳脑与爬行脑的功能都要低于人类脑，它们所负责的也是一些基本的生存技能。其中，人类的哺乳脑与所有哺乳动物的哺乳脑在本质上别无二致，它包含感觉、情绪、本能，拥有玩乐的欲望，也是母性的来源。爬行脑就更相似了，它主要包括小脑和脑干。其中，小脑主要负责人体的条件反射、身体协调、保持平衡等。

边缘系统影响你的情绪好坏

哺乳脑中最重要的区域就是边缘系统，它主要负责我们的情绪管理、性唤醒、嗅觉及长时记忆等。

由于这个区域与情绪、嗅觉都有关系，所以也就理解了为什么嗅觉能直接影响我们的心情好坏。这些功能并不是所有动物都有，只有哺乳动物才进化出了边缘系统。气味信息由边缘系统反馈给人类脑，再对身体功能进行控制。

通常来说，女性的边缘系统要比男性更发达一些。因此在遇到问题时，女性的情绪波动通常也会更大。同时，女性的嗅觉也更灵敏，这就提醒男性朋友们，约会时你可以穿得没那么帅，但一定不要让自己身上有不好的气味，否则就会刺激到女性的边缘系统，让这种感觉通过嗅觉直达情感，甚至直达深层次的记忆当中，导致对方很久以后都对你"印象"深刻。

当然，也有人会故意刺激人类的边缘系统，以达到自己的目的。比如，你在进入五星级酒店或高档咖啡厅时，会发现他们花了很大精力优化自己的新风系统，来改善室内的空气和味道，让你一进去就产生愉悦感。再如，做烘焙的商家会刻意制造出烤面包的香味，让你从店门口一经过，就能闻到香甜的烤面包味，继而产生购买的欲望。

这就是商家在不断唤醒你的嗅觉，而嗅觉被唤醒的过程是完全不会被你的前额皮质理性思考的。说白了，商家相当于"黑"了你的大脑，绕过了你的思考区域，直达你的大脑深层系统，让你产生消费的欲望。

越是底层脑区,越不受理性控制

边缘系统中包括几个比较重要的区域,如扣带回、杏仁核、下丘脑等(图1-5-11)。

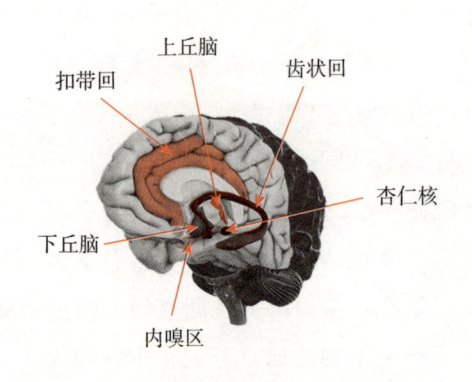

图1-5-11

1. 扣带回

扣带回这个区域主要负责一个人的负面想象、焦虑感、痛苦感等。

一般来说,女性的扣带回要比男性活跃,所以男人经常会感到奇怪:为什么女人总是想一些乱七八糟的东西?实际上,女性的这种能力是因为她们本身的边缘系统就比男性更发达,所以女性在看到某个东西时,也会连带想起很多东西、很多细节,继而产生焦虑感。

扣带回也负责情绪调节,所以你也会发现,女性的情绪来得快,去得也快,就是因为她们的情绪调节能力比男性更强。不过也不尽然,男性当中也有少数个体的边缘系统比较发达,这只是一个概率问题。

2. 杏仁核

杏仁核是个非常重要的区域，它负责的是恐惧、愤怒、兴奋等情绪的产生，同时也决定了我们在遇到危险时是选择应对还是逃跑。

如果我们仔细看杏仁核在哺乳脑中的位置就会发现（图1-5-12），杏仁核的前面刚好连接着大脑的前额皮质，里面连接的是边缘系统。另外，它还连接着另一个基底神经节，下方又紧挨着大脑底层的脑干。

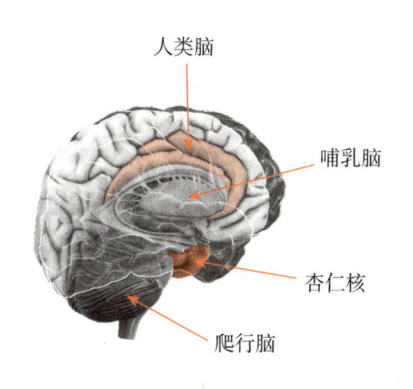

图 1-5-12

由此我们也可以看出，杏仁核是人类脑、哺乳脑与爬行脑三大脑区的交会点。它就像是马六甲海峡一样，尽管很小，却是理性与感性的中转站，可以通过恐惧等情绪直接让整个额叶失去思考的能力，只留下本能在发挥作用。

我们都体会过恐惧的感觉。在那一刻，即使你智商再高，也可能会在瞬间降智。比如，你的脚下突然出现一条毒蛇，这时就算你再聪明，也没有任何意义，绝大多数人的第一反应是浑身冒汗，赶紧逃跑，这是完全不受控制的，因为此时你的大脑已经被杏仁核劫持了。而杏仁核发挥作用的时间非常短,你根本来不及反应,身体就不自觉地动起来了。

当然,在这种情况下,也会有一小部分人选择应对,而不是逃跑,这也是由杏仁核决定的(图1-5-13)。

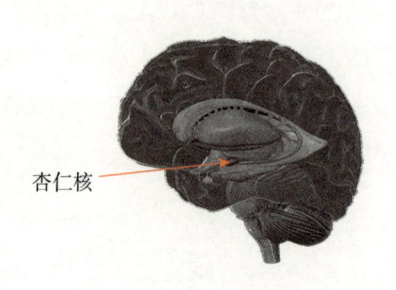

杏仁核

图 1-5-13

那么,杏仁核为什么会产生这样的差异反应呢?

一方面,这可能与基因有关,但更大程度上与这些人过去的经历有关。他过去可能经历过类似的事件,比如,过去家里人带他接触过蛇或捕过蛇。这样的人长大后,看到蛇的第一反应就是一把抓住,根本不需要思考。那他怕不怕呢?其实他根本没思考过这个问题,而是自己的身体直接做出了抓住的动作。

那么,我们怎样训练杏仁核的这种反应模式,让自己能够在巨大压力和恐惧面前保持冷静呢?

没有更好的办法,想要战胜恐惧,只有通过身临其境的体验来训练,甚至你读万卷书也毫无用处。因为学习只能训练你的新皮质,却驯化不了你的边缘系统。这也是"纸上得来终觉浅,绝知此事要躬行"的原因。

反过来说,如果我们刻意让自己经历一些有压力、恐惧的场景，其实也没什么坏处。比如，你想训练自己的炒股能力，那就尽早去亏一部分钱，感受那种冒冷汗、脊背发凉的恐惧，亏了之后也不清仓，熬一两年后发现又赚回来了。有了这样的经历，就形成了闭环。

这种经历对你的杏仁核训练来说是最完美的。试想一下，下次再亏钱时，那种恐惧、紧张冲击你的时候，你的杏仁核就不一定能劫持你的大脑了，因为你的经历会告诉你，这种恐惧并不会给你造成巨大的损失，你是可以熬过来的。

这样的经历和经验，对你终身都是有用的财富。

杏仁核还连接一个区域，就是**基底神经节，它主要负责的是一个人的操作技巧、习惯养成、奖赏系统，以及与上瘾有关的功能等**。这个区域几乎是所有营销模式的最爱。如果你深入探究的话，就会发现很多成瘾行为，如在酒吧里喝酒、在咖啡厅喝咖啡、刷视频、抽盲盒等等，都与杏仁核的上瘾功能有关。而杏仁核之所以具有这一功能，主要与其中的一个名叫伏隔核的大脑区域有关（图1-5-14）。

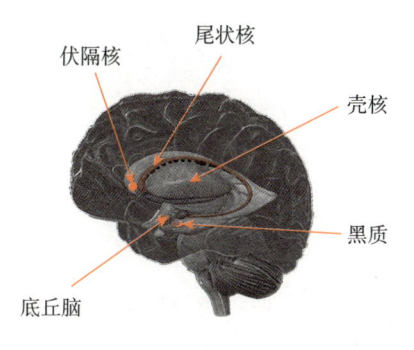

图 1-5-14

伏隔核非常小，但你可别小看它，那些创造了上百亿、上千亿财富的企业，几乎都与人类大脑中的这个小小的伏隔核有关。因为商家发现，只要能打动客户的伏隔核，就能让客户顺着自己的思路走，为自己的产品埋单。伏隔核负责奖赏、成瘾、快乐、恐惧、安慰。

这就告诉我们，越是底层的大脑，越不受理性的控制，也越容易被他人所控制。

3. 下丘脑

杏仁核会让人在一瞬间就产生恐惧的情绪，那你知道为什么它具有这样的功能吗？原因就在于它调动了另一个大脑区域——下丘脑。

下丘脑负责的是人类非常基础的生理功能，如出汗、体温、口渴、血压、心率、饥饿、颤抖、生物钟、性、养育本能等。

其他功能都好理解，有些人可能不太理解养育本能。它是指人做了父母之后，会对孩子产生一种本能的养育行为。比如，在遇到危险时，如果只是我们自己，可能会马上逃跑；但如果我们带着孩子，那么就会毫不犹豫地去保护孩子，即使放弃逃生。

这就是因为下丘脑与杏仁核离得很近，养育的本能使得下丘脑抑制住了杏仁核的劫持功能。

呼吸是你唯一能控制的本能

当我们感觉很冷的时候，身体就会本能地发抖、哆嗦；当我们的血糖变低时，就会本能地感到饿。那么"发抖""饥饿"这些命令是谁下的呢？你自己并没有刻意去命令肌肉和肠胃，说明这个命令是自动出现的，主要负责的区域就是爬行脑。

爬行脑就是大脑中最古老的一层，它主要包括小脑和脑干。其中，小脑主要负责人体的条件反射、身体协调、保持平衡等（图 1-5-15）。

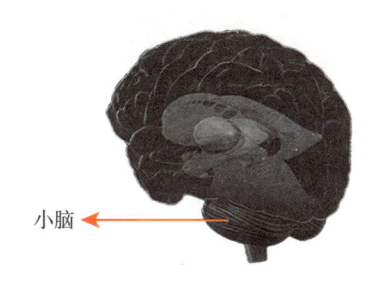

图 1-5-15

脑干部分主要负责人的睡意、心率、排汗、呼吸、消化、体温、警报等底层的功能（图 1-5-16）。

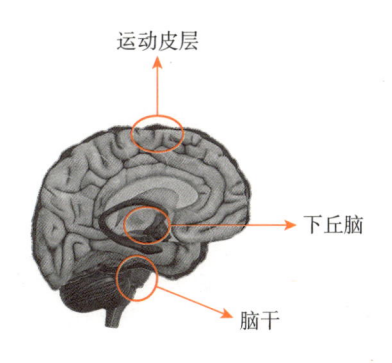

图 1-5-16

这些功能与下丘脑有些相似，但下丘脑通过训练尚可控制，而脑干所控制的这些功能当中，除了呼吸我们能够适当控制和训练之外，其他的都无法被控制。

呼吸是人的一种本能，但呼吸也是一种很有趣的行为。它从人类脑的运动区,到哺乳脑的下丘脑,再到爬行脑的脑干,控制连成一条直线,所以**呼吸训练几乎也是古今中外所有修行之人都会涉及的,比如,一些人练习瑜伽、打坐时,就会有意识地调整呼吸,缓解身心的不适。即使是现代医学,也很重视呼吸对调节身心的作用。**

激活更多神经元,才能做到知行合一

前文我们讲的都是大脑宏观的结构,接下来再说说微观结构——神经元。它由两部分组成,一部分是神经元的胞体,由细胞膜、细胞质和细胞核组成,主要用于储存营养、整合和发放神经冲动等;另一部分是神经元周边的突起,包括树突和轴突(图1-5-17),两边的树突通过神经末梢互相连接在一起,而中间的轴突就是传递电信号的链路。

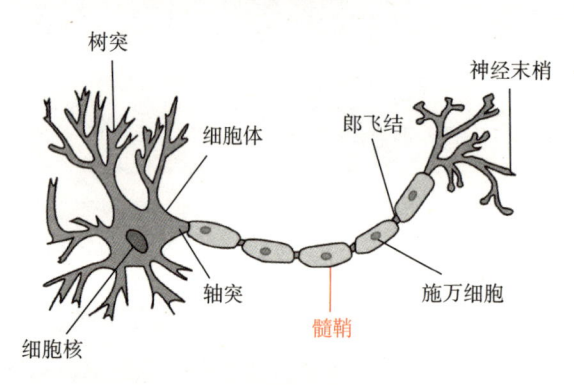

图 1-5-17

理解了这个结构之后,我们再回到现实生活中,就能更加深刻地理解学习一门技能的过程是如何发生的,或者说刻意学习的原理是怎样的。它包含了一个非常简单的逻辑,即当你要去做一件事的时候,就会激活这件事与其相连的一些神经元。但如果你只激活一次,它实际上可能也只是连一下,随后就不再连接了。如果你想学会一项新的技能,或者养成一个新的习惯,就必须不断重复,这样才能不断激活各个神经元,不断强化连接,让这些神经元牢牢地"长"在一起,最终促使你成功完成你要做的那件事。

这就涉及了一个方法,叫刻意练习。

刻意练习,不断重复才能让神经元连在一起

刻意练习不难理解,就是要刻意地、有针对性地重复练习,只有重复的次数足够多时,各个神经元之间的连接才能牢牢建立起来。

好的刻意练习要做到三点。

第一是有针对性。

你还不能光练一点,如果一项技能需要50个练习点才能掌握,而你一直以来都只练习其中的20个点,那你仍然不可能成为高手。只有对50个点全部练习,并且熟练掌握,你才能真正精通这项技能。

比如,你要做一个优秀的视频,那你可能要刻意练习对音乐、卡点、声音、灯光、摄影等领域的感觉,在这个过程中,你要不断分析自己哪一块是弱项,然后有意识地重复训练这些薄弱点。

第二是不断更换角度,重复训练。

重复的过程中,我们要不断分析、琢磨、推敲,通过写、画、想,甚至是听、闻、摸等多种方法,尽量把各个脑区都用上,这样才能将特定动作关联的神经元都激活,建立的链路才会更加全面和牢固。

第三是关键步骤——放慢练习速度。

除了重复和刻意,还要注意一点,就是放慢练习速度,让所学的知识真正"过脑子"。因为只有放慢速度,你才有可能调动更多的脑区去观察、思考和探索要学的知识。而且与学习关联最紧密的脑区都在新皮质,新皮质的运行速度本来就比其他脑区都要慢。

比如颞叶这个区域,它里面有专门识别人脸的区域,有专门听声音的区域,有专门进行语义分析的区域。此外,额叶区还有运动区,顶叶部分有空间想象区域,等等。但是,如果你在学习某项知识时只是蜻蜓点水,那你就不可能同一时间在这么多区域之间都建立起新的神经元连接。只有每次都有所侧重,并且多次重复,激活相关脑区的神经元才会足够多。

放慢速度还有另一个好处,就是有利于形成新的髓鞘。我们可以假设一下,神经元就是一根电线,电线中的电信号在传递过程中,电线的外面必须包上一层绝缘体,这个绝缘体就是髓鞘(图1-5-18)。

通过基础的物理学知识我们知道,电线外层的绝缘体破损后,电线会漏电。而如果神经元信号传导的过程中"漏电"的话,人就会出现注意力不集中、无法聚焦等表现。但如果你放慢速度来练习的话,大脑神经元被激活的时间就足够长,新的髓鞘也更容易形成,这又能进一步保护传导过程不漏电,让我们的思维效率更高。

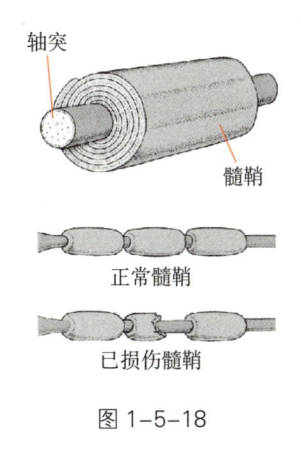

轴突
髓鞘
正常髓鞘
已损伤髓鞘

图 1-5-18

富兰克林训练法

富兰克林训练法是由富兰克林在 20 岁的时候发明的一种学习方法，目的是让自己养成好的习惯，或者掌握某种技能。

富兰克林做了一个小本子，每一页从左到右列出周一到周日的七天（图 1-5-19）。

当他想改正某个过失或养成某种习惯时，就从上到下列举他在自省时发现自己有过失的一些行为或习惯，或者是欠缺的某项技能。如果某一天他发现自己在某一处出现过失，就在相应的地方标注一个小黑点。

这件事看起来很麻烦，难以坚持，但富兰克林想了一个取巧的方法，就是每周只集中练习其中的一项技能或一种习惯，比如早起。如果一周下来，发现"早起"的这一栏中画满了黑点，就表明这周的练习失败了，下周还要继续训练早起；反之，如果一周下来，发现这一栏从周一到周日都是干干净净的，那说明这一周的训练已经起效，接下来就继续寻找下一个要训练的能力，重复记录。

刻意选择							
写下自己每日要做的事情							
	周一	周二	周三	周四	周五	周六	周日
T.							
S.	*	*		*		*	
O.	**	*	*		*	*	*
R.			*			*	
F.		*			*		
I.			*				
S.							
J.							
M.							
C.							
T.							
C.							
H.							

图 1-5-19

富兰克林认为，建立自己的能力就像给花园除草一样，不应该想着一下子把所有的草都除完，因为人没有足够的精力把草一次都除完。只有一次除一块，下一次再去除另一块，循序渐进才能全部除完。

富兰克林学习法就蕴含了刻意练习的精髓，它的横轴代表的是不断重复，纵轴代表的是刻意选择，完全符合我们这里所讲的脑科学原理。所以，距今即使已经过了 300 多年，这种方法仍然可以给我们很多启发。

总而言之，懂点儿脑科学，了解大脑结构及脑科学的原理，对于我们的学习、生活等都大有裨益，不但能让我们更加清晰地看清自己，还能帮助我们更好地了解别人。还可以让我们知道，这个世界上，其实每个人都只是自己不同脑区的集合体而已。同一个人在不同的场合，可能会展现出完全不相关的人格特征。

一个在战场上杀伐决断的将军，回到家面对女儿时可能是个言听计从的父亲。这可能是因为他的下丘脑比正常人更加发达导致的。

一个在生活中唯唯诺诺的人，面对巨大压力时可能会爆发出很强的抗压能力。这可能是因为他的杏仁核结构异常。

一个语言高手，可能在画画方面一无是处；一个数学天才，可能连最基本的乐感都不具备。

这些都是有可能的。这也是我们给人贴标签最不科学的地方所在。

本章小结

1.三元脑模型告诉我们，人类不断进步和知行合一的关键，来自我们更加容易控制的人类脑对于更加不可控的爬行脑的驯化。刻意练习就是这样一个过程。爬行脑负责的功能，大部分都属于我们驯化不了的深层本能。

2.费曼学习法告诉我们，在学习过程中，我们唤醒的脑区越多，掌握的知识也会更多、更深刻。这个原理不仅适用于学习，也适用于营造体验、打造品牌、社交沟通等很多领域。

3.大脑宏观理论告诉我们，越是底层的大脑，越不受理性的控制，也越容易被他人所控制。哺乳脑中的边缘系统可以影响人的情绪的好坏，爬行脑负责人最基本的生理活动，绝大多数功能都不能通过理性去训练和控制，只有呼吸可以适当训练。

4.大脑微观理论告诉我们，当我们要做一件事或学习一项技能时，就要努力激活与这件事或学习内容相关联的神经元。而通过刻意练习，可以有效建立各个神经元之间的连接。富兰克林学习法代表了刻意练习的精髓。

06

认知心理学：锻炼清晰的认知头脑

如果我们曾经吃过特别难吃的食物，那么此后再看到这种食物时，还没吃，心里就会产生厌恶；如果我们经历过一次重大的事件，以后再遇到相似的事件和环境时，心里就会有相似的感受。

这就是我们的记忆在发挥作用。

1968年，美国心理学家理查德·阿特金森与理查德·希夫林提出了一个非常著名的人类记忆处理过程模型——多重记忆系统模型（图1-6-1）。

简单来说，这个模型图所描述的就是人类在接受刺激与产生回应之间的一系列内在处理过程的步骤分解。

首先，当我们接收到一个外部刺激时，这个外部刺激会通过我们的某些器官，如眼睛、嘴巴、鼻子等，形成感觉存储，之后进入我们的短时记忆存储器。在此过程中，如果这种感觉能在很短时间内得到复述，那么这个记忆就会进一步进入长时记忆存储器中；如果它不能在短时记忆存储器中被及时重复，就会进入消退记忆库，继而被遗忘掉。而那些进入我们长时记忆存储器中的信息，就形成了真正意义上所谓的记忆。

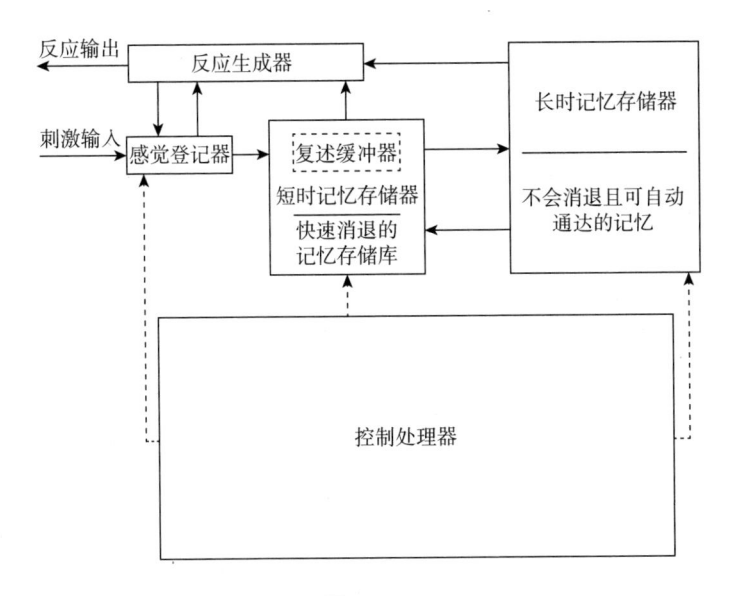

图 1-6-1

可以看出，在整个调控过程中，还有一个名叫控制处理器的东西，看起来很重要。它其实是整个调控过程的"监工"，我们的意识、反思、注意力的分配等，全部由这个功能区安排实现。

在图 1-6-1 中，我们假设长时记忆是永久性的，短时记忆不超过 10 秒，感觉登记则通常只有几百毫秒。这个分析框架就是我们这一章内容的骨架。

不过，真实的记忆过程要比这复杂得多，我们可以来详细了解一下。

利用感觉存储创造机会

感觉存储，简而言之就是我们的感觉系统本身就具有存储能力。如果现在让你马上闭上眼睛，然后回忆一下，你闭上眼睛最后那一刻看到东西的数量，你会发现这个数量通常可以超过 20 个。

除了视觉，听觉和触觉也是如此。如果一段音乐已经停止，你仍然可以"听到"它；当你把手从桌子表面挪开，再用心回忆，仍然会捕捉到手摸着桌子的感觉。

这就是感觉存储的一个重要特性，它可以存储大量的事物，但存储时间非常短，通常只有 250 毫秒，最长也不超过 4 秒（表 1-6-1）。

那么，在这么短的时间之后，这些记忆会怎样处理各类信息呢？

表 1-6-1　感觉存储

存储结构	加工过程				无法回忆的原因
	编码	容量	持续时间	提取	
感觉存储	感觉特征	20 个以上项目	250 毫秒~4 秒	完全提取，如果有适当线索	掩蔽或消退
短时记忆	听觉、视觉、语义、经识别和命名的感觉特征	7±2 个项目	约 12 秒；如加以复述会更长	完全提取，每 35 毫秒提取一个项目	替代、干扰、消退

我们来看下面这幅图（图 1-6-2），图中的形状就像一个漏斗，上面非常宽的部分就是感觉存储部分，而紧挨着感觉存储的是短时记忆模块，这个模块能存储 5~9 个项目，它们的平均数刚好是 7，所以就有了"人类瞬间只能记住 7 个零散数字"的说法。

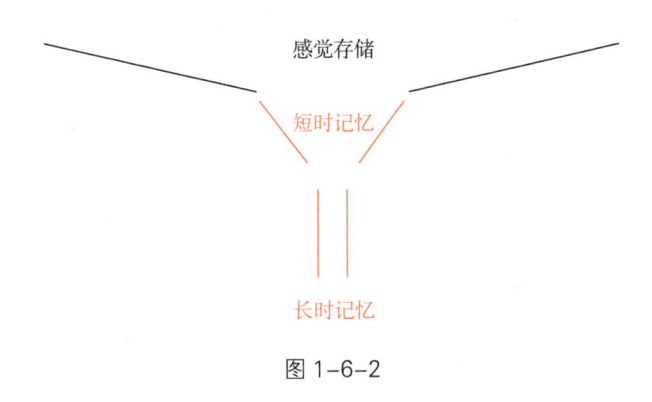

感觉存储

短时记忆

长时记忆

图 1-6-2

但是，信息从感觉存储这个大漏斗漏进短时记忆的过程中，会出现一个有趣的现象，叫作语义屏蔽（图 1-6-3），就是我们日常生活中常说的"充耳不闻"，或者叫"戴着有色眼镜看世界"。

感觉存储 → 短时记忆

语义屏蔽

图 1-6-3

如果我给你一段对"卷积神经网络"的描述："卷积神经网络，是一类包含卷积计算且具有深度结构的前馈神经网络，它具有表征学习能力，能够按其阶层结构对输入信息进行平移不变分类，其隐含层内的卷积核参数共享和层间连接的稀疏性使得卷积神经网络能够以较小的计算量对格点化特征进行学习。"

很多人会发现，自己明明对里面的每个字都认识，但却完全不懂说的是什么。

在这种情况下，**存储根本没办法把信号传入短时记忆。如果连这一层都做不到的话，就更谈不上后面的长时记忆，以及分析、理解、判断了。**

由这个模型，我们获得了一定的启发，那就是，**当我们进入一个行业或一家大公司，在面试阶段或与其中的人员交流时，一定要多使用他们平时常用的词汇。**比如在互联网行业中，你可以多说日活、月活、转化率、痛点、赋能、最小闭环；在金融行业，可以多说北上南下、多头热钱、砸盘吸筹、基本面，等等。这样做的目的，就是让对方通过这些他们熟悉的词汇对你形成感觉存储，继而记住你，对你留下深刻印象。

那么，我们去哪里学这些词汇呢？

在网上查肯定是不靠谱的，因为你很难把这些内容都查全面，最好的方法是直接参与业内人士的聚会。在这里跟大家分享一个快速了解行业的方法，就是参加2次业内人士的聚会。

第一次参加时，你要非常认真地记录下大家交谈过程中你听不懂的那些词汇，最好能把这些话都录音，回去后一个一个地把你听不懂的词查清楚，弄明白它们都是什么意思。

第二次参加时，你就可以尝试着用业内人士的语言与他们交流了。在这个过程中，如果有人纠正你的某些词汇或话语，那一刻你一定会记忆非常深刻。

运用这种方法，只要你肯拉下脸面，不断找业内人士请教交流，记录下他们用于表述事物的词汇，我敢说，你会比普通人入门速度快 10 倍。

突破短时记忆，提升做事效率

现代社会的节奏特别快，我们每天都要接触海量的信息，而且这些信息还特别碎片化。当这些信息进入我们的感觉存储后，就会有一部分继续进入短时记忆当中。但是，短时记忆点容量很小，它的广度一般来说只有 5 ~ 9 个。

只有通过复述才能够大大增加短时记忆进入长时记忆的可能性。

这里有一张图，叫作詹姆斯记忆系统模型（图 1-6-4）。从图中可以看到，当一个刺激顺利地进入短时记忆，如果能得到及时复述的话，它就会有更大的可能性进入长时记忆。否则，它就会被遗忘掉。

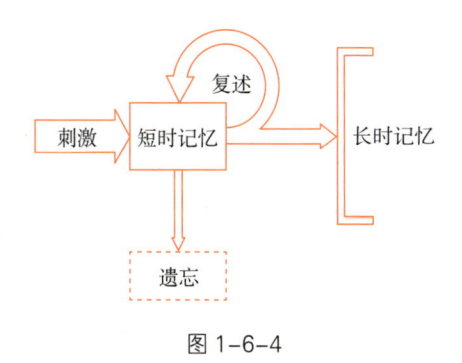

图 1-6-4

关于这个模型，心理学家彼得森夫妇曾经做过一个著名的实验，实验过程是这样的：测试人员先告诉志愿者3个字母，比如C、H、J，然后要求他们记住这3个字母。紧接着，测试人员马上再说出一组数字，如506，然后要求志愿者马上对这组数字进行等差倒数，比如506、503、500、497……这样数下去。

在此过程中，测试人员分别会在第3秒后、第6秒后、第9秒后打断志愿者，要求他们回忆最初的那三个字母。

结果怎么样呢？

就像下面这张图中所显示的那样（图1-6-5），随着时间的推移，志愿者能回忆出那3个字母的可能性急剧减少。到12秒后，正确回忆的百分率已经降到了20%以下。

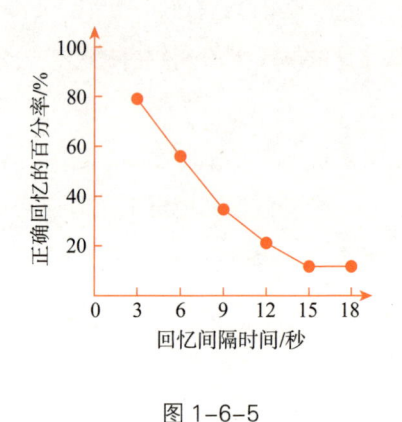

图1-6-5

这个实验告诉我们，人类短时记忆的时间长度只有12~15秒。不过，这个是在没有复述的前提下，如果在12秒后能对之前的信息进行复述，那么，短时记忆就会被大大加强，甚至能让这些信息进入长时记忆当中。

由此，我们得到了相应的启发：如果你想记住一件事，尤其是你不太在意的事时，最简单有效的方法就是在 3 秒之内，闭上眼睛，认真地把要记住的事情回忆一遍。之后，在 12 秒内再回忆第二遍。这样一通操作后，这件事基本就记住了。

根据短时记忆的启示，我想到了与之相关的另一个现象，叫作首因 - 近因效应。

首因 - 近因效应：重点内容放在开头和结尾

假如我们想在半小时内背下一个包含 100 个新单词的列表，然后进行测试。那么，在这么多单词当中，我们最容易记住的往往是比较接近开头的那几个，以及最后背的那几个单词。

出现这种现象不难理解，因为我们最开始背的那几个单词最容易被复述，而最后的几个单词能记住，则是因为在回忆这些单词时，它们仍然留在我们的短时记忆当中。而这就是首因 - 近因效应（图 1-6-6）。

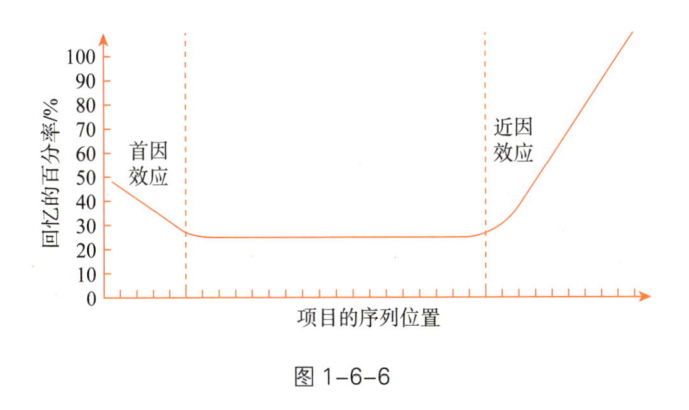

图 1-6-6

后来，另一个心理学家发现了反面例子，他将其称为冯·雷斯托夫效应（Von Restorff Effect）。这个效应指出，如果我们所背的词汇表中有一些看起来特别怪异的词汇，那么这些词汇也很容易被记住。

比如，词汇表中的单词都是 5 个字母以内的，但突然出现了一个有 15 个字母的单词，尽管这个单词可能位于词汇表的中间位置，它也仍然极易被记住。

这两个效应结合起来，被称为峰终定律（Peak-End Rule）。

峰终定律：做事不宜平均发力

峰终定律（图 1-6-7）是由诺贝尔奖得主丹尼尔·卡尼曼发现的。这个定律很有意思，它认为，人们对一段体验的评价是由两个因素决定的：一个是过程中的最强体验，一个是结束前的最终体验。而过程中的其他体验对人们的记忆几乎没有影响。

图 1-6-7

在这方面，一个最好的案例就是宜家。如果你去过宜家，不妨好好回忆一下宜家带给你的好的体验。宜家的峰终体验还是比较好的，它的"峰"就是在逛宜家过程中获得的小惊喜，比如极高性价比的杯子、好吃的瑞典肉丸等；而它的"终"，则是出口和入口处的特别设计，比如留出非常大的空间、巨大的宜家 logo，还有非常受欢迎的食堂、便宜的甜筒，等等。

由此，我们也可以延伸来思考：如果要安排一次美好的约会、做一个好的产品，或者想组织一次有收获的活动，那么最需要营造的,就是开头和结尾的仪式感,以及过程当中的惊喜感。当然,中间过程也要避免出现糟糕的体验,以免给人留下最差的印象。

也就是说,**体验营造本质上并不是平均发力,而是把力气用在刀刃上,并保证整个过程不出差错。**

控制处理器:高度聚焦,才能深度控制

在认知心理学中,控制处理器也是最为关键的一个概念。

科学研究发现,我们人类的感觉存储每秒大约会向大脑中传递1100万比特的信息。但是,你知道我们的大脑最终能处理其中的多少吗(图1-6-8)?

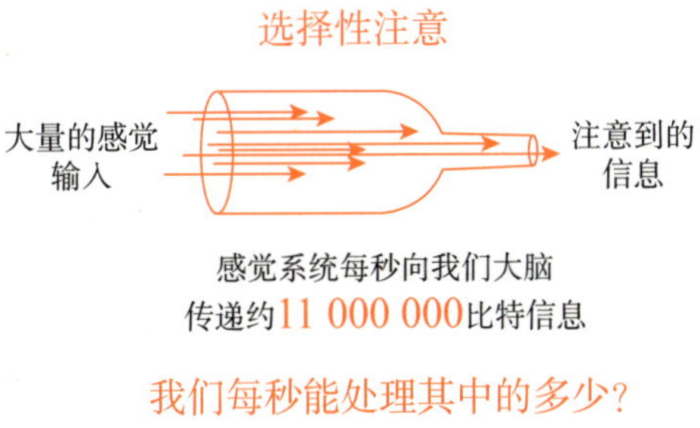

选择性注意

大量的感觉输入 → 注意到的信息

感觉系统每秒向我们大脑传递约 11 000 000 比特信息

我们每秒能处理其中的多少?

图 1-6-8

答案是:大脑只能处理16~50比特的信息。也就是说,大脑所处理的信息不及接收信息的二十万分之一。

这个原理很像是在一个漆黑的夜里,我们站在广阔的田野

上,身上只有一个小小的探照灯,只能照到很小的一个范围。所以,我们的大脑每时每刻都在有意无意地控制着这个探照灯。

当然,这个探照灯不一定只照亮我们身边的区域,也可能会一下子照到很远的地方,这就取决于我们的控制处理器会怎样调配我们的注意力(图 1-6-9)。

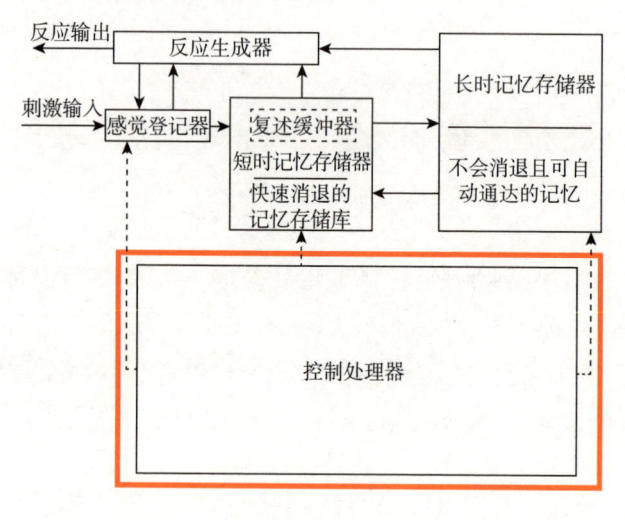

图 1-6-9

选择性注意:让大脑高度聚焦

在认知心理学上,有一个著名的鸡尾酒会现象(cocktail party phenomenon)。它的意思是说,在聚会上,你正在跟一个人聊天,突然听到远处有人好像说了你的名字,并且还哈哈大笑。这时你的耳朵马上就会竖起来,不自觉地去听远处的人在说你什么,对你面前这个人说的话反而什么都听不见了。

这就是你的意识在控制你的感觉系统，它会刻意聚焦在一些你所关心的人和事物上面。

那么，了解选择性注意，对我们来说有什么意义或启发呢？

很简单，在很多时候，当我们与别人说话，对方表面上点点头，或者说"知道了"的时候，实际上他可能完全没有听进去。因为当时他的注意力也许正在其他地方，或者被其他事物所吸引，只是在本能地给你回应而已。

如果你想确保对方真的听懂你说的话，最简单的方法就是让对方复述。

请对方复述你的观点，不仅能确保对方真的听懂了你所讲的话，而且结合前文我们讲的 12 秒短时记忆原理，对方在复述之后，也能让他瞬间加深记忆。

这一点也可以用于团队管理，培养下属有一个 16 字口诀：**我说你听，你说我听；我做你看，你做我看**。这里便贯彻了认知心理学的原理。

更进一步来说，这里其实还包含刻意选择和随意选择的问题。因为大家都有探照灯，但有些人的探照灯可能一直随处乱照，没有方向；而有些人的探照灯就能长时间地照向同一个地方；更有甚者，其探照灯会像激光一样，高度聚焦，这就能产生更加惊人的效果。

所以，能否对自己的探照灯进行有效控制，是决定人生效率的关键。通常而言，随着年龄的增长，我们控制探照灯的能力会逐渐增强。而相对来说，年轻人控制的能力可能不如年长者，儿童就更容易分心了，不善于在有关和无关信息之间分配注意力，就像下面这张图画的一样（图 1-6-10）。

分心走神

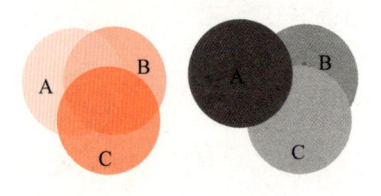

图 1-6-10

对照这张图来看的话,分心走神的本质就很明显了,我们明明在做着 A 这件事,心里却同时想着 B 和 C,且自己还没有意识到。这就意味着我们的探照灯总在 A、B、C 三个圈上晃来晃去,无法聚焦。

而那些能够刻意控制的人,通常会经过认真思考优先级,选取其中一个区域高度聚焦,就像图 1-6-10 中右边的情况一样,全神贯注地把聚光灯聚焦在 A 区,而完全忽略 B 和 C。

这一点与熵减思维中的麦克斯韦实验原理很相似。麦克斯韦实验中提到,在一个封闭的系统当中有一个小人儿,他只要通过不断感知和选择,就会让整个系统产生熵减(图 1-6-11)。

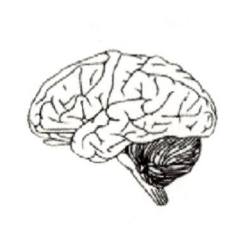

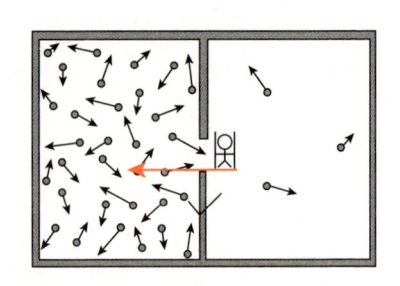

感知+选择 可以使大脑变得 **有序**

图 1-6-11

由此我们也可以说，既然注意力是有限的，那我们在生活中就要善于利用选择性注意，把注意力尽可能地分配到那些值得注意的地方去。要记住，你的注意力在哪儿，你就在哪里生长！

意识是什么

在控制处理器中，还触及一个非常古老又很前沿的概念——意识。

提到意识，很多人可能会想到"神秘"二字，感觉这是一个很神秘的东西，比如我们会经常听说潜意识、下意识等，可这到底是一些什么东西，好像又说不清楚。

严格来说，意识是由5个部分组成的，分别为注意（Attention）、觉醒（Wakefulness）、构筑（Architecture）、知识（Recall of knowledge）和感情（Emotive）。如果我们把这5个英文单词的首字母缩写后，便成为"AWARE"，也称"AWAREness模型"。

注意（Attention），这个不用我多做解释，它就是选择性注意当中的"注意"。

觉醒（Wakefulness），你可以把它理解为我们大脑的清醒程度。这也就是我们俗称的"状态"。有的人早起状态非常好，有的人属于"夜猫子"，这都说明不同的人在不同的时间段的觉醒度有所不同。

构筑（Architecture），这个词比较抽象，其实指的就是我们的大脑承载意识的具体物理位置。一个多世纪以来，科学家都在致力于找出人类大脑中专门负责意识活动的区域，但迄今为止,答案仍然很模糊。因为人们发现,整个大脑的不同部分似乎都牵扯到意识觉察。

知识(Recall of knowledge),它包含两部分内容,一个是自我知识(self knowledge),一个是世界知识(world knowledge),两者很容易区别。自我知识包括自我觉察、自我认知等,比如,你知道自己正在看这本书,你知道自己昨天过得好不好,你也知道自己喜欢吃什么,等等。而世界知识就是研究我们自身之外世界的所有知识。

这里有个有趣的现象,就是在年轻的时候,我们的世界知识涉猎越丰富,自我知识反而越匮乏,这就导致我们有时看起来上知天文、下知地理,却对自己知之甚少。而到了中年之后,人才会慢慢明白,真正聪明的人并不需要什么都知道,只需要非常清晰地知道自己能做好什么、做不好什么即可,之后保持高度聚焦,去发挥自己的长处,把能做好的事情做得更好。所以说,**年轻时提升对自己的了解,某种程度上比提升对世界的了解更加重要。**

感情(Emotive),意识通常都掺杂着情感的底色,我们观察任何事物时,都会有一种原始的厌恶或喜爱的情感在其中,只不过自己体会不到而已。所以,情感也是意识最不为人认知的一个组成部分。

以上我们了解了意识的组成,那么意识对我们来说有什么功能呢?

国际意识科学研究联合会曾经罗列了意识的八大功能,分别为情境设定、学习、排优先级、控制、决策、错误侦测、自我监视和发展灵活性。

在这8个功能当中,最特别的功能就是自我监视。这就涉及认知心理学的另一个重要概念——元认知。

元认知：最高级的思维武器

元认知，听起来很抽象，但它的原理并不复杂。简单来说就是：我正在认识这个世界，而有另外一个"我"正在观察那个认识世界的我，同时也在观察我认识世界的过程。这个观察我的"我"，就是我们的元认知（图1-6-12）。说得再通俗一点儿，这说的其实就是我们的自省能力。

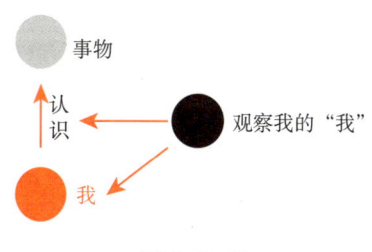

图1-6-12

自省能力是一种听起来很虚，但实际上非常强大的能力，它最核心的特点就是可以无限升级。

比如，你要研究如何做一张桌子，这是第一层；然后，你可以研究你研究做一张桌子的方法有没有问题，这是第二层；再然后，你还可以研究你研究做一张桌子的方法的方法有没有问题，这是第三层……就这样一直继续下去。每进行一层，你就提升了一个抽象层次的层级。

复杂性科学中专门有一个"层次性"的概念，比如，器官的层次性要高于细胞，但它的意思不是说器官的体积比细胞大，而是说器官拥有细胞无论怎样升级都达不到的层次和能力。因为一个系统每提升一个维度，每叠加一个层次，都会产生巨大的能量升级。

人的自省能力就是一种指数级的能力，它既不是简单的加法，也不是乘法，而是一种随着年龄的增长、阅历的增加，呈指数级增长的能力。这就提醒我们，如果我们在年轻时能够掌握某种能力，随着时间的推移，这种能力的价值通常会成倍增长。

这里我推荐一个我个人经常使用的提升自省能力的方法——丰田"5Why"分析法。它的过程很简单，就是你想了解一件事背后发生的原因时，可以连续问5个"为什么"。当然，这个"5"是个虚数，你可以根据实际情况把它设置为其他数字。说白了，就是要让自己对这件事打破砂锅问到底。

举个例子，某一天，我的心情突然变得很糟糕，这时我就让自己停下来，在一张纸上写下自己的问题："我为什么这么烦躁？"然后我发现，可能是因为我有一个任务拖了三天还没有完成。接下来，再写下问题："为什么这个任务会拖延这么久？"……就这样一直追问下去，最终发现，你总能找到那个能极大缓解焦虑和压力的点。因为分析到最后，你会产生一种豁然开朗的感觉，也总能比之前更加了解自己。

增强长时记忆，减少遗忘

与短时记忆相对应的就是长时记忆。

长时记忆就像是一个巨大的图书馆，保存着我们随时可以运用的各种事实、表象、知识等。长时记忆是大脑对短时记忆反复加工的结果,从理论上来说,长时记忆中的信息是永远都会存在的,也就是你永远都不会遗忘。但实际上,长时记忆也会出现遗忘现象,这就像一首歌的歌词中唱的那样:"没有什么会永垂不朽。"即使是长时间存在于大脑中的事物,也会出于种种原因而被遗忘。

长时记忆主要分为两大类,一类为外显记忆,一类为内隐记忆(图1-6-13)。

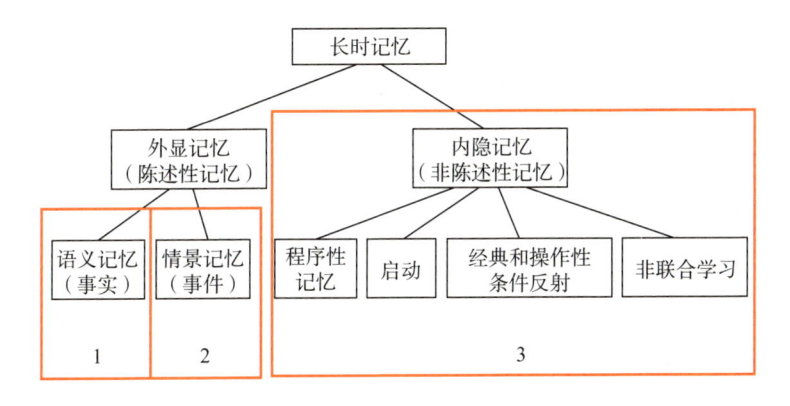

```
                    长时记忆
                   /        \
          外显记忆            内隐记忆
        (陈述性记忆)        (非陈述性记忆)
         /      \          /    |     |      \
     语义记忆  情景记忆  程序性  启动  经典和操作性  非联合学习
     (事实)  (事件)   记忆          条件反射
        1       2                  3
```

图 1-6-13

举个例子,我们都知道自行车有两个轮子、一个车把和一个车身框架,这就是外显记忆,这类记忆通常留存在我们的新皮质中。但是,我们只能通过实际行动,才能表明我们知道自行车怎么骑,这就是内隐记忆,它通常存储在我们大脑的边缘系统和小脑中。

外显记忆又可以分为两类,分别为情景记忆和语义记忆。

情景记忆(episodic memory),就是让人能够记住过去所发生的事件,比如,我们曾经看过的难忘的美景、第一次外出旅行等。这类记忆的细节很容易改变,也容易遗失,随着时间推移，我们甚至可能会不自觉地替换其中的元素。但它有一个明显的优点，就是记忆成本低，我们说讲故事容易让人记住，就是这个原因。也就是说，它很容易让人记忆。

语义记忆（semantic memory），是对词汇、概念和一些抽象事物的记忆，它与情景记忆有很大的不同。情景记忆容易记住，但并不可靠，个人的主观性很强，我们在提取记忆过程中也容易因为情绪、知识的改变以及阅历的增长等无意中篡改剧情。相比之下，语义记忆虽然难记，但却可靠得多，不易出现随意替换的情况，这也是那些名言警句、唐诗宋词等会比各类故事传承的准确性要高很多的原因。

了解了这两种记忆模式，可以得到这样的启发：**凭借经验做事时，调用的是情景记忆，随着时间推移会越来越不靠谱；但凭借方法论做事时，调用的是语义记忆，即使随着时间推移，它也会一直保持稳定发挥**。这也再次说明了总结方法论的意义。

记忆系统的五大漏洞

有些人可能会感到不解，为什么我们的情景记忆会随着时间的推移而变得越来越不靠谱呢？

原因就在于，人是不能客观地认识世界的，我们对世界的记忆也存在着很多根本性的漏洞。我在这里列举了记忆系统中的五大漏洞，分别为省略、合理化、信息转换、顺序转换和参与者态度。

省略（Omission），就是我们会本能地把那些不合逻辑或不符合我们期望的信息忽略掉。比如推卸责任，这就是典型的省略本能在发挥作用。

合理化（Rationalization），是说我们有时会不自觉地添加一些信息，来帮助自己解释某些不合理、不协调的地方。比如，几年前我们认为美国很强大的时候，很多人到美国看到街头有游行示威时，会抱着欣赏的态度，认为这是自由的象征，实际上这些人本能地忽略了其中隐含的其他问题。

信息转换（Transformation of information），是说我们会把那些不熟悉的词汇、信息等转换成自己更加熟悉的词汇、信息，很多时候甚至连真实含义都被完全替换掉了。

顺序转换（Transformation of sequence），是说我们会不自觉地把某些事情调换位置，比如，把一些自己印象深刻的事情提前，而把那些自己不太熟悉的事情推后。

参与者态度（Participant attitude），说的就是我们的价值观，我们的好恶，会决定我们回忆的质量，对我们不喜欢的人和事情，我们通常会选择性遗忘。

总而言之，当我们对记忆机制有了更多了解后，就会更加深刻地体会什么是"眼见不一定为实"的道理了，因为我们的记忆系统本身就是不可靠的。

用深度自省战胜记忆偏差

影响我们的长时记忆或造成记忆偏差的还有一种现象，我用图式来表示一下，这个图式叫作自我记忆图式（图1-6-14）。

自我记忆图式来自1977年心理学家罗格斯和柯伊伯等人所做的一个实验。在实验中，他们让受试者尝试记忆四类东西：

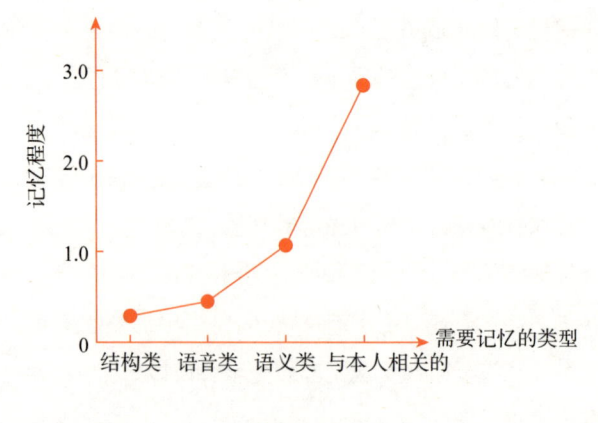

图 1-6-14

第一类是一些与抽象结构相关的内容。

第二类是与语音相关的内容，如一段音乐、一段别人说话的声音等。

第三类是与语义相关的内容，如类似于纽约、粉红色、大象这样的名词等。

第四类是与受试者本人相关的内容，如受试者大学期间发生的事，或者是与他职业相关的信息等。

实验结果与我们平时的常识十分接近，即抽象的记忆结构难度最大，而与测试者本人相关的信息记忆难度最小。这就是自我记忆图式。简单来说，**就是与本人相关的事情最容易被记住，这类事情也最容易进入长时记忆中。**

比如，我们很容易记住自己小的时候，家人、朋友或老师对自己的某个批评。哪怕只有一次这样的批评，也会让我们印象深刻，这就是进入了我们的长时记忆，甚至永久记忆。它会跟随我们一生，留在我们的潜意识当中。以至于我们长大之后，很多行为模式都会不知不觉地受到这个曾经的批评的影响。

如果想要对抗这种无形的枷锁，就要用到上文讲到的深度自省的力量，通过深度自省走入自己内心的最深层，去审视那些我们不假思索就认同的关于自己的标签。经过这样的深入探寻，我们才有可能解开某些深层次的心结。

当然，自我记忆图式对我们还有一些其他的启发，比如想让对方记住某件事，就要让这件事与对方相关；想要让自己记住某件事，就要思考怎么把这件事用在自己身上。

重复与适当压力可减轻遗忘

遗忘与记忆可以说是一体两面，或者说遗忘是记忆的对立面。关于遗忘，我要说到 2 个模型。

第一个模型，就是大家都比较熟悉的艾宾浩斯遗忘曲线（图 1-6-15）。

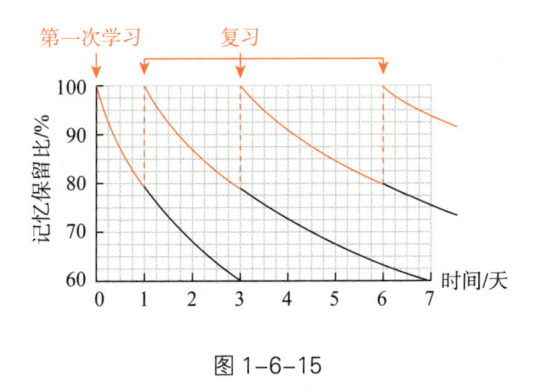

图 1-6-15

这个模型所表现的含义很简单，假如你要学习某个知识点，只学一次而不复习的话，那么不管你当时学得多认真、多深入，你的遗忘曲线也会快速下降。但如果你能在学完后的第一天、第三天和第六天都进行针对性的复习,你的遗忘曲线就会逐渐从垂直变得平缓,从而不易遗忘所学的知识。

第二个模型叫作耶克斯-道森定律(图1-6-16)。

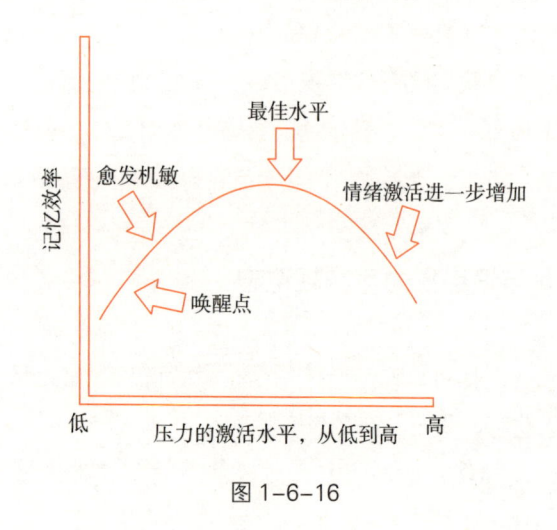

图 1-6-16

这条曲线对应的是我们前文提到的一类典型函数曲线——倒 U 形曲线。它的意思是说,当我们适当承受压力时,我们的记忆水平是最高的;而当我们压力很小或过大时,记忆水平就会很差。所以,适当承受压力是唤醒大脑机能的最佳法则。

建立认知系统,激活更多脑区

了解了记忆和遗忘的基本原理和规律后,我们再跳到全局来看整个认知系统,就会对认知系统的形成有了更加清晰的了解。

从整体上来说，人类从接触最简单的事物，到最后产生较高的智慧，中间会出现多个层级（图1-6-17）。

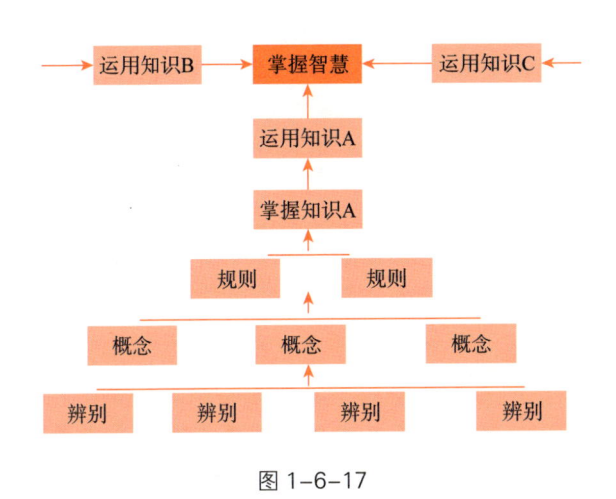

图 1-6-17

首先，我们需要学会辨别事物，在清晰辨别的基础上才能逐渐形成概念；而当我们对很多概念都能够理解之后，概念之间的组合才会形成规则；当我们掌握了很多规则之后，便开始形成知识体系；当我们开始在现实生活中灵活地运用知识体系时，才算是推开了智慧的第一扇门。此后，只有不断地运用多种知识体系，从A到B，再到C，让各类知识不断融会、不断累加，最终才能真正进入智慧的大门。

由此我们就明白了，**人只有建立清晰的辨别能力，才能构建人生金字塔的底座。**

在很多时候，我们感觉注意力不集中，感觉焦虑、沮丧、懒散、空虚，其实都是因为我们的大脑丧失了清晰的辨别能力，陷入了一种模糊的状态之中。在这种情况下，我们常常会使用类似、大概、差不多、应该、好像、可能等词语来表达事物。

比如，当你问别人某件事什么时候完成时，对方告诉你："也许今天下午差不多吧。"这就意味着他的头脑并不清晰。而一旦你接受了这个答案，反过来也证明你的头脑同样不清晰，因为对方并没有提供给你任何有意义的信息。

所以说，锻炼清醒的头脑，对我们分辨是非、处理问题、掌握知识、提升智慧等都是非常有帮助的。

那么，在日常生活中，我们如何让自己的大脑更加清晰呢？

推荐一个我自己使用的方法吧，就是会谈和书写。这两种方法就像培根所说的那样：会谈使人敏捷，书写使人精确。

我这里说的"会谈"，不一定是要你找个人来对话、面谈，也可以是我们自言自语、自说自话；同样，"书写"也不一定非要写字不可，你也可以画图。

我之所以使用这些方法，是**因为我们平时思考主要依靠前额皮质，这个区域是大脑中能量消耗最多的区域，所以纯粹的思考对绝大多数人来说都很痛苦。但是，如果我们把嘴巴、耳朵、眼睛、手等一起调动起来，激活更多的脑区，那么就可以大大减轻大脑思考的压力，同时也更容易让自己变得清醒。**

相信这种方法对很多人来说都不难，希望你能试一试。

本章小结

1.感觉存储模型告诉我们，感觉存储根本无法把信号传入短时记忆，也谈不上后面的长时记忆，以及分析、理解、判断等。所以，当我们进入一个行业或一家大公司，在面试阶段或与其中的人员交流时，一定要多使用他们平时常用的词汇。

2.詹姆斯记忆模型告诉我们，如果想记住一件事，最简单、有效的方法就是在3秒之内闭上眼睛，认真地把要记住的事情回忆一遍。之后，在12秒内再回忆第二遍。这样一通操作后，才能基本记住这件事。但是峰终定律又告诉我们：体验营造本质上并非平均发力，而是把力气用在刀刃上，并保证整个过程不出错。

3.选择性注意现象告诉我们，如果想确保对方真的听懂你说的话，最简单的方法就是让对方复述。这一点也可以用于团队管理，培养下属有个16字口诀：我说你听，你说我听；我做你看，你做我看。

4.元认知理论告诉我们，自省能力是一种听起来很虚，但却非常强大的能力，它最核心的特点就是可以无限升级。

5.自我记忆图式告诉我们，与本人相关的事情最容易被记住，这类事情也最容易进入长时记忆。

6.认知系统理论告诉我们，人只有建立清晰的辨别能力，才能构建人生金字塔的底座。而运用会谈和书写可以减轻大脑思考的压力，让自己变得更加清醒。

07

社会网络学：有人的地方就有江湖

我之所以将这一章定义为社会网络学，而不是网络学，是因为我希望这一章的知识点能更聚焦于我们日常生活最相关的社会网络的一些现象，并非广义上网络学的所有现象。通常我们一提到"网络"这个词，很多人在脑海里联想到的都是类似渔网、蜘蛛网、互联网这样的"网"。

可见，网络这种东西，在我们生活中并不陌生。我们甚至只使用常识就能够理解，一个类似网状的东西，一般由两部分构成：一个是上面的节点，另一个是节点之间的连接。

对于网络科学家来说，相对于研究节点本身，他们通常更加关注节点之间的这条连接线，也就是节点之间的关系。因为通常节点都是可见的，可节点关系却是隐藏状态。

比如，当一群人站在一起时，你能看到他们的人数，每个人的长相和衣着，但很难一眼看出他们之间的关系。如果要让这群人一起做一件事情，你就会发现他们之间的关系，以及他们各自的能力。

那在我们日常的生活中，能接触到的网络究竟有几种基本形态呢？计算机科学家保罗·巴兰在1964年就曾对三种人类通信网络的模式进行过分析（图1-7-1）。

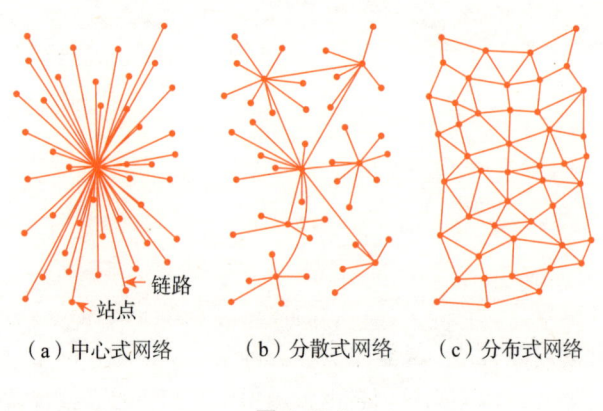

（a）中心式网络　（b）分散式网络　（c）分布式网络

图 1-7-1

第一，中心式网络。指的是一种所有节点都指向一个核心节点的网络构成模式。

第二，分散式网络。意为所有节点都会指向一个局部的中心节点，然后这些局部的中心节点再指向最终的中心节点的模式。接下来的内容提到的黑帮案例，它的人类网络模式也属于分散式网络。

第三，分布式网络。就是指大脑里最为常见的网络形态，如渔网或网格丝袜等。

其中的中心式网络和分散式网络，都是人类早期建立的通信网络。直到互联网的出现，人类之间的通信网络才变成了分布式网络。在人类自然而然形成的网络里，分布式网络非常少见。

结构洞：桥梁搭建者

当我们作为大一新生进入新环境时，会发现在一群来自五湖四海的人里，总会有那么几个人能和辅导员、每个寝室长快速地熟络起来。很多人都以为他们只是会社交，其实是因为这类人拥有另外一种能力，举个例子大家就明白了。

假如现在举行一个聚会，邀请100个互不相识的人聚在一起。他们可能来自各行各业，拥有学生、公务员、老师等不同身份。过了半小时之后，这100个人就会三三两两地分成几十个小组进行交谈。这就是人类网络最典型的特征，也就是刚才我提到过的分散式网络。

不过人以群分之后，网络的形成并没有结束。随着时间的推移，每个组里总有一些人会离开小组，进入别的小组进行交谈（图1-7-2）。

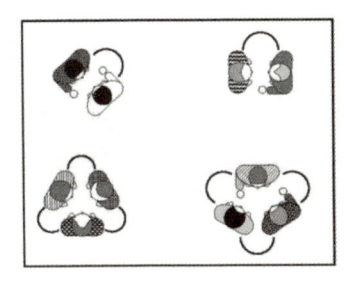

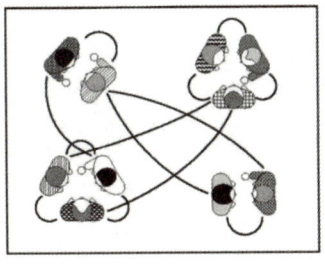

图 1-7-2

比如，他们能够同时理解设计师、科学家群体的思考模式，并让他们联系起来。我们可以称这类人为结构洞。

结构洞，英文为 Structural Hole，是美国芝加哥教授罗纳德·伯特提出来的概念。罗纳德·伯特发现，如果两个团队之间缺少联系，那他们之间就会出现一种空洞。当有人能够把这两个团队联系在一起，这个人就相当于补充了这个空洞，我们就可以称这个人占据了结构洞的位置。换句话说，这个人就是这两个群体之间的桥梁。

举个例子，如图1-7-3所示，图中每个圆点代表一个人，圆点之间的连线代表着两个人之间的关系，很明显，左边的三群人呈互相分割的状态。

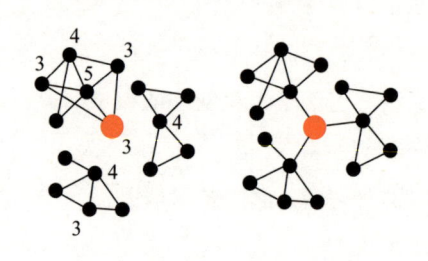

图 1-7-3

其中，橙色的节点是我们研究的对象。如果按照对外连接的数量来看，他有 3 条连接线，在图中的 16 个节点里一点儿也不突出。比如，图中还有 1 个 5 条连接线的人和 3 个 4 条连接线的人。但如果他可以跟另外两个群体里的其中一人产生联系，就能成为整个网络里最重要的节点。

尽管他仍然只有三条连接线，但因为他占据了结构洞的位置，所以就成了三个群体相互交流最依赖的角色。现实生活中存在很多这样的人，他们就是所谓的跨界者。比如，刚刚改革开放时，很多懂外语的中国人就明显地占据了结构洞的位置；今天，在中国产业数字化转型期间，很多懂得系统产业规则和数字化规则的人就占据了结构洞。

在工作中也有这样的人，他们最核心的能力是能够连接不同的部门，或是能够连接公司与外部市场，成为一个"桥梁搭建者"的角色。通常这种人的升迁会比同龄人快，究其原因，也是因为他们占据了结构洞。就像在中国联通或招商银行里负责运营 B 站账号的年轻人一样，因为他们既懂 B 站又懂公司的需求，从而占据了一个结构洞的位置。

这一点对我们的启发是，如果你是职场新人，那么只要有机会，你就要去占据传统大机构面向年轻人沟通的位置。这样你可能得到更快的升迁机会。

现在再回看图 1-7-3，我们只是凭直觉说拥有 3 条连接线的橙色点，比拥有 5 条连接线的黑色点还重要。那么在网络科学里，到底有没有可以量化节点重要性的指标呢？当然有，这个指标就叫作中心度。

衡量一个节点的中心度，一共有很多种维度。在网络科学里一共有几十种计算方法，这里只着重介绍较为典型的四个。

度中心度，指联系的数量。某人是否有很多朋友、熟人或关注者？如果有，那么他就有在社交媒体中把消息发送给数百万关注者的能力。

人气度衡量的指标最简单，可以说是非常容易的算术题。比如，一个人的微信好友数，普通人微信好友数不超过 300 人，但如果他有好多个微信账号，那么加起来的好友数就能超过 1 万人。按照数量计算，这种人明显就是度中心度很高的人。

特征向量中心度，指联系的质量。假设有这么两个人：一个人的微信好友只有 100 人，但这里面全都是私人银行的客户；

而另一个人的微信好友有5000人，这里面全是小贷公司的借款人。从社交网络财富的角度来看，前者要比后者的联系质量的总和高很多。因此，第一个人的特征向量中心度更高。

传播中心度，指影响的范围。比如，某人所处的位置在多大程度上利于传播消息或最早得知消息？能否通过网络中有限次数的传播影响很多人？

这种传播力，通常不仅包括自己直接认识的人，还包括自己认识的人里他们直接认识的人，这也可以称之为二度人脉。假设你的微博号本身不是大号，但你认识很多微博大号的拥有者，那么，你的传播中心度可能就要比某一个大号的拥有者还要大。

中介中心度，这就有点儿类似刚才提到过的结构洞，它所衡量的是一个人是不是关键的中间人，是不是处于协调他人的独特位置？其他群体是不是离开他就无法连接？如果是，就证明这个人的中介中心度很高。

介绍完这四个衡量指标，我先给大家举一个非常有意思的例子，如图1-7-4所示，这是一个组织的网络结构。

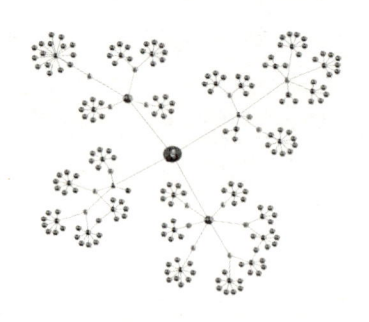

图1-7-4

通常组织的网络，会有很多分散的小节点，每一个节点都是一个小头目带着一帮手下；这些小头目会经过中间的一些干部，联系到一个更大的头目；虽然这些更大的头目，每一个看起来都是独当一面的人，但在他们背后还存在一个幕后大佬。这个大佬只跟明面上的头目单线联系，众多手下并不知道他的存在。

在这个网络里，如果只用度中心度来计算，肯定计算不出处于权力最中心的幕后大佬的重要性。

如果用另外三个衡量指标来看，比如中介中心度：没有幕后大佬，其他的节点就会全部断掉；再比如传播中心度，他直接联系到的所有人，都是可以影响很多人的人，因此，他的传播中心度也很高；还有特征向量中心度，幕后大佬认识所有子社团的头目，毫无疑问，他的联络质量也很高。因此，我们通过这三个维度就能看出，幕后大佬还是权力结构的中心。

目前，我们一直在做定性分析，但网络科学既然是一门科学，它其实有定量分析的方法。

举个例子，假设下面18个人的关系如图1-7-5所示，我们重点研究下图中A、B、C、D、E 5个人。

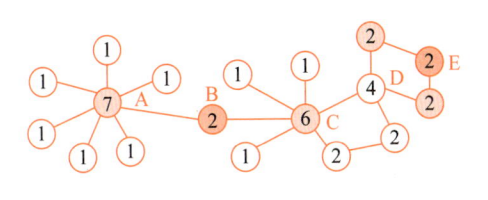

图1-7-5

如果单纯按照连接数量来计算，网络科学上就称之为度中心度计算法：只要有1条连线就算1，那么每个人至少都是1。

其中 A 是 7、B 是 2、C 是 6、D 是 4、E 是 2，从这个角度来看，该网络里 A 与 C 最重要。

如果我们换一个角度，加入一个影响力指标再看该图 1-7-6。假设有两个节点比其他节点的影响力都要强。其他人的影响力都是 1，但这 2 个节点影响力为 5，那么，A、B、C、D、E 这 5 个人的影响力就需要重新排：D 是 12，所以排名变成第一；E 的数值为 10，所以其排名变成第二。这就是引入节点的质量带来的影响，这种计算方法就叫特征向量中心度计算法。

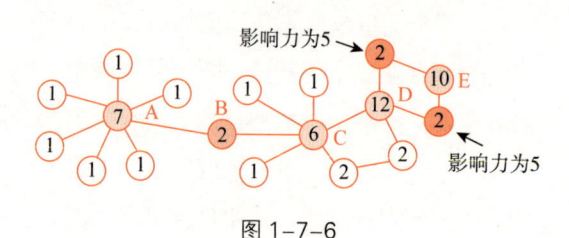

图 1-7-6

我们还可以再换一个算法，按照一二度联系人的数量，来计算每个人的影响力。很多人不理解什么是二度联系人，举个例子：比如 B 认识 A，那么 A 就是 B 的一度联系人；而 A 直接认识另外 6 个人，那这另外的 6 个人就是 B 的二度联系人。把每个节点的一度联系人和二度联系人的数量相加，就会得到一个新的节点数值。

如图 1-7-7 所示，在这种运算方法下，顺序又重新排列。B 节点达到 8+7=15 分，成了最重要的节点；而表面上连接数量跟它一样多的 E 节点，瞬间成了网络里影响力最小的点。

同样一个网络，按照不同的计算方法，会得出完全不同的影响力评估结果。这个现象给我们的启发是：面对同样一个人群，从不同需求的角度来看，对这个人群里不同人重要性的评估完全不同。

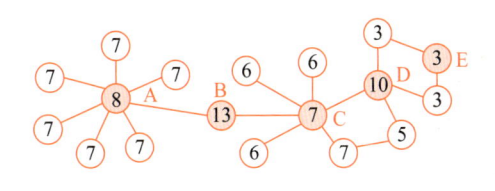

图 1-7-7

就好比大家进了同一个微信群，想在群里了解信息的人，会认为发言质量最好的人最重要；想要寻找客户的人，会认为群里最有钱的人最重要；想要结交人脉的人，会认为群主及位高权重的人最重要；想要放松娱乐的人，会认为在群里跟自己熟络的人最重要。

那么问题来了，如果一个人想要找工作，他会认为什么样的人最重要呢？这个问题就涉及网络科学里的另外一个理论——弱联系。

真正能帮你的人，往往都跟你不熟

不知道大家有没有发现，当我们真的需要别人帮忙时，通常求助的对象并非身边关系特别要好的人，而是跟自己的生活圈子距离较远的人。针对这一点，美国社会学家马克·格兰诺维特在1973年就提出了一个相关概念，那就是**弱联系**。该概念一经提出，就在社会科学界造成了极大的轰动。

弱联系，就是指我们认识但不熟悉的人。与弱联系相对应的强联系指的是我们的熟人。通常对人而言，人类总是愿意跟自己更相似的人待在一起，强联系也更容易在相似的人之间形成（图 1-7-8）。

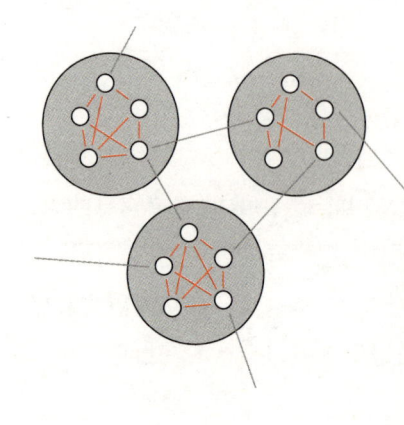

小组/关系网
随着时间的推移，由于频繁运动，小组成员的想法趋于一致，这种情况减少了想法的多样性；在最坏的情况下会导致"群体思维"。

弱联系
不同群体的成员之间很少联系，因此不需要太多管理来维持联系；弱联系导致了思维的多样性，所以能将不同的思维模式联系在一起。

强联系
牢固的联系是指一起工作、生活或玩耍的人之间的关系。联系经常被使用，需要大量的管理来保持联系。随着时间的推移，关系密切的人往往会有相似的想法，且人和人之间总是互相分享自己的想法。

图 1-7-8

图中橙色线就是这样的强联系，这种联系会使得社群之间产生天然的边界，就像灰色圆圈画的那样，而突破这些边界的就是灰色线，代表弱联系。

马克·格兰诺维特曾说过这么一句名言：关系不强，但力量不弱。他发现，**无论我们是要找到一份新工作，还是要找到一个重要的投资机会、拿到一个重要的新项目，一般能帮得上忙的，往往是那些我们认识却不熟悉的人。**

这其实也很好理解，因为那些关系跟你很铁的人，通常都是你的老乡、同学，或者是同事里跟你价值观比较趋同的人。这三种人群，就已经框定了一个社群区间，而在其中跟你投缘的人，又会进一步限定覆盖范围。

这就意味着，你们可能看着同一批新闻、说着类似的专业术语、生活在差不多的世界里。所以你不知道的事情，他们也极有可能不知道。

从另外一方面来看，那些关系跟你不强的人，他们生活的世界可能跟你很少有交集。这样一来，你们每次接触时反而有很高的边际效用。

不过，即便我们想要高效率地发展弱联系，也并不需要做到每天到处去认识人。就像图 1-7-9 所示一样，其中 B 同学仅仅认识 2 个人，就能让自己的二度触达面在 18 个人里最广。究其根本原因，是因为他认识的那 2 个人都是枢纽型的人。

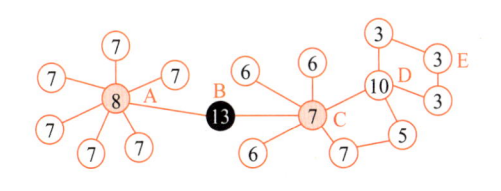

图 1-7-9

这一点能给我们带来的启发是：**想要拥有成功的弱联系网络，重点不在于你直接认识多少人，而在于你能跟多少个枢纽型的人保持一定的联系。**

那什么样的人是枢纽型的人呢？比如，各种群主、猎头、专业销售或者是活动会议的组织者，他们都是枢纽型的人，这类人通常也占据结构洞。

不论是刚才提到的人以群分，还是枢纽型的人，他们都反映出这个世界人与人之间的关系并非随机均匀分布。这个世界的人际网络，还对应着另一种模型：小世界网络。

先发优势,创造"赢家通吃"

世界上的人际网络,对应着一种叫作小世界网络的模型。在小世界网络(图 1-7-10)中,不同节点之间形成两个大的聚集,在聚集的中间有少数的节点,连线特别密集。而在周围,很多节点的连接就显得非常稀疏。

与小世界网络相对应的随机网络(图 1-7-11),节点与节点之间随机连接,分布均匀。

图 1-7-10

图 1-7-11

小世界网络类似"圈子",最为典型的要数学术界,不同学派之间会形成很多小圈子,圈子内联系紧密,但对外的沟通却不多。

不过小世界网络,并不是唯一的常见人类网络。人类世界还有另外一种网络形态——无尺度网络。

在这种网络里,连接呈现幂率分布,而不是正态分布(图

1-7-12）。幂率分布，就是指大多数的节点只拥有很少的联系人，但少数的节点垄断了大量的联系人，也就是所谓的赢家通吃效应。在互联网平台，这个现象可以说已经司空见惯。

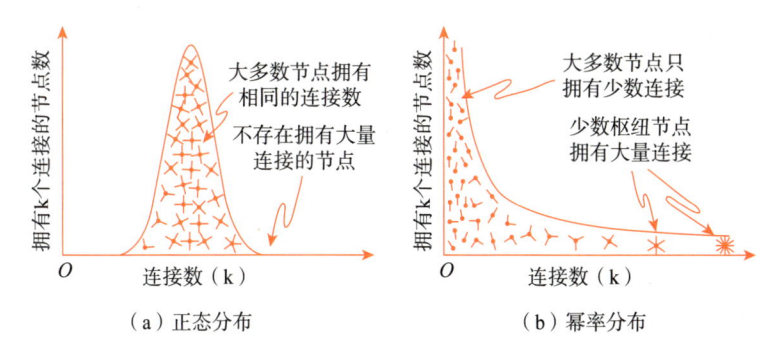

（a）正态分布：大多数节点拥有相同的连接数，不存在拥有大量连接的节点

（b）幂率分布：大多数节点只拥有少数连接，少数枢纽节点拥有大量连接

图 1-7-12

在很多高速增长的行业、高速发展的公司，以及大量出现新论文的学术领域，都会看到这种无尺度网络现象。这种网络的出现，往往需要两股推动力。一是不断扩张。这个网络，必须处于一个不断扩张的状态。比如，高速发展的公司会不断地招人，热门科研领域会不断出现新论文。

二是追逐连接。指的是每一个新进入的节点，会天然地希望和那些已经有很多连接的节点去连接。比如新加入社群的人，会天然地想要跟社群里的名人相互认识；新发表的论文，会倾向于引用已经被广泛引用的论文；新学代码的工程师，会希望学习最多人用的语言。

如图 1-7-13 所示，最初只有两个节点，当节点越来越多时，新进来的节点就会找那些连接数最多的节点去连接。随着时间的推移，最初那两个节点就成了最大的受益方，这就是典型的先发优势。

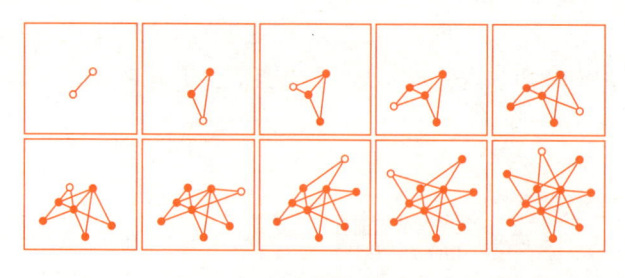

图 1-7-13

不过在这种网络里,也经常能看到后起之秀的崛起,他们之所以能做到后发先至,是因为网络科学里的另一个模型——适应度模型。

适应度模型:后来者如何弯道超车

当年"青涩"的苹果手机,之所以能做到超越"巨无霸"诺基亚手机,是因为苹果手机的使用体验远超诺基亚手机,以至于它直接开辟了一种新的体验,破坏了刚才我所提到的——追逐最大连接节点的惯性。

从中我们不难看出,只要后来者做到比前辈的适应度更高、吸引力更强,但这种强又不是强一点儿,而是彻底改变吸引的维度,就能够彻底打破赢家通吃的局面。

这个给年轻人的启发是:如果你进入一个行业,想要打破论资排辈的现状,实现弯道超车,那你就要想办法创造一种带有全新吸引力的、跟前辈维度完全不同的玩法。只有这样,才能吸引新进入的节点放弃追逐旧的连接王者,转而跟你产生连接(图 1-7-14)。

适应度模型

放弃旧连接
追逐新体验

图 1-7-14

通常，这种创新并不需要从头来过，它更多的是来自跨界的融合。最典型的例子就是泡泡玛特，它把潮流玩具和抽卡扭蛋的模式融合在一起；剧本杀，它把狼人杀和编剧行业融合在一起；文和友，把博物馆和餐饮业融合在一起等。

不过在网络赢家通吃的世界里，这只是后起之秀出现的原因之一，另一个原因是价值网络的重构。

价值网络，是管理学家克莱顿·克里斯坦森在《创新者的窘境》里提出的概念。他发现很多成熟的公司，在面临技术变革时会遭遇失败，主要是因为他们已经形成了很成熟的上下游关系：从供应商到交易模式，到生产工艺和方法论，再到员工的思考方式，都跟之前的成熟产品高度绑定在一起，形成了一种相互锁死的关系。

在这种情况下，这个公司越成熟，它的价值网络锁死效应就越明显。因为在一个网络里，一个节点的改变并不能改变整个网络的形态。通常需要一定数量的重要节点同时改变，才能够让网络发生变化，但这种情况很难发生。

因此，当一种新的市场被打开，或者是新的技术开始成熟时，反而是那些没有历史负担、可以从头再来的人机会更大。

在互联网行业，也出现过后起之秀超越上一代互联网巨头的例子。比如在 PC 时代，因为大屏幕、有键盘，大家习惯用搜索，所以百度是 PC 时代的王者；但到了移动时代就不一样了，因为手机的屏幕、键盘小，让搜索变得很困难，而且每次搜索出来的结果也很少，在这种情况下就更适合信息推送。

正是这种底层结构的变换，最终让字节跳动逆袭了百度。

总结一下，适应度模型是从微观层面创新，创造差异化体验，来实现弯道超车。而价值网络模型，则是从宏观层面，抓住一次技术变革红利，来实现弯道超车。

防控疫情，基本再生数说了算

基本再生数，是一个网络科学、生物学与数学之间的交叉学科——生物数学这门学科里的一个概念。

通常被用来研究疾病传播的网络，其含义是一个典型的感染者会让多少其他人受到新的感染。若基本再生数大于 1，疾病则会蔓延；若是小于 1，疾病则会消亡。

这就意味着，每个感染者造成的新感染多于 1 个，传染就会继续扩大，且很难停止；但只要低于 1 这个临界值，传染过程最终就会走向衰减。

用社会网络的语言来说（图 1-7-15）：如果每个人有 1 个以上的朋友，这个分支就会向外生长，扩展为一个巨型分支；如果每个人的平均朋友数小于 1，网络将成为大量互不连接的小型分支与孤立节点的集合。

在生育模型中，这个数字被称为总和生育率，就是指两个成年人平均生育的孩子数量：如果该数量大于 2，也就是基本再生数大于 1，那整个社会就会不断壮大。反之，如果总和生育率小于2，那社会则会走向萎缩。

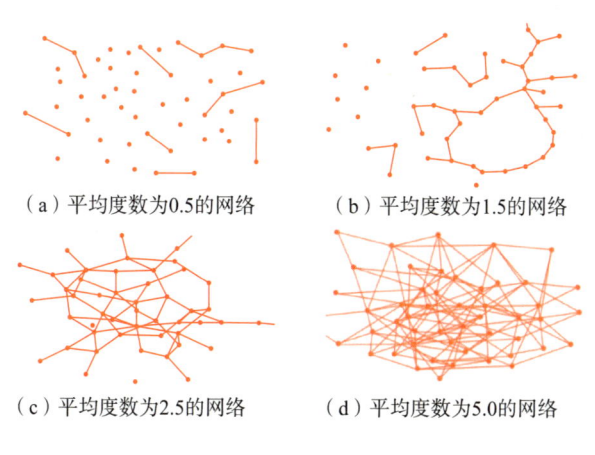

（a）平均度数为0.5的网络　　（b）平均度数为1.5的网络

（c）平均度数为2.5的网络　　（d）平均度数为5.0的网络

图 1-7-15

以中国为例，2021年中国的这个数字为1.3，也就是说基本再生数远小于1。这也是中国在2021年，开始发展育幼产业、改革教育压力、推出保障性住房等措施背后的网络学原因。

疾病的传播也是同理，虽然大家现在都在打疫苗，但从网络学的角度来看，并不需要疫苗完全有效或接种到每个个体，才能阻止疾病的广泛传播。只需要把再生数降低到1以下即可。可见，接种疫苗不仅能保证接种者的安全，而且能阻断他们在疾病传播网络中的联系，由此降低社会中的疾病再生数，有利于保护其他人群。

假设开始时的疾病再生数为2，每个感染者平均会传染2个人，那么只需要给超过一半的人口接种疫苗，就会使疾病再生数低于1。随着时间的推移，这种传染病就会慢慢地消失。

通过刚才提到的小世界模型，我们已经知道人类之间的连接并非平均分布，而是会围绕某些节点产生聚集效应。这就意味着，疫苗注射在早期不需要平均发力，就可以得到事半功倍的效果。

如果给一位在机场咖啡店工作的员工注射流感疫苗，就会给众多乘客带来好处，防止他们因为这位员工染上流感，从而抑制传染扩大。正是因为如此，所以在抗疫的过程中，政府就特别重视给出入境的接待人员、服务工作者、学生、老师、医务工作者等节点式的人接种疫苗。

从网络科学的角度来看就很好理解了，因为这些人都是桥梁式、枢纽式的人：他们要么是度中心度很高的人，要么是传播中心度很高的人。因此，他们属于在病毒传播的网络中，重要度更高的人群。

差序格局：中国国情

"差序格局"这个词，来自社会学家费孝通先生的著作《乡土中国》。

在该模型里，费孝通先生把中国传统社会里每个人的社交关系比作像涟漪一样，一层层扩散的同心圆：越远离中心，关系就越疏远；越接近中心，关系就越亲密（图1-7-16）。而西方传统社会的团体格局就像是一捆捆的木材，这些团队的内部成员相对都比较平等，遵循某些共同的规则。

换句话说，中国人对关系的理解，更像是图1-7-17所示。

第一层，也就是最中心层为"我"。跟"我"最接近的一层是家人，"我"跟家人之间的关系：只要家人有需求，"我"就必须满足。

西方现代社会　　　　　　中国乡土社会

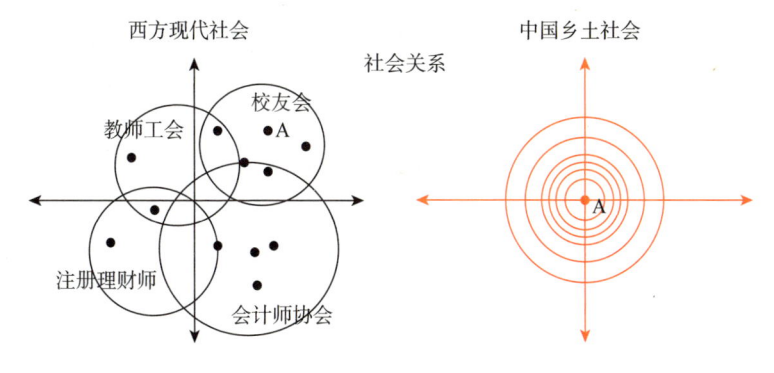

社会关系

图 1-7-16

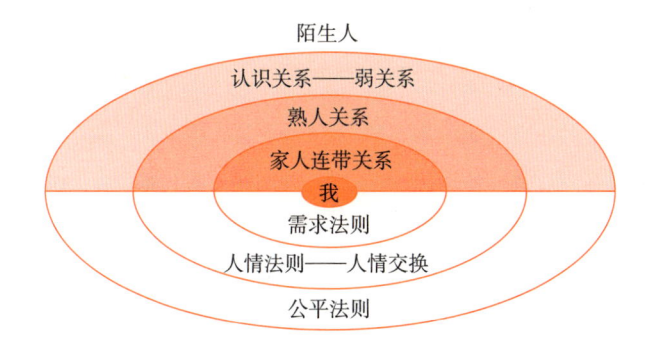

图 1-7-17

第二层，熟人关系。我跟熟人的关系属于人情交换，但这种交换通常模糊且不对等，因为它没有一个清晰的计算基础。

第三层，认识关系。通常指客户、其他部门的同事或不太熟悉的校友等，跟这个层面的人打交道，我们通常使用公平法则：双方相互交换的东西比较精准对应，追求一定的契约性。

从这三层中不难看出，里层非常感性，而外层较为理性。

在现代城市年轻人的日常关系里占比最大的,则是中间既有交换也有人情的那层关系。

通常我们成年之后,不会选择跟一大家子人住在一起。因此,最内层的亲情关系,现在基本上都被简化为一对一的伴侣关系,或者是三口之家的核心家庭关系。

我们与同学、同事的合作关系,则是既要把账算清楚,又需要讲感情。如果互相之间提供了帮助,就算是欠下了人情,有了人情就得还,这样一来私交也就建立了。

在中国成年人的世界里,从孩子上学到父母看病,基本上第一时间都是找熟人询问一下情况。这种情况,在各大公司和政府组织、校友圈子里也都非常常见。比如,百度里的北大校友圈、华为里的华中科技大校友圈等。可见,理解差序格局,对理解中国的社会网络关系非常有帮助。

总之,它给了我们两个启发。

第一,如果我们要去跟陌生人建立联系,第一步是要找到彼此可以交换的价值。因为在最外围,人与人之间能够产生联系的最简单方式,就是对等交换。

假如一个学弟、学妹,想要跟比较有成就的学姐、学兄取得联系,最好的方法就是去思考,对方有没有什么地方需要帮助。这种方式虽然看起来直接又奇怪,但是根据我多年跟别人打交道的经验,该做法的效果却出奇地好。

因为陌生人之间打交道,是建立在大家没有任何情感联系的基础上,所以一味地套近乎毫无意义。还不如在一开始就说清楚,自己随时愿意为对方提供帮助,这其实是一种更好的策略。

第二,假设你已经进入第一层,想要再跨入第二层,最好的办法就是：超出公平原则，给对方超额的回报。当对方也能同时意识到这种超额回报的存在时，就会打破之前的公平交换状况，从而形成一种不对等的关系，也就是我们常听到的"隐形人情债"。出现人情债时，第二层的通道就被打开了。

生物学的研究曾告诉我们，哺乳动物是一种对"施与爱"非常敏感的动物。不光是人类，就连在黑猩猩中也存在一种帮助对方获取社交资本的现象。这就表明，人情债现象是人类进化早期就形成的一种行为本能，它植根在我们大脑更深层次的边缘系统里。

由此可见，索取之前先要给予，适度的慷慨，是帮助你在跨越社交圈或阶层时最有力的武器。

观事物，既要辨阴也要识阳

《鬼谷子》中有一句话："观阴阳之开阖以命物"，意为通过观察阴阳两类现象的变化，来对事物做出判断。这一点可以用在很多地方，比如接下来我们说到的非正式组织，有人的地方就有江湖。

非正式组织，就是指以情感、兴趣、爱好和需要为基础，没有正式文件规定的、自发形成的社会组织。比如，班里几个玩得较好的同学形成的圈子；大学里经常打游戏的队友，经常踢球的球友，经常打牌的朋友；住得离公司近的人会拉拼车群，养猫养狗的人会拉宠物群，有孩子的会拉育儿群等。反之，正式组织就是像学校班级、公司部门，这种有明确目的和明确运作规则的组织。

通常在政府部门、国企或者是创办了超过几年的公司里,都存在影响力巨大的非正式组织。搞清楚这些非正式组织的存在和关系,对于推进工作和更换部门会起到非常大的作用。

求职也是同理,假如你毕业之后想进入华为深圳总部工作,那么你从华中科技大学毕业去应聘的成功率,甚至会高过你从宾夕法尼亚大学毕业的成功率。

因为非正式组织的存在,能让校友通过网络里的交叉验证,迅速得到更多的信息,这就是"校友圈"这种非正式组织起到的作用。最关键的是,它还会形成无形的工作动力,让应聘成功的人在之后的工作中更加自律,自觉地去维护该非正式组织的声誉。这一点,也是大公司里非正式组织能长期存在的原因之一。

在这一章,我主要介绍了打通信息不对称的结构洞,衡量网络节点重要性的中心度概念;还有对找工作很重要的弱联系,对形成网络很重要的基本再生数;以及中国社会潜藏的差序格局模型和跟它相关的非正式组织现象。

除此之外,还有人类社会常见的两种网络形态:一种是小世界网络,另一种则是无尺度网络。不过,网络科学除了有以上启发以外,还能为政治学研究带来一些启发。

网络科学家曾对美国参议院投票网络进行研究,他们发现1990年时,有82%的参议员,会在至少半数的议案中有相同的投票选项。这就意味着这些议员之间有很多共同点,而统计这种共同点的连线网络(图1-7-18),看起来也非常密集。

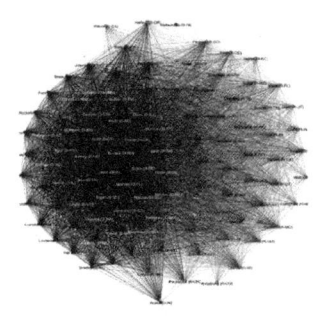

1990年投票选项

图 1-7-18

如果我们将1990年的投票图,与2015年的进行对比(图1-7-19),就会发现两者有非常大的区别:左右两边,在2015年已经形成了极度分裂的局面,看起来就像一个大脑左右两边形成了脑裂。

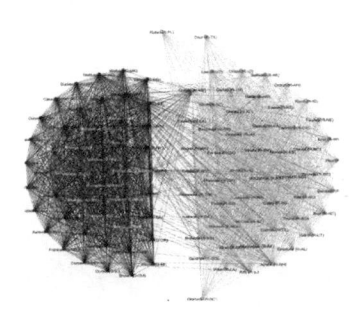

2015年投票选项

图 1-7-19

本章小结

1. 结构洞理论告诉我们，如果你是职场新人，只要有机会，你就要去占据传统大结构面向年轻人沟通的位置，这样才可能获得更快的升迁机会。

2. 弱联系理论告诉我们，无论是找到一份新工作，还是找到一个重要的投资机会、拿到一个重要的新项目，一般能帮得上忙的往往是那些我们认识却不熟悉的人。而要建立成功的弱联系，重点不是你直接认识多少人，而在于你能与多少个枢纽型的人保持一定的联系。

3. 适应度模型告诉我们，进入一个行业后，想要打破论资排辈的现状，实现弯道超车，就要想办法创造一种带有全新吸引力的、跟前辈维度完全不同的玩法，这样才能吸引新进入的节点放弃追逐旧的连接王者，转而跟你产生连接。

4. "差异格局"模型告诉我们，索取之前要先给予，适度的慷慨是帮助我们跨越社交圈或阶层时最有力的武器。

5. 网络科学理论告诉我们，非正式组织的影响力不容小觑，他们的权力经常大过正式组织。大家看待任何一件事物，既要看阳面，也要看阴面。

08

信息论：
利用信息消除世界的不确定性

"信息时代"这个词，我想大家都听腻了。这个时代的年轻人，谁没听过类似信息爆炸、信息过载、信息量这些词呀？不过，在大多数人的意识当中，都会把信息与信息产业，甚至是互联网行业画上等号。

这是个很大的误解。信息是宇宙固有的组成部分，就像力、运动等概念一样。可以说，从宇宙大爆炸那一刻开始，信息就与能量一起出现了，之后才有一生二，二生三，三生万物。世界上几乎任何事物都可以用信息的方式来量化。所以了解了信息，你就多了一个了解和观察世界的维度。

人类文明最重要的三条公式

几年前，我听了著名物理学家张首晟教授的一个讲座。张教授讲到，对于人类文明的发展来说，有三条重要的公式。

$$E=mc^2$$
$$H=-\sum_{i=1}^{N} p_i \log p_i$$
$$\Delta x \Delta p \geq \frac{h}{4\pi}$$

第一条是由爱因斯坦提出的著名的质能方程式：$E=mc^2$，它描述的是物质与能量的关系。

第二条是香农提出的信息熵公式，描述的就是信息。

第三条是海森堡提出的测不准原理，描述的是科学的边界。

其中第二条公式是我们这节课的主题。然而第一条与第三条给我的启发也很大，我先来讲一下。

我们知道，整个宇宙中最主要的两个概念就是能量和信息。你可能会说，不是还有物质吗？

这就是第一条公式要解决的问题。**$E=mc^2$ 这个公式有个重要作用，就是把物质和能量统一在了一起。**其中，左边的 E 代表的是能量，右边的 m 代表的就是物质的质量，而 c 表示的是光速。**它最神奇的地方就是让我们意识到，能量和物质是相通的。**这应该也是科学思维最令人震撼的地方之一了。它将两个完全不同的东西通过抽象的数学公式简化为一个可以衡量测算的东西。通过化繁为简，人类就能更好地抓住改变世界和理解世界的杠杆。

所以，如果要总结人类科学界最知名的公式的话，这个质能方程式 $E=mc^2$ 应该比牛顿力学的 $F=ma$ 更有名。

与第一条公式相比，第二条描述信息的公式就"低调"多了，除了相关专业人士外，几乎没多少人知道。这其实是很令人遗憾的，我们这一章要讲的就是关于信息的内容，希望能够弥补这个遗憾。

那么，第一条公式和第二条公式已经涵盖了能量、物质和信息。世界上最重要的东西应该都讲完了，怎么还有第三条公式呢？

第三条公式属于量子力学的范畴，它是在告诉我们科学的边界在哪里。现在很多人觉得，我们的仪器越来越先进了，理论上应该能更加精确地测算基本粒子的位置和速度，并且最终掌握它的行踪了。

而第三条公式告诉我们，不管科学如何发展，我们永远都不可能精确地测算出基本粒子的状态。因为"观察粒子"这件事本身，就会改变它的状态。

这一点在宏观世界很令人费解，比如，我站在五楼观察路上行驶的车辆，理论上只要天气够好，我的视力没问题，就可以非常清晰地看到每辆车的颜色、大小及行驶轨迹。不可能存在这样一辆车：我看它的时候，它在第一条车道上；我不看时，它就跑到第二条车道上；等我再看时，它又回到第一条车道上了。这听起来多恐怖！

然而在微观世界，如果我们要观察一个基本粒子，就要把一个光子打在它身上。只是这样一个行为，就会改变基本粒子的行动轨迹，因为基本粒子会吸收光子的动量，并在瞬间改变自己的运动状态。**通俗一点儿说，是我们的观察改变了客观世界。**

以上这三条公式给了我们很多启发，其中最大的启发就是：**我们生活的世界的确没有绝对客观的存在。人类观察世界的方法和角度，与这个世界对待我们人类的方式方法，会从物理学层面上彼此影响。而我们真正能够观察到的东西，只是客观世**

界与主观想象之间的结合体。

通过对以上三个公式的了解，我们也知道能量与信息是人类世界中两个最重要的基础。那么，这两者之间有什么明显的差别呢？

那就是：能量是守恒的，但信息不守恒。

我们都知道能量守恒定律，它是自然界最普遍的规律。

但信息却没有这个特性，它可以被无限复制、分享，不存在"有的人接收的信息多了，另外一个人接收的信息就少了"的状况。相反，当你向别人分享知识后，不但你的知识不会减少，别人的知识还能增加。所以，分享知识是一件可为这个世界创造纯粹增量的事情。这也是一个普通人为世界做出贡献所能使用的最简单的方法。

衡量信息就是在整理生活

说起信息，就不能不说信息论。

信息论自诞生以来，并不只是被运用到信息产业，在过去的半个多世纪中，它在统计物理、计算机科学、投资学，甚至哲学等学科当中，都有着奠基性的贡献。可以说，信息论是当代科学的一块重要基石。

可令人费解的是，为什么信息论没有成为每个人的必修课呢？

我来告诉你答案吧，因为信息论实在是太抽象了！

我在大二的时候，曾经心血来潮地找同学借了几本关于信息论的入门书籍，准备花两周时间了解一下。结果两天不到，我就放弃了。因为要了解这门学科，就必须掌握非常多学科（如统计学、概率论、微积分、线性代数、计算机科学、物理学等）的基础知识。信息论中的内容，就连我这个数学系的人读起来都感觉晦涩难懂，对于非理科类的同学来说可能就更难理解了。

所以，即使我们在这里分享关于信息论的知识，也要尽量绕开所有数学公式，只分享核心的原理。

首先，信息怎么衡量？

就像我们衡量物质要用"质量"这个概念一样，衡量信息用的是"信息量"这个词。不过，我想大多数人都不知道对信息量具体的衡量标准。

我们常常说信息量很大，但却很难说清楚信息到底有多少。一本几十万字的论著，到底有多少信息量呢？

这就要说到我们前文提到的第二条公式——信息熵公式了，它是整个信息论的基础。

信息熵：弄清一件事的难度

熵这个概念，我们在第一章中就已经讲过了。在热力学中，它代表着分子状态的混乱程度，也代表了整个系统的不确定性。信息论的鼻祖香农，在给信息量命名的时候，也借鉴了熵这个名字。

那么，什么是信息熵呢？

简单来说，它就是一个描述物体不确定程度的量。再说得直白些，就是你要搞清楚一件事情的难度。

比如，你去抽奖，假如你知道盒子里只有 1 个球，并且这个球代表着中奖，那么抽奖前你想搞清楚自己是否能中奖，毫无难度。这时你面对的信息熵就是 0。

但是，如果盒子里有 1 万个球，只有 1 个代表中奖，那你能否中奖的不确定性就非常大了。这时你再想搞清楚能否中奖，难度极大，这意味着你面对的信息熵也非常大。

再举个例子，假如我们手里有个盲盒，这个盲盒外面的印刷和里面装的皮卡丘的样子完全一致，那它的不确定性就很小，信息熵也接近于 0。

但是，如果盲盒系列中一共有 12 个娃娃，而且有的出现概率高，有的出现概率低，你再想弄清自己打开后会看到哪一款，难度就增大了。这时，这个盲盒的信息熵就大于之前皮卡丘盒子的信息熵了。

从盲盒这个例子，我们就能得出几个影响信息熵的因素。

第一，可能出现的娃娃款式数量越多，信息熵就越大。

第二，在娃娃款式数量不变的情况下，如果每款出现的概率都是一样的，这时信息熵最大。

第三，如果其中的某个款式出现概率很大，比如 10 次中它出现了 9 次，就会大大降低信息熵。

其中，第一点很好理解，就像中彩票一样，中奖人数不变的情况下，发行彩票数量越多，你的中奖概率就越小，搞清楚自己能否中奖也就越难，信息熵越大。

第二点和第三点就没那么直观了，我们再举个例子。假如有 100 个盒子，分别装着蓝色和黄色的皮卡丘，这时就有三种情况出现。

第一种情况，100 个盒子中装的都是蓝色款。

第二种情况，100个盒子中装的都是黄色款。

第三种情况，50个盒子中装的蓝色款，50个盒子中装的黄色款。

这时，三种情况对应的信息熵函数曲线如图1-8-1所示的形状。

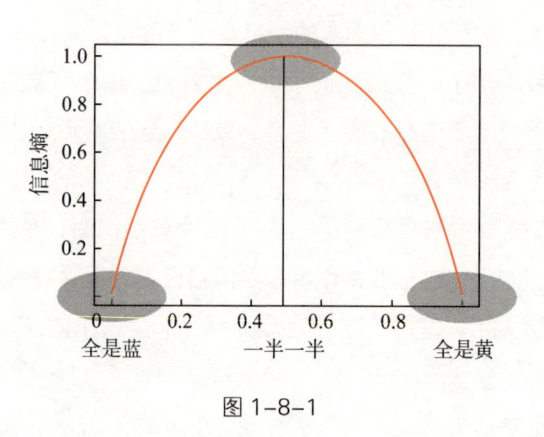

图1-8-1

前两种情况对应的信息熵为0，因为全部装的都是同一颜色，不管你打开哪个盒子，都能确定里面会是什么颜色。这时没有不确定性。

但是，第三种情况的不确定性却达到了最高，信息熵最大，因为你打开任何一个盒子，黄色和蓝色的概率都是一半一半。

当然，在这个函数上，除了三种极端情况外，还有很多中间状态，比如"有60个是蓝色款，40个是黄色款"，它的信息熵就比"50/50"这样的信息熵低一些。可以看到函数是一条抛物线形状。总之，可能性越不平均，信息熵就越低。

信息量：信息熵越高，信息量越少

理解了信息熵的概念，我们就理解了与它对应的另一个概念：信息量。它就是用来把信息熵消除掉所需要的信息单元的数量，香农还给它设定了一个基本的衡量单位，叫作"比特"。

这两个概念，会带给我们什么样的启发呢？那就是：在日常生活中，模棱两可的态度是最没有信息量的，信息熵也是最高的。

比如，你跟朋友出去吃饭，朋友问你"去哪儿吃"，你回答"随便"。这就是你给出的信息，但这个信息却正好处于信息熵函数的正中间位置（图1-8-2），创造了信息熵的最大值。要消除它，就需要你提供最大的信息量。

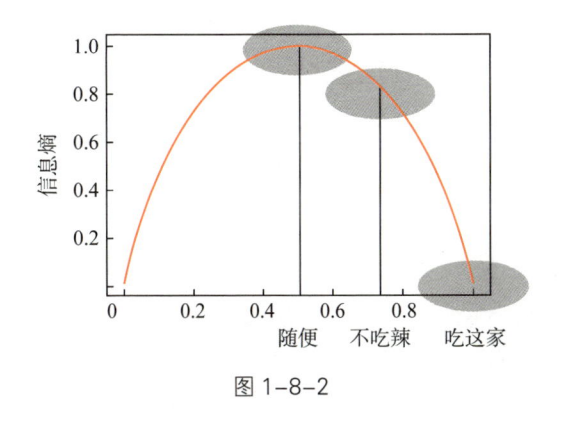

图 1-8-2

而如果你告诉对方你不吃辣，那么马上就能将函数自变量在数轴上右移，减少了信息熵。如果再进一步，你直接说想吃哪家的什么菜，那就等于把横坐标推到了信息熵的最小值那边。

我们回顾一下第一章中关于熵的内容：在一个封闭系统中，

按照熵增定律，里面应该是越来越趋于混乱与无序的。但因为系统里面有一个小人儿在不断地做选择，日积月累，就让这个系统变得越来越有序（图1-8-3）。

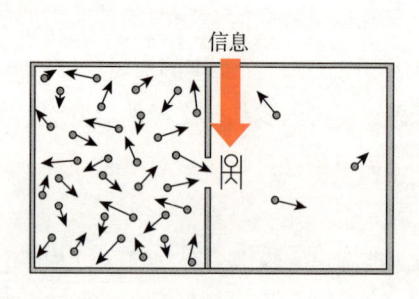

图1-8-3

通过以上这些信息我们发现，无论是热力学还是信息论，都从不同侧面说明一个道理：**不做选择，随波逐流，或者平均分配注意力，都会增加整个系统的无序性。**

那么，我们怎样正确地分配资源和注意力呢？

这就涉及信息量中的另一个重要模型：霍夫曼编码。

霍夫曼编码

霍夫曼编码是一种编码方法。

意思就是如果我们可以把较短的编码分配给高频出现的词汇，而把那些较长的编码分配给低频出现的词汇。那么整体而言，如果我们用编码来表达语言的时候，就可以实现效率最优化。

这么说可能有点抽象，我们举个好理解的例子。

想象一下，在古代的战场上，一个传令兵只能使用两种颜色的旗子来传递命令，一种是红旗，一种是绿旗。

这里最简单的传令方法可能是：单举一次红旗，表示全体进攻；单举一次绿旗，表示全体撤退；同时举起两种颜色的旗子，表示原地待命。

这是战场上经常出现的三种行动方案。

这样的指挥效率最高，如果把举一次红旗这样的简单手势，去表示骑兵左边突袭这样的低频场景，就等于浪费了一个很好的命令资源。

这就是霍夫曼编码，它也符合我们的生活常识。

将重要资源分给高频出现的场景

我们在看谍战剧时，经常会看到情报人员利用莫尔斯电码来传递情报。霍夫曼编码的原理就借鉴了莫尔斯电码的思路。

莫尔斯电码是由点和线段两种信号组成的（图1-8-4），比如一点一横表示A，一点两横表示Z。用这种复杂的方法拼写单词很费劲，所以为了节省发报员的工作量，就要把那些简单的代码分配给高频使用的字母，如A、E、I、N、S、T等这些使用频率很高的字母；而对于L、Q、V、U、X、Y这些使用频率较低的字母，就分配一些相对复杂的代码资源。这样再按照26个字母的顺序来安排代码资源就合理多了。

这个编码规则看似简单，其实这是一种很重要的方法论，它给我们的启发就是：为了提高效率，我们要把生活中最重要的资源，分配给那些人生中最高频率出现的场景。

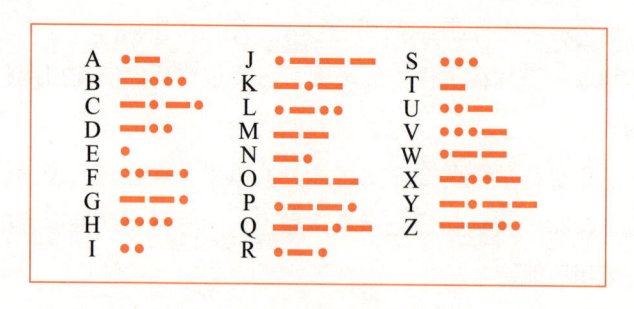

图 1-8-4

了解这个原理后,首先给我的启发就是如何更加合理地安排家具的位置。我在家里是从来不看电视的,所以房间内有电视和沙发的空间,对我来说就是活动极度低频的场所。但我经常在家里工作和阅读,因此我的工作区和阅读区就属于高频场所。所以我以前租房,住进去的第一件事,就是把面积较大的电视区改造成工作区加阅读区。这就是把最重要的资源分配给最高频的场所的例子。

这其实也呼应了我们前文讲的信息熵的内容,也是信息论反复启发我们的:模棱两可,平均用力,属于相对无效的资源分配方式。同时我还想到,信息论还侧面印证了一种哲学,这种哲学在 14 世纪被提出来,叫作奥卡姆剃刀定律。

奥卡姆剃刀定律:最简单的通常最有效

很多人应该比较熟悉奥卡姆剃刀定律,它的基本原理就是:如无必要,勿增实体。我发现,如果我们把奥卡姆剃刀定律与霍夫曼编码结合起来,就能得出提高自己人生效率的好方法,那就是:大刀阔斧地做减法 + 围绕关键领域饱和配置。

这也是我本人采用的一种生活哲学。在霍夫曼编码原理的启发下，我曾经花了一年时间非常认真地研究了自己生活中最高频的那些场景，像吃饭、睡觉、呼吸、排便、运动、工作、娱乐等等。这些活动大多数人都在凭本能做，很少会去考虑如何配置资源。但是它们其实每天发生很多次，日积月累会造成资源的极大浪费。

所以经过深入思考，我发现在最基本的日常生活中，有很多方面都可以运用奥卡姆剃刀定律。拿吃饭这件事来说吧，一日三餐已经是人类的基本常识，那么这件事有没有改进的空间呢？

我经过对自己的身体长期实验后发现，其实我一天可以只吃两顿饭，一顿早餐，一顿午餐，而不用吃晚餐。这种饮食理念早在古代的东方历史中就有过记载，比如道家所谓的"过午不食"。如果追溯到远古时代，2万年前的原始人祖先也并没有一日三餐的习惯。我们现在的身体结构与古人差不多，所以一日三餐显然并非必要。

如果我一天只吃两顿饭，那我就能比别人每天多出2小时的"晚餐"时间，这不仅能让我在晚上有更多清醒工作的时间，还能促使我在晚上9点之前结束当天的工作。

不仅如此，我还能给早餐和午餐分配更充足的时间和预算，让自己吃得更好。

这就是典型的围绕关键领域饱和配置的例子。

当然，我的这种生活习惯可能并不适用于大多数人，因为很多人习惯晚上安排大量的工作，身体和精力消耗较大，那就必须要吃晚餐了。举这个例子只是为了说明奥卡姆剃刀定律结合霍夫曼编码在生活中的应用。

再比如，我会购买品质最好的手机和笔记本电脑，因为它们的使用频率实在太高。想象一下你每天打开手机的次数和使用电脑工作的时长，你就会明白在这两样东西上花钱是相当值得的。

与之相对的，我们在服饰上的花销就很值得反思了。因为很多衣服你可能一年只穿几次，典型的低频场景。在服饰上分配过多的金钱，显然是一种资源浪费。

当然，这一点是很多女性不认同的，因为对于她们来说，服饰不只是一种工具，更是一种美的追求或自我表达的需要。这就不是信息论所讨论的范畴了，我在这里不做赘述。

帧间压缩算法：快速阅读的技术

大家在闲暇时通常都喜欢看各种短视频消遣放松，如果我问你："你认为压缩视频和压缩图片哪一个更容易？"

大多数人都知道，压缩视频要比压缩图片难得多，因为视频的压缩比要比图片高很多。两者之间通常会相差两个数量级。而要有效压缩视频，就涉及信息论中的另一个模型：**帧间压缩算法**。

这个方法听起来有点学术，我简单解释一下大家就明白了。

所谓帧，就是我们在看视频时，影像动画最小单位的单幅静止画面（图 1-8-5）。如果把这些静止的画面连续播放出来，就会形成活动的画面，也就是我们看到的视频。

帧

第1帧　　第3帧　　第5帧

图 1-8-5

视频是一定要经过压缩的，否则以现在的宽带速度和网络空间，根本承载不了。举个例子，一部像素 1920×1080 的电影，我们人类眼睛的特性决定了一个视频的帧速率大约需要每秒 20 帧，才会让我们感觉到视频的流畅。我们假设这个视频每秒能刷新 25 帧，再假设用的是 RGB 三原色，1 个像素占 3 个字节，那么一个时长 2 小时的视频所需要的流量就是：2 小时 ×60 分钟 ×60 秒 ×25 帧 ×（1920×1080）像素 ×3（每像素字节数）≈ 1119.8 GB。

很显然，一部不经过压缩的 2 小时的高清电影是相当大的。所以我们现在在网上看到的各种视频都必须经过压缩，并且要把这些视频缩小几千倍才行。而经过这样压缩的视频播放起来还能很流畅，这是不是很神奇？

这里面其实蕴含着深刻的哲学，其核心就是通过关注信息增量，而不是信息存量，来极大地提高效率。而帧间压缩算法，就是这种哲学的体现。

关注变化，忽略重复

我们来看图 1-8-6，图中是一个人招手的动画被分解成为每一帧的样子。

图 1-8-6

仔细观察这幅图你会发现,里面的很多信息都是重复的。比如,这个人的身体除了右手在变化之外,其他部位变化不大。因此,我们只需要对第一个图像进行整体处理,在接下来的几张图里,只处理这个人变化的那只手的信息,就可以大大减少工作量。

这就是帧间压缩算法的精髓,也是我们今天能够像变魔术一样,把一个超大的视频压缩几千倍的原因。

这个算法给我们什么样的启发呢?

它带给我最大的启发就是:**要去关注变化,忽略重复,这样就能让我们的学习和工作效率提升 n 倍。**

夯实基本功,关注新知识增量

我身边的朋友都知道,我喜欢读书,并且阅读量还算不错。他们就问我是如何做到在繁忙的工作之余还能读那么多书的。

我的回答很简单:"天下武功,唯快不破。"

一般情况下,我会利用休息日读书,每天平均能读 2 ~ 3 本新书。这样,如果我刻意读书的话,在一周的休闲时间里大概能读 10 本新书，这大概已经是一个普通人一年的阅读量了。也就是说，我的最高阅读速度可能是常人的 50 倍。但这不是最关键的，关键在于我读书的原则是：不平均用力，读越基础、越深刻、越偏理论的书，花的时间越多；读越表层、越肤浅、越偏应用的书，花的时间越少。

这其实就是霍夫曼编码的原理，因为基础知识在很多不同书籍里面都会出现，属于高频场景，所以也应该配备大量资源去搞定。而我读书的方法可以说是霍夫曼编码和帧间压缩算法的结合。简单来说，就是：**集中精力夯实基础知识；只关注新知识的增量。**

随着你啃下的基础知识越来越多，你就会发现，很多书籍能提供的新增信息量其实并没有那么多。我们只需要集中精力，把每本新书中提供的最重要的新增信息量全部消化完就可以了。

比如，如果你对大脑功能分区深入了解的话，你就能快速阅读很多畅销书中引用脑科学专业知识的部分。而对普通人来说，这部分内容却是最难读的。

再比如，有些书里会画一些简单的函数，如指数函数、对数函数、幂函数、S 型函数等，如果对这些常见的函数形态都有过系统的了解，读到这部分内容时就能快速理解。

由此，我们便找到了快速阅读的前提，就是：一定要先把基础知识打牢固。如果在很多关键学科知识领域都建立了认知基础，那么在阅读新书时就能非常高效，并且可以快速消化其中的信息。

这就像对图 1-8-6 中的图像进行压缩时一样，如果你把统领全局的第一帧认认真真地处理好，那么后面做增量时的工作量就会很小。

这个道理在每个细分领域都是通用的,它就是在告诉我们:**不论做任何事,起步时多花些时间把基本功练习扎实都是最重要的。基本功越扎实,不管后面怎样进行,你都只需要关注增量,这样就能大大提升效率。**

互信息越大,相关性越强

我们经常说,不同信息之间会有一定的联系,并且可以利用这种联系来解决很多问题,这就涉及信息论中的另一个重要概念:互信息。

互信息是衡量随机变量之间相互依赖程度的度量,表示的是两个事件之间的相关性。两件事之间的互信息越大,我们就说它们之间的相关性越强。

我们用一幅图来形象化地理解一下这个概念。假设有这样两个独立发生的随机事件,一个叫"信春哥",它的信息熵是 $H(x)$;一个叫"不挂科",它的信息熵是 $H(y)$(图1-8-7)。那么,这两个代表信息熵的圆圈之间的交集就是它们的互信息。

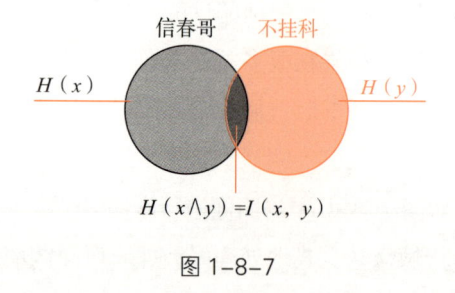

$$H(x \wedge y) = I(x, y)$$

图 1-8-7

你也可以把这个概念通俗地理解为:两个圆圈中间的交叉区域越大,"信春哥"和"不挂科"两个事件之间的互信息就越大,同时也意味着两者之间的相关性就越强。

既然两者具有一定的相关性,我们能不能说两者之间具有一定的因果关系呢?比如,"信春哥"这个"原因"能够引发"不挂科"这个结果吗?

并非如此。不论这两个事件之间具有多高的相关性,都不表示两者之间具有任何的因果关系。

相关性不等于因果性

以前有一句老话,叫作"乌鸦叫,丧事到"。它有没有道理呢?

如果我们计算一下"乌鸦出现"这个随机事件与"附近可能会有老人去世"之间的概率,发现它们之间是有点相关性的。但是,因为乌鸦来了,所以就会有人去世吗?显然不是。只是因为老人将去世的时候,身上会发出一种特殊的腐臭味,可能会吸引附近嗅觉灵敏的食腐动物——乌鸦。所以我们说,两者具有一定的相关性,但却不是因果关系。

从信息论上来说,两个具有相关性的事件之间,互信息只表示其中一个事件给另一个事件消除多大的不确定性,减少多少信息熵。而且,两个独立事件之间的相关性是能够通过严格计算得出的,只要它们之间的互信息比较高,我们就可以确定它们具有相关性,而根本不需要去寻找它们之间的因果关系。

这也是数据科学带给人类的一种非常重要的思考方法。因为**人类是一种特别喜欢寻找因果关系的生物**。你可以回顾一下,从孩童时期起,你想要了解世界时,是不是都在不断寻找问题的原因?就连看的启蒙读物都叫《十万个为什么》,而不是《十万个相关性》或者《十万个互信息》。

因为研究相关性,而放弃因果性,是不符合人类本能的。

但我们又必须承认的是,<mark>在这个世界上,大部分事物之间的联系都是相关联系,而不是因果联系。</mark>

比如,现在一些网站给我们推荐视频时,通常都会先给不同的用户群打上个性化标签,如学生党、全职妈妈、数码爱好者、军事迷等。这些网站所使用的就是互信息,而它们在我们和视频之间建立的联系也只是相关联系,不是因果联系。不能说你打开了一个军事题材的视频,就说明你是军事迷,即便你一直看军事题材,也不能就此说明你是个军事迷。可能你只是碰巧这段时间写论文需要用到军事资料,或者你的家人经常用你的电脑看这类视频。所以,你的浏览行为并不能说明你是谁,只能说明你使用的这个账号与某类题材具有高相关性。

实际上,很多行业前辈、成功人士在分享经验时经常混淆相关性与因果性。很多人会说:"我当年之所以进入某个领域,之所以做某件事,就是因为我觉得怎样怎样。"这种说法就是典型的把相关性当成了因果性。生活是错综复杂的,而记忆却是主观的,加上人在向别人表达时,又非常容易美化自己,故意忽略一些不能说的东西,所以简单地归因是很难还原真相的。

就拿过去的一些企业家来说,他们经常把自己的成功归因于勤奋、能吃苦、有战略、够勇敢。这些与他们的成功有关系吗?有。那两者是因果关系吗?不见得。很多人都没有意识到更重要的原因,那就是中国整体发展的红利,如国家长期通过控制汇率,适度增发货币,投资基础设施这些政策措施为大量的企业主创造了远胜于其他发展中国家的生存环境。也正是这些条件在很大程度上造就了企业家的成功。

可见,很多人成功的原因非常复杂,我们无法一一追溯。这也是真实世界里很多事物因果关系的常态。

但是,我们可以使用信息论和数据科学去分析万事万物之间的关联性。这也是科学最迷人的地方,因为它可量化、可证伪,知道自己干不了什么,也清楚自己能干什么。

信息等价:说废话的科学解释

互信息有一种极端情况,就是信息等价。这种情况很好理解,意思是只要你知道了 A 事件发生的信息,就等同于知道了 B 事件发生的信息(图 1-8-8)。

信息等价

图 1-8-8

这就像我们在买东西时,如果这个东西是装在盒子里的,而盒子外面清晰地印着这个东西的图像,我们看到盒子上的图像,立刻就知道盒子里装的是什么。这就是信息等价。

再如我们日常中所谓的"说废话",也是因为前后两句话提供的是等价信息,或者它们之间的互信息很高。比如我说:"今天天气真好,蓝天白云,风和日丽,阳光明媚。"在这句话中,"天气好"大概率就是"阳光明媚",两者之间几乎等价;"阳光明媚"大概率就是"风和日丽",两者之间也几乎等价。这三个词之间的互信息很高,**所以,我说了一堆互信息很高的词语,会让听者觉得废话连篇。**

相对来说,"蓝天白云"这个词就提供了额外的信息量,因为天气好也可能是万里无云,而"蓝天白云"这个词就界定了天气好的具体情况,减少了我们了解真实天气的信息熵。

通过这个案例,我们就又可以**引入一个信息论的概念:冗余度。**

增加冗余度,不见得是坏事

冗余度这个词不难理解:如果你说的一句话中废话太多,那么你就增加了这句话的冗余度。

我这样解释,很多人可能认为冗余度不太好,其实不然。

冗余度不仅存在于信息论当中,在计算机科学、工程学等学科中也都有出现,它所讲的就是资源的重复度。拿计算机科学来说,它的冗余技术就是通过增加多余的设备,或者对数据进行备份等,来保证系统更加安全、可靠地工作的一种方法。再如我们常用的一些聊天软件,它们为了保证数据中心运行顺畅,通常也会有额外的备用服务器、备用电源等。很明显,这类冗余就是一种故意实施的策略。

冗余备份最经典的例子就是区块链,为了保证不可篡改,他们几乎将冗余做到了极致。

在我们日常生活中,也有许多故意安排冗余的例子,如越野汽车的备用轮胎、大厦里的防火安全通道、商场里安装的额外发电机、飞机上的双引擎设计等。

了解了冗余度后，我们再回到信息论就会发现，**在传达信息的过程中，一些废话或重复信息不仅不是不好的，反而还是一种必要的存在。否则，冗余度太低，就会增加人们接收信息的难度。**

人类的大脑在接收信息时，并不会一直接收高密度的信息，接收信息的过程需要停顿。如果信息完全没有冗余度，那我们稍微一走神，马上就会丢掉关键信息，只能不断回头去重复获取，这就大大降低了做事效率。

我想大多数人都有这样的感受，那就是：**读小说比读论文要轻松，这是因为小说的冗余度要比论文高很多；我们还喜欢听故事，而不是抽象的理论，这也是因为故事提供了更高的冗余度。**

最典型的冗余信息就是文字中的标点符号。我们不能说这些标点符号不能提供任何信息，比如，感叹号有时就会提供一种额外的情绪信息。但是最常见的逗号、分号、句号等，信息量就非常小。要知道，机器读文章是不需要标点符号的。

但是，你能接受完全没有标点符号的长文章吗？

显然不能。原因就在于我们大脑接收信息的过程需要停顿。而冗余信息的存在，就是为了缓解我们的阅读和理解压力。

当然，冗余度并不是越高越好，而是应该有个度，这个度也要因人而异。

大家经常在网上看到一些知识科普的视频，一开始总会花大量时间来讲背景知识，结果几分钟的视频，我们看了半天也没看到核心观点。这时我们就认为这个视频内容兑水严重。但是同一个视频，如果换作一位年长者来看，他可能就会看得津津有味，还觉得讲得很有道理。

这种差异与代际更迭有很大关系。我们这代年轻人出生于信息时代，童年时期就接受了大量的信息训练，因此，负责分析和理解信息的大脑区域会较前几代人更发达。这也意味着，我们能够接受更高信息密度的内容，而反感冗余信息太多的内容。所以，现在年轻一代在沟通过程中，会经常使用类似yyds（永远的神）、xswl（笑死我了）、zqsg（真情实感）等高信息密度的简写词，而年纪大一些的人却不太容易接受这些简化了的词语。

那么，了解冗余度的概念对我们有什么启发呢？

首先，我们知道冗余并不一定是坏东西，在工程领域内，它可以保证系统运作的安全；在表达上，它能更好地服务于人类的认知习惯。

其次，时代在进步，人类习惯接受的冗余度也在不断减少，所以我们越来越需要去掌握消除冗余度的方法。

既然如此，我们怎样让自己成为高密度信息的掌握者呢？

在前文，我已经通过帧间压缩算法的例子解释了快速阅读的方法，这里我再补充一个消除冗余信息的方法——画分析框架。

我画分析框架时，通常使用以下的三步法。

第一步，先把关键概念零散地列出来。在罗列时，不需要遵照什么顺序，只要感觉重要就写上去。这一步类似于建立了很多张概念的卡片。

第二步，寻找概念卡片间的关联，再对它们进行分类、连接，同时拿掉一些信息等价的卡片。

第三步，回忆我们在大脑中已经建立过的思维模型，再对它们进行套用和矫正，最后形成一个属于此次阅读内容的新分

析框架。

我发现，运用这种方法，我可以把一份几十页的研究报告（简称研报）简化成一张大图，让记忆效率提高很多。更进一步来说，这张大图又能成为未来解读更多研报的底层基础，就像我们前文讲的那个关键的第一帧。有了它，我就能加速理解相关行业的其他研报信息，因为我只要重点关注这些研报的增量信息就行了。

本章小结

1.我们生活的世界的确没有绝对客观的存在。我们真正能够观察到的东西,只是客观世界与主观想象之间的结合体。

2.能量是守恒的,但信息不守恒。当你向别人分享知识后,不但你的知识不会减少,别人的知识还能增加。所以,分享知识是一件可以为这个世界创造纯粹增量的事情。

3.信息熵告诉我们,在日常生活中,模棱两可的态度是最没有信息量的,信息熵也是最高的。不做选择,随波逐流,或者平均分配注意力,都会增加整个系统的无序性。

4.霍夫曼编码原理告诉我们,为了提高效率,我们要把生活中最重要的资源,分配给那些人生中最高频率出现的场景。

5.帧间压缩算法告诉我们,不论做任何事,起步时多花些时间把基本功练习扎实都是最重要的。基本功越扎实,不管后面怎样进行,你都只需要关注增量,这样就能大大提升效率。

6.在传达信息的过程中,一些废话或重复信息不仅不是不好的,反而还是一种必要的存在。否则,冗余度太低,就会增加人们接收信息的难度。

09

人类学：共识的力量

《人类简史》的作家赫拉利曾提出这么一个观点:"**人类之所以能够成为世界上最成功的生物,关键在于它是唯一能够运用想象力,达成虚构共识的生物。**"

想要深入理解这个观点,就需要先了解一个简单的事实——人类是目前地球上唯一的一种可以进行超大规模协作,且可以保持灵活变通、改变协作规则的生物。根据灵活性和协作性,我们可以为之画出一个四象限图(图1-9-1)。

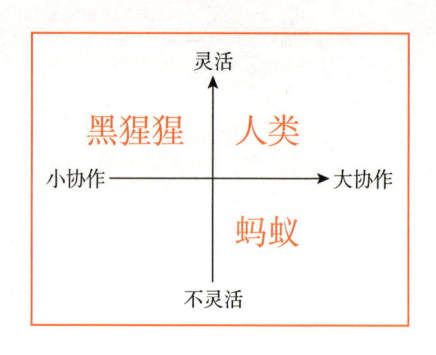

图 1-9-1

图中的蚂蚁是可以实现超大规模协作的生物,它们的协作规模可以达到几十万到一百万。不过蚂蚁群落的协作规则固定不变，它们不会与时俱进。因此，如果蚂蚁面临全新的环境或突发的危险，它们不可能通过分析环境变化来改变组织结构，或者推选出新的领袖。

在第二象限的黑猩猩，虽然它们之间可以进行简单交流、重新推选部族领袖，具有一定的灵活性，但黑猩猩只能在抢地盘时，或对抗其他猛兽时进行小规模的协作。这也是我们通常只能看到几十到一百只黑猩猩合作做一件事情，而看不见几千或几万只黑猩猩团结起来做一件事情的原因。

但人类与它们都不相同。人类是唯一能够动员几百万，甚至几千万人同时做一件事情，而且还可以不断改变协作规则的物种。

如果我们把这个框架套回人类进化过程中就会发现，正是因为我们的祖先——智人能够组织起一个成千上万人的战斗团队来进行大协作，所以最终全面战胜了同样拥有语言能力，但脑容量比智人还大，体格也更加强壮的尼安德特人（图1-9-2），从而成为地球上人属生物里唯一的现存人种。

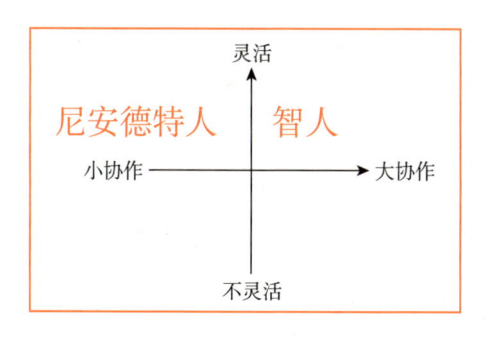

图 1-9-2

因为尼安德特人永远只能进行几十、几百人规模内的小协作，所以智人一旦与尼安德特人开战，最终的胜败将毫无悬念。

如果我们打开史前人类物种的进化时间轴就会发现，在几百万年前，人属生物下的人种，如前人、直立人、卢多尔夫人等等，其实多达17个。刚才提到的尼安德特人，在史前40万年就出现了；而智人，则在史前20万年才出现。

考古学家还发现，大约在10万年前，地中海附近的智人就曾和尼安德特人发生过冲突，最后却大败而归。这就足以证明：在进化的早期，尼安德特人至少拥有不输给智人的生存能力。但如图1-9-3所示，在最后的2万~3万年里，尼安德特人已经彻底消亡了。

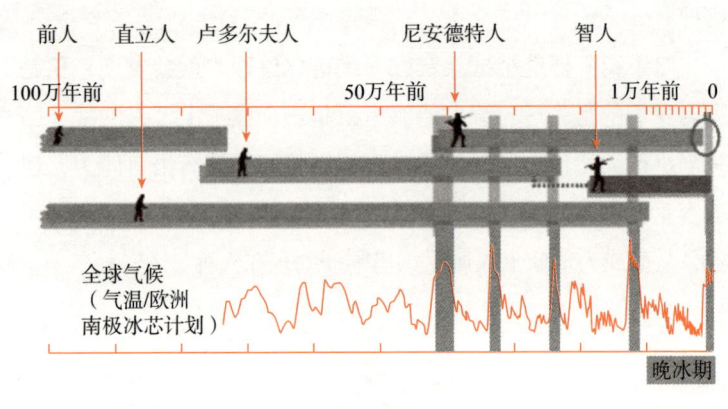

图1-9-3

这是因为在7万年前，智人发生了一次巨大的升级（图1-9-4）。之后"进击的智人"便开始不断地打败尼安德特人及其他人种。

在7万年前到3万年前，智人发明了油灯、弓箭、针线、船舶，甚至交易。而这些成就其他人种根本做不到，这就让竞争的胜负变得毫无悬念。

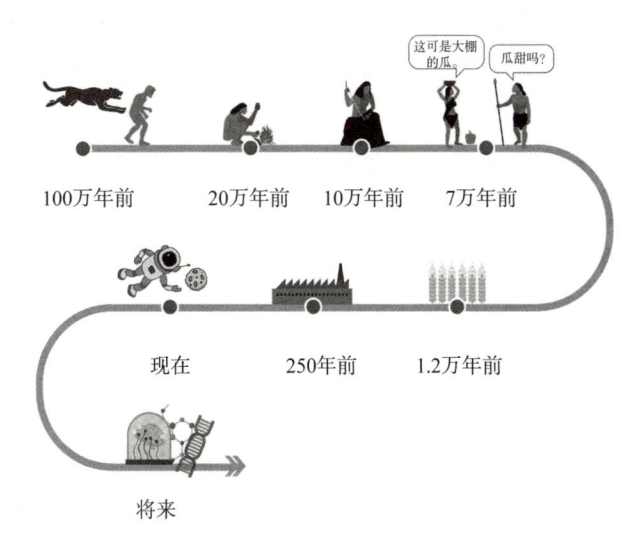

图 1-9-4

那智人是怎么做到这一点的呢?

这就是接下来我想为大家讲解的：**想象与共识的价值。**

人类的进步来自想象与共识

智人之所以能不断地打败尼安德特人及其他人种，靠的并不是使用语言、工具，甚至也不是因为发现了火，因为这些其他人种都能做到。

智人胜利的关键在于，他们能够一起想象一个虚构的东西。

比如，动物能够发出类似"别靠近，有野牛"的警告；但只有智人能够产生"牛是我们的守护神"这种虚构的想象。

正是这种想象，让智人的组织能力突破百人。让成千上万的智人可以通过一个想象的共识，迅速找到共同的话题，以及做事情的规则。

举一个例子，如果大家都相信皇帝是需要被效忠的，或者一个民族是需要被捍卫的，那么几百万人就可以因为这个简单的共识达成一致，从而团结起来做一件事情。而这种团结的神奇之处就是：这些紧密合作的人与人之间，可以从未见过面，甚至可以完全不认识。

人类通过想象达成的共识贯穿了整个文明史。语言、民族、公司、宗教、股票、知识产权及技术标准，它们都是一种共识。

比如我们熟悉的公司，它有另一个名字叫"法人"。法人并不是一个实体：它不是一座大楼，更不是具体的哪些人。法人只是一个抽象的法律概念，但是法人却可以像人一样拥有自己的资产、可以独立纳税，还可以去起诉自己的大股东。

所以我们可以说，**整个人类世界都是构筑在集体想象的基础上的。**

抽象共识，有可能是比那些看得见摸得着的实物更强大。

"实从虚中来，无虚便无实。"

不要认为只有看得见摸得着的东西才是实的，我们今天能看得见摸得着的所有东西，比如自行车、保温杯、热水壶，甚至是卤肉饭，在过去的某一个时间点上，都曾经只是一个抽象的概念。

那为什么有很多新概念、新风口，它们的寿命很短，忽悠大于实际呢？

根据熵增定律我们知道，大多数的创新都会失败，但少数的创新会活下来成为共识。而那些能够活下来的新概念，因为迅速成了我们生活的一部分，以至于我们甚至没有意识到，它曾经也是一大堆花里胡哨的新概念中的一个。

在智人生存的石器时代，人类产生新概念的速度极其漫长。所以人类天生对抽象的概念是抗拒的。

但到了信息时代，新概念的产生速度可以用日新月异来形容。这就对很多人造成了非常大的认知负担。

这也是我接下来要讲的另一点：

人类的身体和飞速发展的时代之间，存在一个巨大的矛盾：远古身体搭配现代生活。

远古身体搭配现代生活

从人类身体的进化历史来看，大概需要1万~2万年人类身体才能够发生比较大的变化。可是我们进入农业时代只有1.2万年，进入工业时代也只有短短的250年。这就意味着，如此少量的时间根本来不及让我们的身体变化，去适应新的时代。

我们今天的身体，和2万年前智人祖先的身体功能基本一致。而这种现象从生物学上来说，就叫进化迟滞。

通常来说，进化是指生物性状随时间而发生变化的能力。外界环境的每一次改变，都会造成新的选择压力。只不过，由于这个过程发展得非常缓慢，生物往往要在某种压力持续时间非常长的情况下，经历数千代的生命周期才能够完成进化。

到了信息时代，每过几十年就会发生一次技术迭代，因此，这种情况今天已不会发生。

我们现在的身体,是通过 20 万年的原始生活自然筛选进化而来。这就意味着,我们可以通过研究人类在原始时代的生活状态,来找出很多现代人行为模式的内在原因。

这方面有一个细分学科,就是接下来我要讲的"进化心理学"。

进化心理学

进化心理学是我研究过的最有意思的学科。

戴维·巴斯曾写过一本经典教材,叫作《进化心理学》。该书以一个独特又有趣的视角,来观察现代人类的行为和心理。

举几个例子来说明进化心理学多么有趣。比如,戴维·巴斯发现旧石器时代男性的主要工作是狩猎。这项工作就要求他们必须拥有强烈的目标导向,才能在狩猎过程中,将注意力变得"狭窄"且集中。因为如果一个猎人不能集中注意力,就很难长时间锁定那些高速运动的猎物。

而女性的主要工作则是采集。因为采集的水果、蘑菇遍布在山林野间,虽然固定不动但存量很多,所以女性的注意力就会变得宽广而分散。这样才有利于她们在森林闲逛时,能够尽可能地多留意到食物。

旧石器时代男性、女性的这两种行为模式,对应到现代社会仍然非常适用。

比如,有男性特征的人在网上买东西时,目标都极其明确。直接搜索,找对了就买,不会做多余的事情,这就是典型的狩猎逻辑。

而有女性特征的人,可能本意只是想在网上买一盒面膜,结果在逛的过程中，发现原来自己很久没有买手霜了、喜欢的口红品牌竟然出了新色号、最近很红的品牌出了款新挎包、自己喜欢的某个明星新代言了一个手表品牌，等等。最后加购了一项又一项，却完全忘记了一开始想要买的东西，这就是收集存储的人类天性所推动的。

我再举个例子。很多人不理解，为什么我们现在这么痴迷于吃高热量、高糖的食物，明明知道吃多了不好也戒不掉；而且，越是在富裕发达的国家，居民肥胖的问题就越严重。

如果我们了解原始人的生活就能明白，高热量、高糖的食物在当时非常罕见，在自然界中永远供不应求。当时甜食的主要来源为熟透的水果，虽然在自然界熟透的水果比蜂蜜更多，但当一名原始人好不容易碰到一棵长满成熟水果的树时，在没有地方储存和熟透水果易坏的情况下，他唯一能做的，就是马上把水果摘下来吃掉，直到吃不动为止。否则就会有其他的动物跑过来抢食，比如猴子和长颈鹿。

于是，这种第一时间想要摄入甜食的欲望，就这么深深地被刻录到我们的基因里。即便我们今天已经可以随时随地买到各种甜食，甚至身体摄入的糖已完全超标，但刻进 DNA 的原始冲动还是会绕过我们的理性，指挥我们喝下一杯又一杯的奶茶，吃下一个又一个的蛋糕。

如果我们再问一个问题，从概率上讲，男性和女性相比，谁对甜食的需求更大？答案是女性。因为分工的不同，远古时代女性的工作是采集食物，而远古时代的甜食来自水果，属于女性分工的范畴。所以，如果将男性和女性拿来相比较，从概率上来看，女性对甜食的需求更大。这也就能够解释，为什么很多女性在不饿的情况下，仍然能够吃下一个又一个甜点。

再比如，相对于男性来说，为什么女性通常对色彩和气味会更加敏感呢？那是因为女性在采集食物时，需要通过颜色来分辨水果是否成熟，通过嗅觉来分辨植物的细微差别。因此，女性对口红色号及香水的气味要比男性更敏感。

一个典型的直男通常分不清琳琅满目的口红色号。这也是因为男性在狩猎时，不需要去看猎物的颜色，只需要确定它能跑能跳就行。

通过想象原始人的生活方式，便可以解释现代人的很多行为。

人类的恐惧有很多因素与古代环境有关。

比如，人类天生就害怕蛇和蜘蛛。因为在古代的丛林环境中，蛇和蜘蛛使人中毒的概率很高，这就形成了人类祖先对它们本能地恐惧。

但实际上，现代城市环境里的人类所碰到的大部分蛇和蜘蛛都是无毒害的。跟它们对比，过马路、吸二手烟，甚至电动自行车对我们造成伤害的概率都可能更大，可也没听说谁会害怕电动自行车。

除此之外，就连社恐也跟人类进化的历程有关。在远古时代，如果智人在打猎或采集时碰到了其他部族的陌生人，可能就会有生命危险。

而现代人想要克服社交恐惧，最简单的方法就是利用前面讲到的共识。

比如，如果和双方都讲一种方言，就能够瞬间拉近彼此的距离；或者，双方读的专业类似、都喜欢类似的电影等，都能够消除陌生感，这些正是人类共识所创造的价值。

关于进化心理学的内容还有很多。

比如研究发现，在女性看来，能和孩子积极互动的男性，看起来更有魅力；而男性却不会把是否和孩子关系良好，作为评价女性魅力的标准。这一点，应该跟在原始社会里，女性需要更多地去负责抚育后代有关。

再比如，之前我在工程学的章节中提到，多巴胺型快乐和内啡肽型快乐，对我们提升执行力的启发，这些都跟进化心理学有关。

虽然进化心理学的用处很大，但也不是万能的，也有一些理论存在很大的争议。就像有的进化心理学家认为，现代一夫一妻制不是完美的制度。因为古代部落并没有一夫一妻和父亲的概念，部落里所有成年男女都是共同抚养小孩，一名女性可以和多名男性，甚至女性发生性行为。正是由于部落里的男性都无法确定小孩是不是自己的，所以在部落小孩的养育上不会存在偏心问题。

这个理论也被很多人类学家批评。因为历史上大多数主流文明，都采用一夫一妻的核心家庭模式；再加上人类对孩子和伴侣天生存在强烈的占有欲，所以多夫多妻的模式很难形成稳定的社会结构。

总之，即便某一个学科似乎特别有用，也不能拿它的模型去套所有的事物，跨学科综合验证才是正道。

现在，我们已经了解了进化心理学的原理，接下来我们就来聊一聊它带来的最大启发是什么。

"建立仪式"，是对抗进化不彻底的最好选择

我们生活中的恐惧、贪吃，以及行为差异，都是因为进化

不彻底造成的。现在世界上致死率极高的疾病之一——心血管疾病，其产生的根本原因就是人类对脂肪的强烈偏爱，导致食物丰富的现代人长期过度地摄入脂肪。

这一点，也是人类时至今日都无法解决的巨大矛盾之一。

了解进化心理学的原理，给我们带来的最大启发是：远古的人类本能是现代人苦难的根源之一。

那我们应该怎么办呢？答案就是：通过了解原理、建立仪式、刻意练习的方式，把自己的身体训练得更加适应现代社会。

第一，了解原理。就拿我自己来说，我原本是一个非常爱吃甜食的人，一吃甜食就停不下来。当我了解进化心理学之后，我开始下定决心减少糖分的摄入量，这就是了解原理的价值。

第二，建立仪式。建立新的习惯最好从建立简单的仪式开始。因此，我给自己建立了一个非常简单的仪式：每次想买甜食时立马深呼吸5秒，然后转身就走。这就是所谓的建立仪式。

第三，刻意练习。想要做到这一点，就需要改变我们的习惯。而改变习惯就是塑造新的大脑神经元连接，想要建立新连接则需要不断重复。因此，我采用了之前讲过的富兰克林训练法：给自己每天是否吃了甜食打红点。

整整坚持2个月之后，其效果非常显著。甚至让我形成了一个新的习惯——每当我想要吃甜食时，我就会自动深呼吸，自己冷静5秒后转身就走。

现在，即便我每次看到甜食仍然会本能地想要尝一口，偶尔也会破戒，但我再也不会像以前那样完全失控。

成功戒糖之后，我发现自己没有以前那么容易疲惫了。这也算是了解进化心理学带给我的最直接的帮助了。

幼态持续：晚熟的人更有创造力

现在，我们把视野从进化心理学切换到人类学和动物学的交汇地带，为大家介绍另一个给我很大触动的社会生物学概念——幼态持续。

很多人都曾在心里产生过这么一个疑问：强大如人类，既然能创造出如此辉煌的文明社会，那为什么从出生到成年，却需要用长达十几年的时间来成长发育呢？

没错，人类和一些哺乳类的动物相比，显得特别"晚熟"。

人类刚出生时，幼儿状态下的生活完全不能自理，只能躺着。到了6个月才能正常坐着，9个月左右才能到爬行阶段。而同样是哺乳动物的牛、马，它们一出生没多久就可以走路，甚至在出生几小时后便能活蹦乱跳。

关于这一点，社会生物学中有一个"幼态持续"的概念可以对其解释。人类之所以晚熟，主要是因为需要很长的时间来发育身体和大脑。举一个例子，猴子在胎儿期时，大脑迅速发育，既长体积又变复杂。因此，幼猴在出生时，大脑发育程度就已经达到成熟猴子大脑的70%，其余的30%在出生后的6个月就能基本成熟。除了猴子以外，智力较高的黑猩猩，其幼崽大脑的发育，也能在出生后的12个月内完成。

与之相比，人类在出生时期的脑容量，只有成人脑容量的23%。在出生后3年才能达到成年人脑容量的80%，6岁时脑容量才到95%。即便到了18岁，其大脑仍然还在发育；整个发育期大约要到23岁才能结束。

就目前来看，随着时代的变化，人脑的发育成熟时间点还在后移。由此可见，一个物种实现幼态持续的能力，从某种程度上来看，就代表了它们相对于其他物种有优越性。

举个例子，我们可以把狗看成是一种幼态持续的狼。跟野狼相比，狗的寿命更长、颌部更短、牙齿也较小，但智力更高。而黑猩猩胎儿跟人类很相似，它们的体毛很少、皮肤光滑、牙齿较小，头部和颌部结构看起来也更适合直立行走。不过黑猩猩在出生后的5～7年便可达到成熟，因此，很多婴幼期的特征也会被迅速地除掉。

人类的祖先，可以类比成幼态持续的黑猩猩。只是人类的童年期比黑猩猩更长，在这段漫长的成长期里，人类可以向父母和世界学到更多的东西。

并不是只有人类在婴幼期才有好奇心，猴子、黑猩猩在婴幼期同样也喜欢探索世界，具备不错的创造性。只是它们的这个阶段结束得很快，这也是我们在成年后的猴子和黑猩猩身上，再也看不到这种本能探索欲的原因。

而人类在这个时候，似乎跨过了一个拐点。从而具有了一种神奇的能力——可以终身都保持灵长类动物只有在婴幼期才会出现的好奇心和创造力。

总之，幼态持续的知识告诉我们：一个社会保持如儿童般好奇心的能力，其实就是这个社会发达程度的一个指标；而一个成年人的好奇心和探索欲的能力，也是决定其是否能够延长寿命的重要因素之一。

这一点对我们的启发则是：人类晚熟也并非坏事，晚熟的人恰恰有更多的时间来让自己的大脑发育出更加强大的功能。

爱读书、爱幻想的人看到这里，可能会觉得很兴奋，因为很多人都拥有一颗不想长大的心。但我也要反过来泼一盆冷水，幼态持续只是从生物学的角度来看物种之间的差异。

这就意味着，在社会上生存的每个人，所要面临的更多是同为人类之间的内部竞争。所以社会环境的成熟度，对于晚熟的个体能否取得竞争优势，其实有决定性的作用。

通常也只有足够发达的社会，才能够发展出一套让晚熟的人充分发挥自己才干的机制。举一个相对极端的例子，如果你出生在战乱频发的国家，那么晚熟和天真为你带来的可能就只有灾难。

以上，我都是从生物学的角度来探讨的人类。

接下来我要为大家讲解属于人类学的另一个分支——文化人类学，英文为 Cultural Anthropology。

文化人类学

文化人类学，是人类学里的另一个分支。有一本文化人类学的入门书叫《像人类学家一样思考》，该书给我最大的启发就是它对文化的定义：文化，是一群人后天习得的对他们的行为和身边事物意义的共有认识。

在这句话里，有两个关键词。

第一，习得。这个关键词告诉我们，文化并不是一种本能或是天性，而是出生之后通过后天的社会教化才获得的。比如，东方文化里的集体主义文化，很明显就是后天习得。因为有很多被西方家庭领养的亚洲人，在长大之后其行为和思想就会完全西化。

这就表明，文化和人种是解耦的。而这一点，又与刚才我提到的进化心理学和生物学的先天特征刚好相反。

第二，共有认识。它跟我之前讲的共识很像，但它具体指的是哪种文化观念，则必须是我认可、你也认可的东西。我曾说过，共识是非常强大且实际存在的东西，因此，文化也是非常真实存在且具有巨大影响力的东西。它可以真实地影响所处的文化群体内每一个人的各种行为。

而拥有文化的群体也可大可小：小到家庭，大到国家，都拥有文化。

亚文化：有独特共识的特定圈子

亚文化就是指一个较大的社会中，一些群体拥有的相对独特的共识。亚文化之间的差别，可能来自特定语言、特定意见领袖、特定行为和特定符号。

比如 B 站的亚文化，就是一个最典型的例子。它的特定语言非常多，从"爷青结"到"高质量男性"，再从"仙人指路"到"芜湖起飞"；特定意见领袖"罗老师""老番茄""张三李四"等；特定行为特征"一键三连"；特定符号"小电视""2333娘"，以及各种小标签。可以说，B 站是非常典型且完整的亚文化模板，所以很多中国研究亚文化的人都会研究 B 站。

除了 B 站以外，中国还有很多亚文化的圈子。比如快手的老铁文化、二次元的亚文化、汉服圈的亚文化、饭圈的亚文化，甚至连大家讨论的阿里巴巴，在杭州电商圈也构筑出了自己的亚文化：员工要起花名，老板都要讲梦想，说话都要抓痛点、找抓手、做闭环等等。

亚文化具备以下三个特征。

第一，它是历史的产物。没有足够的历史沉淀，很难产生稳定的文化。从这个角度来看，中国作为现存的历史最悠久的文明古国，确实躺在一个文化的宝库里。

第二，亚文化可以迅速变迁。关于这一点，如果你观察过中国从1949年到今天的发展史就会发现，尽管几十年的时间里，中华民族的底层文化没有发生过太大的变化，但亚文化的圈层却层出不穷。

1992年兴起的下海潮，催生出了一批有相似文化的企业家；2001年前后的外企求职潮，同样催生了一大批意识形态非常接近的外企职业经理人群；再后来，互联网新经济浪潮爆发，又催生出了一个亚文化群体——互联网人。而这些群体的亚文化，往往是被某些关键的历史事件触发才会突然产生，之后又会因为社会环境发生变化而突然解构。

第三，社会价值观会影响亚文化。就拿"996"的加班文化来举例，在2017—2018年，整个社会的价值观都还是追求暴富。在这种价值观下，打工人把拼命工作、追求暴富，看得比自己的身心健康还要重要。因此，加班文化自然也就成了这种价值观的副产品。

2017年，正是网友们称马云为"马爸爸"的时候。有一位年轻的创业者找我聊天，作为马云的忠实粉丝，他一心只想趁着年轻搏一把，希望公司融资上市，自己就能实现财富自由。他在自己的公司里一直倡导加班文化，这就是价值观对亚文化的影响。

这个现象在创业投资圈也很明显。很多投资人在2~3年前看项目，并不关注它是否产生社会价值，只要这个项目能够快速发展，短时间内能上市，就是好的。这也导致一段时间内，创业圈里成王败寇的思想非常严重，这时流行的亚文化，就是先不择手段地成功，然后再洗白。

但是到了 2021 年，随着社会大力倡导共同富裕、公平公正，一时间就改变了创投圈的亚文化走向。原本很多倡导加班文化的大公司，都开始迅速地将加班文化改成了增加员工福利，而且还要大肆宣扬，生怕别人不知道他们已经变了。

所以到了今天，所有的投资人和创业者都在反思：自己做的赚钱项目到底有没有未来、能不能符合国家方向、能不能够促进社会发展。他们之所以会这样思考，并不是大家的觉悟都变高了，而是这个行业的亚文化改变了。

文化的第二点和第三点特征带给我们的启示是：**读懂整个社会的大价值观变迁非常重要。因为不管你所处群体的亚文化看起来多么牢固，如果它一旦跟整个社会的大价值观发生矛盾，那么，它变化的速度就有可能快到让你难以置信。**

这一小节为大家讲解了文化人类学的一些知识点。

接下来要讲解的是一对概念——基因和模因。

人类延续自己存在的方式，不只有基因传递

人类整体的基因进化很慢。因此我们会发现，研究远古时代的人类行为特征，甚至研究黑猩猩和猴子的生物特征，对解答现代人的很多生物本能都会有巨大的帮助。

毫无疑问的是，在现代社会中，观念的变化对我们行为的影响也非常大。从某种程度上来说，随着信息时代的到来，观念传播的速度变得前所未有地快，它对人类的影响，也变得越来越大。

英国的演化理论学家理查德·道金斯，在他的经典著作《自私的基因》里面就提出了一个跟基因相对的概念——模因。

所谓模因，指的是社会里那些可以被传播和复制的观念、名言、时尚元素等。

道金斯发现，基因具有以下特点。

遗传性： 也就是说，基因可以在几代人之间遗传。

变异性： 指的是在基因传递的过程中，会不断地发生保留主体，但局部会发生改变的现象。

选择性： 简而言之，就是有些基因比较容易被传播下去，而另一些基因比较难被传播。

而模因，则完全符合基因的这三个特征。比如民谣，就可以一代一代地相传，同时在传递的过程中，可能会发生旋律的微小改变。但有些民谣具备更高的传播性，可以更久地在更大的人群里面传播，就像摇篮曲，或者是蜜雪冰城"你爱我，我爱你"的这种魔性旋律，就很容易被传播。

模因的定义简单而清晰：模因就是文化的基本单位，可以通过模仿得到传递。在道金斯提出模因的概念之后，这个词本身就成了学术界一个流传甚广的模因。后来很多著名的学者也都引用了这个概念。就连《牛津英语词典》也收录了模因的英文"Meme"这个词名。

了解这个概念，对我们的人生有更进一步的拓展意义。如果说，**我们原来认为，必须将自己的基因传递下去，人生才是完整的；但当我们理解了模因的存在之后，也就理解了人类延续自己存在的方式不只有基因，还可以通过文化创造和传承给下一代。**

通过上面所讲的基因的遗传性、变异性、选择性三大特征，我们也可以更好地理解一个可以被社会广泛传播的模因所需要具备的特点。这一点，对我们有朝一日打造自己的品牌，可能会有巨大的启发。

本章小结

1. 整个人类世界都是构筑在集体想象的基础上的。"人类之所以能够成为世界上最成功的生物,关键在于它是唯一能够运用想象力,达成虚构共识的生物。"

2. 远古的人类本能是现代人苦难的根源之一。我们可以通过了解原理、建立仪式、刻意练习的方式,把自己的身体训练得更加适应现代社会。

3. 人类晚熟也并非坏事,晚熟的人恰恰有更多的时间,来让自己的大脑发育出更加强大的功能。

4. 文化,是一群人后天习得的对他们的行为和身边事物意义的共有认识。读懂整个社会的大价值观变迁非常重要。因为不管你所处群体的亚文化看起来多么牢固,如果它一旦跟整个社会的大价值观发生矛盾,那么它变化的速度就有可能快到让你难以置信。

5. 我们原来认为,必须将自己的基因传递下去,人生才是完整的;但当我们理解了模因的存在之后,也就理解了人类延续自己存在的方式不只有基因,还可以通过文化创造和传承给下一代。

10

概率统计学：人生系统

我以前曾开过人工智能公司。在这个过程中，我亲眼看到概率统计的发展是怎样把人工智能这门原本冷门的学科，一点点变成今天无比强大而又炙手可热的超级学科的。可以说，今天许多听起来很高端的行业，如人工智能、医药研发、金融工具设计等，都离不开概率统计。

为什么概率统计会这么重要？

因为不确定性才是这个世界的常态，而概率论刚好提供了量化不确定性的方法，所以它也理所当然地成为带领人类进入不确定性时代的一把钥匙。

比如，人工智能中最重要的"机器学习"，就会非常频繁地使用到概率论。这个与主流计算机工程师的工作环境还是有很大差别的。

程序员通常都可以假设CPU是可以完美地执行每一条指令的，大部分的软件应用在设计时也不需要考虑随机性这个因素。所以，即使是软件工程师这样的群体，在进入人工智能时代后，也同样需要像普通人一样，重新了解概率论和统计学的知识。

不过，概率论本身是非常反直觉的，因为人类的进化速度太快，而大脑结构仍然习惯于古代环境里的那些生存与生长方式，不太适应日新月异的现代社会。所以，虽然我们过去可以依靠本能来应付各种问题，但今天再这样做，就会显得漏洞百出。

小概率带来大错觉

先举个例子，假如有个名叫张三的人去医院检查身体，医生告诉他有 99% 的概率患有亨廷顿舞蹈症。

很多人可能没听过亨廷顿舞蹈症这种病，它是一种罕见的染色体显性遗传性疾病。经统计，大概每 10 万人中会有 4 ~ 8 个人患上这种病。但正因为它是罕见病，就会有一定的误诊概率。据统计，大约每 100 个患者中会有 1 人被误诊为病患，误诊率为 1%。而如果真患上这种病，被诊断出来的概率就是上面说的 99%，这基本上就约等于 100% 了。

那么问题来了，结合上面这几个数据，我们来估算一下，张三患上亨廷顿舞蹈症的概率是多少呢？

我这里有几个答案：

A. 99%　B. 50%　C. 10%　D. 1%

你认为哪个答案最接近？

有一部分人会马上选择 A，理由是报告中都说是 99% 了，那不就是 99% 吗？

如果你恰好也是选择 A 的那部分人，我只能说你是在凭借本能思考问题，或者说你完全没有概率思考的习惯。如果你稍有些概率习惯，就会发现，这既然是一种罕见病，那么真实的可能性就应该是小于 50% 的。

嗯,如果你选这个答案,说明你已经有基本的概率思维。

那么正确答案是多少呢?

答案是 1%。

你看,这就是概率学最反常识的地方。

在这个例子中,有两个数值是大家最容易忽略的。第一个数值,是每 10 万人中只有 4~8 人可能得这种病;第二个数字,是被误诊的概率是 1%。这几个数值看似微不足道,其实恰恰是问题的关键。

我们来看图 1-10-1。

亨廷顿舞蹈症

100 000 人 → 10 人真有此病

99 990 人无此病

1% 误诊率 → 999 人被误诊为患此病

↓

1009 人被诊断患此病

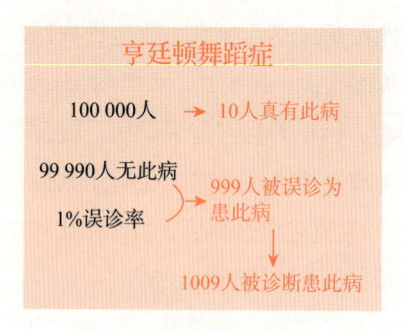

图 1-10-1

前文我们说,每 10 万人中有 4~8 人可能会患病,为了推算方便,我们假设真实的患病者 10 万人中有 10 人。按这个比例,每 10 万人中有多少人不会得亨廷顿舞蹈症呢?

这个很简单,答案是 99 990 人。剩下的 10 人去医院检查后,假设都被诊断患上了这种病。而另外的 99 990 人也去检查,里面又有 999 人没有患病,但被误诊为患上了这种病。注意,这 999 个没有患此病的人是关键所在,因为这 999 个没患病的人,与真实患病的 10 人相加有 1009 人。

这也就是说，**每 10 万个参加检查的人中，有 1009 人最终会被诊断为患上了亨廷顿舞蹈症，而张三就是其中之一，但其实这些人中只有 10 人是真正患此病的**（图 1-10-2）。

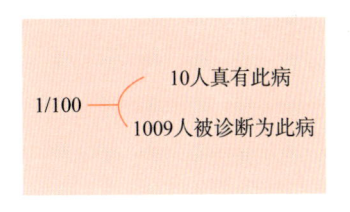

```
         ┌─ 10人真有此病
  1/100 ─┤
         └─ 1009人被诊断为此病
```

图 1-10-2

说到这里，我想你应该就能计算出张三真实的患病概率了吧，那就是：$10 \div 1009 \approx 1\%$。

通过这个案例，我们对概率论就有了初步了解。其中有三个关键性的数值如下。

第一个数值是报告推断出张三有 99% 的概率患病，第二个数值是有 1% 的误诊率，第三个数值是真实的患病率只有万分之一，也就是 0.01%。而我们最容易看到的是 99% 的推断患病率，却忽略了它背后两个隐藏的数值：1% 误诊率和 0.01% 真实患病率（图 1-10-3）。但是这两个数据相除，就可能产生巨大的数字，大到彻底颠覆我们的认知，这就是概率论最颠覆我们直觉的地方。

```
   1%误诊率
―――――――――――
 0.01%真实患病率
```

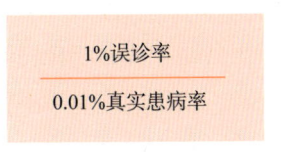

图 1-10-3

那么,这个案例给了我们哪些启发呢?

首先,它让我们知道,**如果我们在生活中遇到那些需要在很小概率事件上去推断的事情,就一定要先关注这个推断的错误率,哪怕错误率只有 1%。如果这个事情在真实世界的发生概率远小于 1%,那么它就足以把上面两个错误的绝对数值变得非常大。这就是小概率事件给人类造成的最大错觉。**

举个例子来说,如果顶级富豪告诉你:梦想还是要有的,万一实现了呢。那么你要知道,在 10 亿人当中,也只有 10 个人能达到他的财富级别,这个比例就是一亿分之一,是极其小概率的事件。

也就是说,成为顶级富豪在概率上比患上亨廷顿舞蹈症还要小 1 万倍。

显然,这个极小的概率会让一切的努力和梦想变得无足轻重。

贝叶斯公式:选择比努力更重要

如果选出概率统计学里对普通人的一生最有启发的公式,那应该是贝叶斯公式。

贝叶斯公式的提出者是一位名叫托马斯·贝叶斯的人,他与牛顿生活在同一时代,但他的职业是一位牧师,只是在业余时间研究数学和各种统计概率理论。不过,当时他的理论并没有受到重视,直到 1950 年前后,他的理论才逐渐被人们所熟知和接受。

我们先来认识一下这个公式的样子，如图 1-10-4 所示。

贝叶斯公式
$$P(B|A)=P(A|B)\times P(B)/P(A)$$

图 1-10-4

这个公式看起来很抽象，我先来解释一下里面不同模块的含义：这里的 P 是概率的标志，比如 $P(A)$ 表示的就是 A 事件发生的概率；而 $P(A|B)$ 表示的就是一种条件概率，即在 B 事件发生的条件下，A 事件发生的概率。

如果抛开这些抽象概念，用一幅图来表示的话，就会显得更直观（图 1-10-5）。

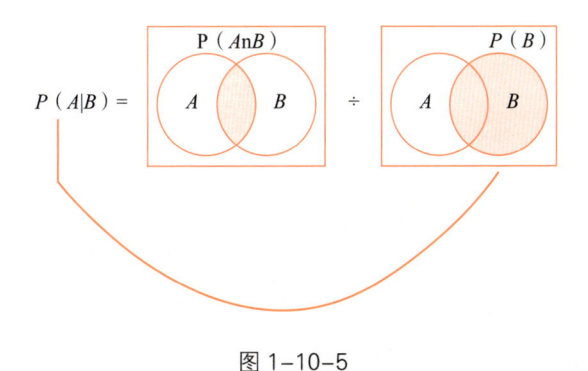

$$P(A|B) = P(A \cap B) \div P(B)$$

图 1-10-5

从这幅图来看，假设有两件事，一个是 A，一个是 B，它们独立发生但有交集。这时，我们就可以用两者的交集去除以 B 的面积，得出来的结果就是 A 事件发生的概率了。

现在，我仍然用案例来解释一下这个公式。

假设有一位运动员，按规定需要检测违禁药物的使用情况。假设这种违禁药物的使用概率非常低,只有0.001,即$P(A)=0.001$。而如果一个人真的用了违禁药物,被检出的概率为0.95,即$P(B)=0.95$。但如果他没有使用违禁药物,也会有10%的概率会被冤枉,即$P(B=阳性 \mid A=清白)$。在这种情况下,这个运动员被检出使用违禁药品,他真正的犯错概率有多大?

根据案例中的数据,我们来看这张分析图(图1-10-6)。

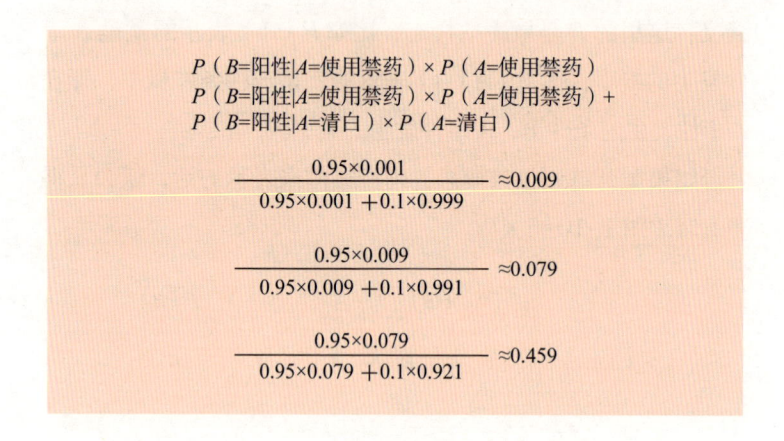

$$\frac{P(B=阳性|A=使用禁药) \times P(A=使用禁药)}{P(B=阳性|A=使用禁药) \times P(A=使用禁药) + P(B=阳性|A=清白) \times P(A=清白)}$$

$$\frac{0.95 \times 0.001}{0.95 \times 0.001 + 0.1 \times 0.999} \approx 0.009$$

$$\frac{0.95 \times 0.009}{0.95 \times 0.009 + 0.1 \times 0.991} \approx 0.079$$

$$\frac{0.95 \times 0.079}{0.95 \times 0.079 + 0.1 \times 0.921} \approx 0.459$$

图1-10-6

如果使用贝叶斯公式分析的话,就是呈阳性的0.95,乘以真实世界中违禁药物使用的概率0.001,再除以0.95×0.001,加上那些清白的人被冤枉的概率,即0.1乘以正常人未使用违禁药物的概率,即1-0.001,也就是0.999,最后得出的数值约等于0.009。也就是说,这个人只有0.009的概率使用了违禁药物。

接下来,我们再对这个人进行第二次检查,继续用上面的公式计算一遍,结果数值变成了0.079。

第三次再检查的话，计算出这个人使用违禁药物的概率就变成了 0.45。

……

从 0.009 到 0.079，再到 0.45……整体概率一直在提升，而且不是提升一点点，是数量级的提升。但这还不是让我们最意外的地方，真正让我们意外的是：如果这个人一连三次药检都呈阳性，那么马上就会有人觉得，这个人 100% 使用过违禁药物，还能有假吗？而事实上，三次药检后阳性的可能性也只有 0.45 而已，连一半都不到。

这就非常违反常识。之所以会出现这种怪现象，还是因为真实世界中使用这种违禁药物的 0.001 的概率在作怪。

这就给了我们很大的启发，当我们看新闻时，如果只关注新闻表面，看到某件罕见的事情连续发生两三次，可能就会觉得这件事是真的。但事实上，我们在下判断之前，最应该做的是深入地思考两个问题。

第一，这件事被误判的可能性有多大。

第二，这件事在真实世界中发生的概率有多小。

这就涉及统计学中一个非常关键的概念——先验概率，也叫基础概率。

那么，基础概率与最终概率或结论之间有什么样的关系呢？

基础概率与最终概率呈正相关

基础概率理解起来不难，它的意思就是，一件事在过去的统计中，已经被验证的发生的概率。比如，我在上文中说的亨廷顿舞蹈症的发生概率是 1/10 000，成为顶级富豪的概率是

1/100 000 000 等，这些都是基础概率。

可以说，在现实生活中，**很多事情都是由基础概率决定成败的，而不是由我们的努力程度**。你想成为顶级富豪，基础概率就决定了你极难成功，不管你每天多么努力。

我们对基础概率不需要有非常精准的判断，但却需要有**数量级的判断力**。

数量级是一个非常简单的概念，即在原来的基础上乘以10，使不同数值之间呈现10倍的递加或递减，如1、10、100、1000、10 000……

在商业竞争当中，如果两个公司的业绩相差几倍，那么这两家公司之间尚可好好竞争一下，因为它们处于同一数量级上；但如果一家公司比另一家公司业绩多10倍，那两者基本就没什么可竞争的悬念了，因为数量级的碾压是很难翻盘的。这就是孙子讲的打胜仗的10倍压制原理。

学习上也是如此，如果两个人在年级上的排名一个在第五，一个在第九，那么两个人之间相当于没有拉开差距；但如果一个人排名第五，另一个排名第五十，数量级的差距就很明显了。

那么，基础概率对于最终概率有多大的影响呢？

我们先把贝叶斯公式转换为更简单的模式，如图1-10-7所示，基础概率就是其中的分子 $P(A)$ 的部分。

以上文的药检结果为例，其中药检结果就是分母"新的证据"这部分，药检正确率就是分子"似然度"这部分，左边的"后验概率"则是评估这个人是否真的使用了违禁药物的概率。根据数学正比例原理，我们可以看出，**基础概率与最终概率之间是呈正相关的**。

贝叶斯公式

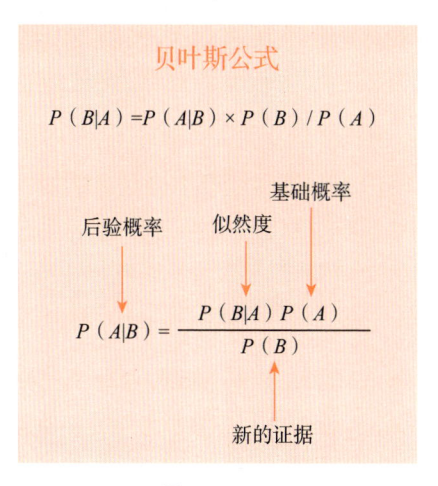

$$P(B|A) = P(A|B) \times P(B) / P(A)$$

$$P(A|B) = \frac{P(B|A)\, P(A)}{P(B)}$$

后验概率　似然度　基础概率　新的证据

图 1-10-7

如果从数学上来理解的话，这个公式对我们的启发很大，它告诉我们：**想要让自己做的事情更容易成功，那么选择一个合适的战场要比你付出的努力更重要**。因为大量的努力都可能只是在加减法级别上改变最终结果，虽然这些努力都是在提高最后那个做成事情的概率，但如果这些努力都被乘以一个极小的概率基础，就等于在量级上被降维打击了。

比如，你是个男生，想让自己在大学期间引起女孩子的青睐，让自己更容易获得恋爱机会，于是你不断地努力，让自己变得优秀，或者不断让自己变得更帅，这都是做加法。但是，**如果你选的学校中男女比例为 10∶1，那就算你再有吸引力，找到女朋友的概率也很低；而如果学校的男女比例是 1∶10 的话，你不用刻意寻找，也会有很大的概率找到女朋友。**

所以说，很多时候我们不成功，不是因为我们努力的程度不够，而是因为我们所在的土壤太贫瘠，所在的平台基础太差。这个原理适用于选择城市、学校、行业乃至具体的公司。

很多人问我,为什么我喜欢讲一些宏观层面的东西,比如行业大趋势、国家大战略等,就是因为这些东西都与基础概率高度相关。比如在 10 年前,大家看到中国货币 M2 的增长速度,就能明白当时的房地产上涨是必然的;再比如现在,如果你对 2035 年的远景规划有一定了解的话,就会知道芯片企业、碳中和、外贸电商行业,都是成长基础概率很高的领域。

所以,选择正确的大方向,就如查理·芒格所说的那样,他说**自己一生中都在努力寻找那种只有一尺,低矮无比的围栏,而要避开那种需要蹦很高才能跨越的围墙**。这句话说的就是选择高基础概率领域的道理。

新证据不断叠加,最终概率不断增加

为了能更加准确地得到最终概率,很多时候我们需要不断寻找新证据。这些新证据叠加越多,最终概率就会越准确。

我再来举个例子,你就更明白了。比如你是个男生,你楼下小卖部里有个叫小芳的女孩。有一天,你路过小卖部时,看到小芳对你笑了。现在请你思考一下,从小芳对你笑这件事中,你能推断出她喜欢你的概率有多少吗?

这个问题听起来很无厘头,但如果我们用贝叶斯公式分析一下,你会发现它其实很有趣。

我们来看图 1-10-8 所示的公式。

在这个公式中,左边 $P(L|S)$ 代表她对你笑之后,你推断出来她喜欢你的新概率。既然是"新概率",那就一定有"旧概率",这个"旧概率"就是 $P(L)$,也就是小芳喜欢你的基础

概率。这个概率是她在没有对你笑之前，你就统计出来的，当然，这个数值越高越好。

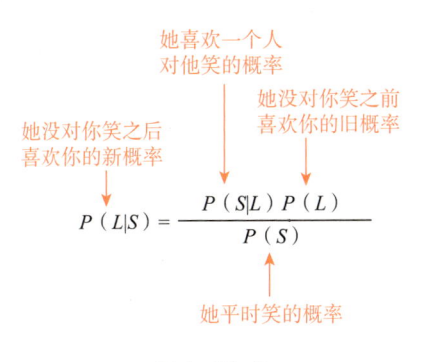

$$P(L|S) = \frac{P(S|L)P(L)}{P(S)}$$

- 她没对你笑之后喜欢你的新概率：$P(L|S)$
- 她喜欢一个人对他笑的概率：$P(S|L)$
- 她没对你笑之前喜欢你的旧概率：$P(L)$
- 她平时笑的概率：$P(S)$

图 1-10-8

这个基础概率要乘以"小芳喜欢一个人就对他笑"的概率，就是 $P(S|L)$。为什么要乘以这个概率呢？这就与上文药检的例子一样，小芳喜欢一个人也可能不对他笑，或者小芳不喜欢一个人时也可能对他笑，这些情况都要考虑进去。从公式中看，这个数值也是越高越好。

最后，再除以小芳平时笑的概率 $P(S)$，这个数值肯定是越低越好。因为小芳如果平时一直不笑，而今天偏偏对你笑了，那肯定就是对你有好感；相反，如果小芳平时见到谁都会笑，那么这个概率数值越大，她对你笑代表喜欢你的概率自然就越小。

通过这个例子，相信你对贝叶斯公式理解得更加透彻了，它就是概率统计中最重要的一个模型。在运用这个公式时你也会发现，你找到的新证据越多，得出的最终概率就越准确。

我再举个例子，假如你身边有个朋友没读大学，从学校出来后却赚了很多钱，于是你就认为读大学没有用，这就是没有理解贝叶斯公式。

如果从整个社会发展来看，没有大学学历者成功的概率是远低于有大学学历者的，这个才是起决定作用的基础概率。

反过来思考，如果你连续看到身边没读大学的朋友都混得很好，那么贝叶斯公式同样可以给我们启发。当你发现随着新证据不断叠加时，最终概率则是高速增加的，读大学真的没有用的可能性也在急剧增大。这就意味着，就算基础概率很小，但如果新证据层出不穷，最终概率也可能会慢慢变得很大，正如凯恩斯说的那样："当事实发生了变化，我的想法也就发生了变化（When the facts change, I change my mind）。"

从贝叶斯公式当中我们也看到了一个深刻的哲学问题，它给我们的启发就是：我们既要冷静地看待事物的基础概率，不要被表面现象所迷惑，同时又要在新证据不断出现的时候，及时调整对全局的评估，不能一条路走到黑。

这是辩证法。

均值和异常值

说起平均值，我们肯定都能理解。一直以来，平均值思想都深刻地植入我们的大脑当中，在漫长的历史发展过程中，我们所接触的最直观的概率分布形态基本都是如下图所示的正态分布图（图1-10-9）。

图 1-10-9

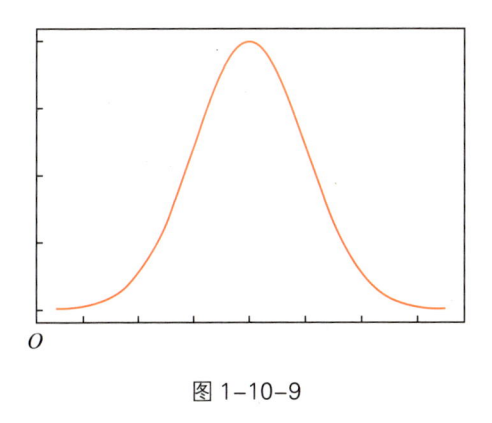

比如，成人的身高就很符合这个正态分布图：长得特别高的成年人，如超过 2 米的人，与长得特别矮的成年人，如低于 1 米的，相对来说都比较少；大多数成年人的身高都集中在图中腰部分。这个平均身高值对于统计人口身高等问题是很有参考意义的。平均体重也是如此。

但是，也有很多没有意义的平均值，比如按人均 GDP 来计算一个国家的实力就很难反映这个国家的真实经济实力。

再比如股票上的平均收益，也没什么意义，因为极端值决定生死。

有一家倒闭的公司，它过去 5 年中每个月的盈余情况如图 1-10-10 所示。

图中的深橙色柱代表赢利，浅橙色柱代表亏损，按平均值计算，该公司有 8% 的月均收益率，看起来是个不错的数字。但问题是，其中还有一条特别长的浅橙色柱，这意味着什么呢？

这意味着当月该公司的亏损极其严重，亏损率已经接近 90%，几乎消耗掉了公司所有的现金流。所以，即使最后 2 个月继续赢利，公司也已无力回天了。

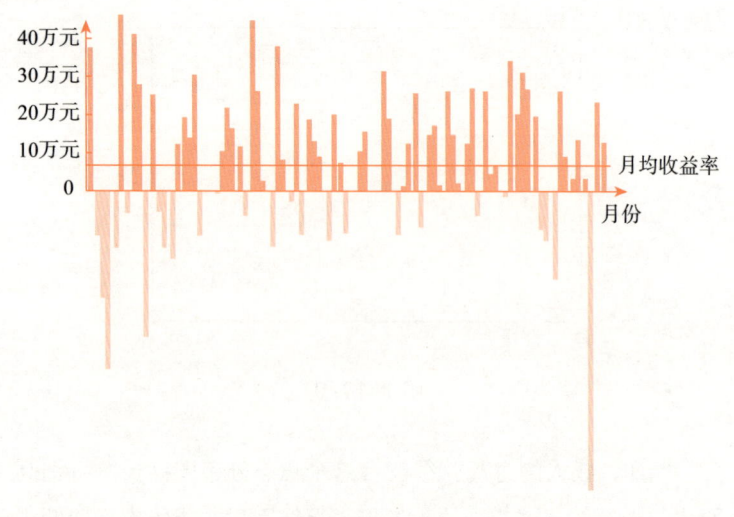

图 1-10-10

如果我们按照平均收益率来看这家公司的话，就会非常费解：一家以每个月8%收益率赚钱的公司，怎么会突然倒闭呢？但我们若按异常值指标来观察这家公司，一下子便会明白其中的缘由：公司在经营的倒数第3个月经历了一次极度异常状况，导致公司迈向崩溃。

由此我们也能明白，一个公司的生命能否一直延续，不能光看它的平均经营状况，同时也要看它在遭遇重大困难或遇到异常情况时，是否还有能力自保。

看一个人也是一样，有的人顺风顺水时一直发挥良好，但如果遇到突发性的重大挫折，可能一下子就完全崩溃了，整个人生全局也会发生巨变。

从以上这些案例中，我们大概也了解了异常值的含义。

从统计学的意义上来说，异常值是指与平均值的偏差超过2倍标准差的数值。这个定义有些抽象，我们用图来解释一下

（图1-10-11）。

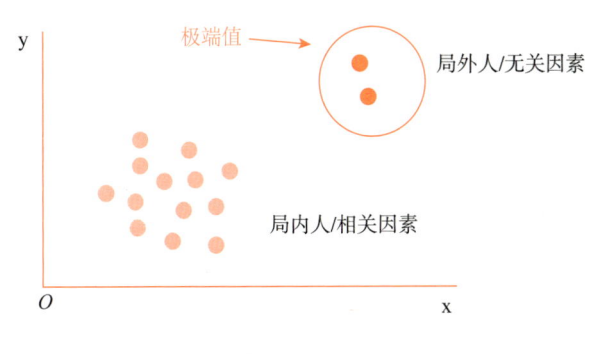

图1-10-11

在这幅图中，假设坐标轴上有一堆数值，大部分的数值都集中在左下角，但有两个数值，无论是在横轴还是纵轴上，都高于整体平均值2倍。这时我们就能直观地看到2个数值被清晰地分离出来了。这2个数值就是典型的异常值。

面对异常值，我们通常有3种处理方式。

一是舍弃掉。

二是与其他数值一视同仁。

三是将其单独作为一个特殊集合进行研究。

第一种情况最常见，比如在比赛评分时，我们经常听到的"去掉一个最高分，去掉一个最低分"，其目的就是去掉异常值，让整体分数更合理，以避免有些评委因个人喜好、私人利益等，故意打出高分或低分，影响专业的判断。

但是，这种情况有一个基础假设，即"世界是稳定、平均、连续的"。与之对应的第三种情况，其基础假设就是"世界是不稳定、不均衡、跳跃的"。在这样的世界中，虽然不是每个异常情况都值得被关注，但每一次重要变化都是从异常值的出现先反映出来的，即所谓的见微知著。

比如，之前国家叫停个别企业上市，这在过去20年互联网公司的发展史中都是比较异常的情况，所以它属于典型的异常值。当时我身边的一些朋友认为，这只是有关部门在整顿互联网金融行业，这种思考方式就是"去除异常值"的思考方式。

但是如果另一个人，从这件事推导出一个新时代的到来。那么他使用的就是第三种方案：见微知著。把异常值单独作为特殊集合进行研究。

掌握这种见微知著的方法，在未来20年会变得越来越重要。

为什么呢？

如果我们将异常值与贝叶斯公式结合起来看的话就会发现，根本原因在于，2020年之后，整个世界变动的基础概率变高了，各种过去几十年习以为常的秩序都在发生变化，而且这种变化会牵一发而动全身。**在世界变动的基础概率大幅提升的背景下，异常值影响我们判断的最终概率和程度也就大幅增加了。**

大数定律：人生要保持足够的耐心和尝试

大数定律也是概率论当中的一个重要概念，它是指条件不变的情况下，我们做一个实验的次数越多，那些看起来很随机的事件，最终发生的总概率就会越接近一个稳定值。

比如我们常玩的抛硬币，如果只抛10次、20次，你会发现概率分布非常不均匀。有时你可能连续抛 5 次都是正面或反面，就像图中接近 0 的地方的两种极端情况一样。

但是，随着我们抛的次数越来越多，正面或反面的概率就会越来越收敛至 1/2 中线处。直到你抛上千次、上万次，正反面的概率就会更加接近 50%（图 1-10-12）。

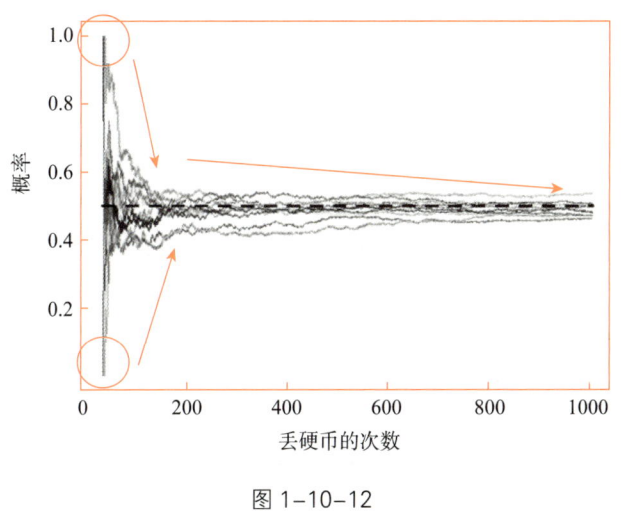

图 1-10-12

这种现象在数学上是被严格证明过的，它就是柯尔莫哥洛夫的"强大数定律"。

那么，这个定律能给予我们什么样的启发呢？

首先，在一开始的小数据阶段，大道理可能是毫无参考价值的。

比如，你大学毕业刚参加工作时，可能会发现那些所谓的大道理都是鸡汤文，让你完全无感。如"早睡早起身体好""诚实是最好的护身符""不要抱怨""要坚持运动"等等。也许这些情况与你在身边看到的现象有巨大的反差，但这是因为你还年轻，接触的数据样本不够多，它们往往会大幅度偏离世界的真相。

而那些能够流传数百上千年的大道理，通常都是经过无数次的硬币投掷后，最终沉淀下来的统计学经验。随着年龄的增长，阅历的增加，你会越来越觉得这些大道理是真的有道理。

年轻时如果你能够理解：小数据统计结果会大幅偏离大数据统计结果这个道理，就会在之后的生活中保持清醒，不会被轻易"带节奏"。

我之所以这样说，是因为人类很难抗拒在连续抛几次硬币之后就开始总结经验的本能。比如，有的人谈了两次恋爱，对象都不靠谱，或者连续找两三次工作，老板都不靠谱后，就开始对恋爱和求职这两件事产生经验总结，然后根据这个经验来指导自己的生活。

但是，这个经验很可能会让你的生活步入羊肠小路，而越来越远离康庄大道。

所以，**面对问题时，真正有效的应对方法是让自己保持更多的耐心，做更多的尝试。拿到更多数据后，再慢慢总结经验，不要太快给一件事情贴上标签。**

更重要的是，我们必须保持身心健康。因为在这个不断尝试的过程中，我们其实是在用肉身与全世界的概率打交道，如果你的肉身耐力跟不上，那么你连不断尝试的基础都没有了。

不过，你也许会说，在体验和尝试的过程中，我不可能完全不总结经验呀，那我怎么判断这些经验对我有多大的用途呢？

这时，我们可以再次回顾一下贝叶斯公式（图1-10-13）。

后验概率 → 先验概率

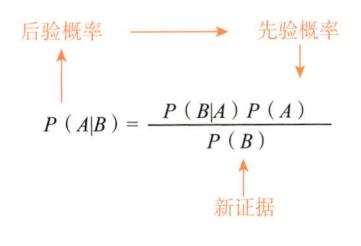

$$P(A|B) = \frac{P(B|A)P(A)}{P(B)}$$

新证据

图 1-10-13

在各种经历中，我们自己所总结的经验，就是图中的"先验概率"，而当"新证据"出现后，我们就要不断调整概率的测算，得到"后验概率"。这样，在下次有证据出现时，之前的"后验概率"又会被重新放入公式之中，成为"先验概率"。以此类推，一个迭代循环就形成了。而随着不断循环、迭代，我们的经验也会越来越接近于大数据结论。

概率分布：用足够努力换取最大回报

概率分布表示的是随机变量取值的概率规律。我们比较熟悉的幂律分布，就是一种最典型的概率分布（图 1-10-14）。

在现实生活中，符合幂律分布的事情很多，比如，全球 80% 的财富集中在 20% 的人手中，一个行业中 80% 的市场被 20% 的公司占据，一家公司中 80% 的生意来自 20% 的客户……同时，我们用于描述幂律分布现象的词汇也很多，常用的如马太效应、二八定律、赢家通吃等等。

财富

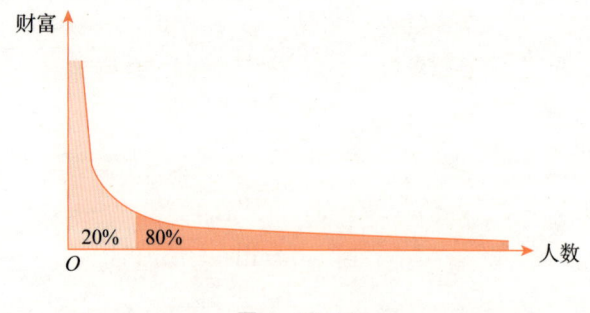

20% 80%
O → 人数

图 1-10-14

总而言之,幂律分布其实是一种世界观,影响着我们看世界的底层假设,即这个世界到底是平均的还是极端的。如果我们认为这个世界是极端的,那么就必须努力让自己在某个细分领域做到极致的好,这样才能取得极端世界中的极端回报。

关于这方面的话题,我在其他章节中已经多次提到,这里不再赘述。

接下来,我们再来分析一下正态分布中的三个重要概念:方差、标准差和平均值(图 1-10-15)。

方差

标准差

平均值

图 1-10-15

在这三个概念中,平均值是最容易理解的。在正态分布图中,它就是曲线顶点的横坐标。而方差和标准差,说的基本都是同一个事物,即曲线两边拉伸的程度。方差是标准差的平方。

简单来说，方差就是放大了的标准差。

为了让大家更好地理解标准差和方差，我们先来看图 1-10-16。

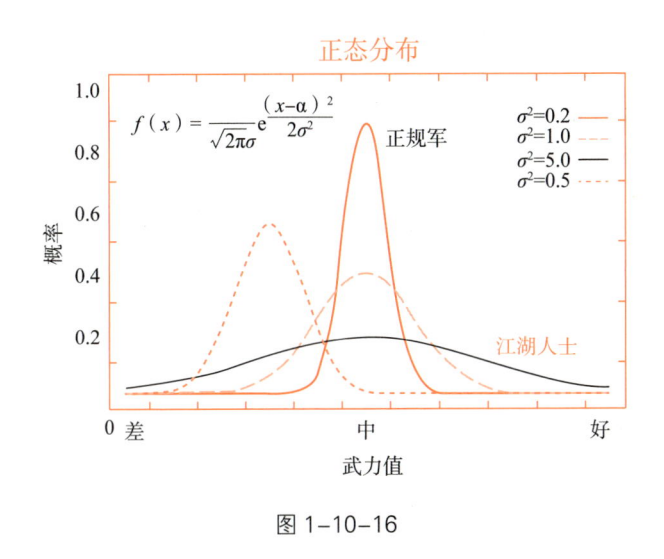

正态分布

$$f(x) = \frac{1}{\sqrt{2\pi}\sigma}e^{\frac{(x-\alpha)^2}{2\sigma^2}}$$

图例：$\sigma^2=0.2$，$\sigma^2=1.0$，$\sigma^2=5.0$，$\sigma^2=0.5$

正规军、江湖人士

横轴：武力值（差—中—好），纵轴：概率

图 1-10-16

在这张图中，有很多条正态分布曲线，它们的平均值都是一样，那么谁的标准差更大呢？

答案是黑色实线的标准差最大，橙色实线的标准差最小。

这些标准差的大小又有什么样的现实意义呢？

举个例子，你就能理解了。想象一下，在古代，有两支武力平均值一样的队伍，一支队伍是江湖人士的组合，一支队伍是正规军的组合。江湖人士之间的武力差异很大，有的人是武林高手，武力值特别高；有的人是滥竽充数，武力值很低。这时我们就可以说，这支队伍的标准差很大，在其中随便挑两个人出来，武功就可能会有天壤之别。

与之相对的是正规军，他们整体都经过正规训练，各自武功水平差异没那么大。也就是说，这支队伍中没有武功特别好或特别差的人，所以我们就说这支队伍的标准差很小，虽然这支队伍可能没有武功特别高强的人，但从其中随便挑个人出来，基本都比较能打。

这就是标准差的意义。

我们同样用一张图来理解方差（图 1-10-17）。

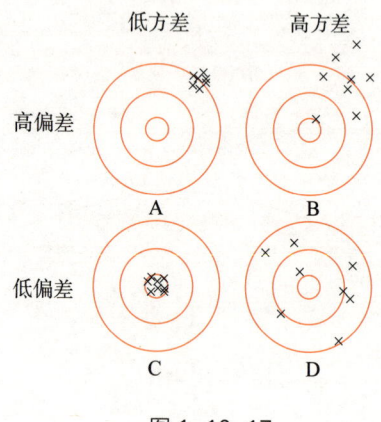

图 1-10-17

假如现在有 A、B、C、D 4 名选手投飞镖，上图就是这 4 名选手分别投出的成绩。其中，B 和 D 两人投出来的成绩是高方差，A 和 C 两人投出来的成绩是低方差。由此，我们就能非常直观地看出方差代表什么了。它代表的就是结果的离散度，具体到这个案例中，就是每个选手投飞镖时发挥的稳定性。

而且，这张图中还将偏差与方差放在了一起，这就给了我们一个新的启发。

这 4 名选手中，得分最高的是 C，第二名是 D，第三名是 B，最后一名是 A（图 1-10-18）。

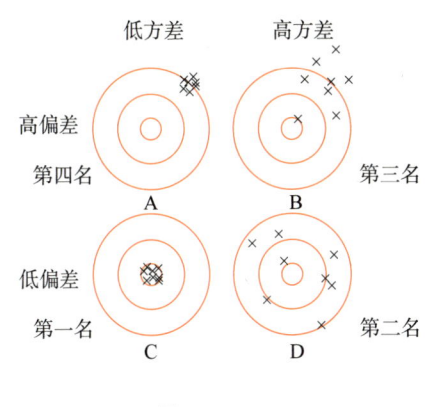

图 1-10-18

这 4 种情况，其实很像我们在生活中遇到的 4 种人（图 1-10-19）。

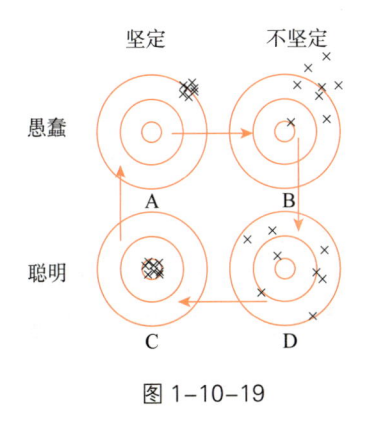

图 1-10-19

其中，第一种人就是得分最高的 C，这种人是坚定而聪明的；第二种人是第二名的 D，不坚定但很聪明；第三种人是第三名的 B，不坚定且有些愚蠢；第四种人就是第四名的 A，坚定但很愚蠢。

毫无疑问，在这 4 种人中，做一个坚定而聪明的人是最好的。但我们更要记住的是，一定要让自己努力避免成为一个坚定又愚蠢的人。

总而言之，不论是贝叶斯公式，还是大数定律，给我们的启发基本都是一致的：在年轻的时候，我们通常会因为眼界的局限，而对世界的理解有所偏颇，容易陷入坚定而愚蠢的状态。这时，我们要学会开放心态，多看到事物的不同方面，从而努力让自己成为一个不那么坚定的愚蠢者。随着我们不断为自己的人生做加法，去拥抱更多的新证据，接纳更多的异常值，我们也会逐渐发现，自己有机会接触到更加聪明的与世界相处的方法，这时我们要学会调整自己，让自己进入到不坚定的聪明状态。最后，我们还要学会为自己的人生做减法，减少那些不必要的耗损，让自己逐渐集中在最能发挥自己能力的那个区域，并产出价值，成为一个坚定而聪明的人。

但是，这还不是人生的全部。我们要明白，随着时代的发展，世界圆心的位置是会不断迁移的。很多人在第一次成功后再难成功，原因就在于他们没有意识到圆心已经迁移，以前自己处于一种坚定而聪明的状态，结果变成了坚定又愚蠢的状态。

为了避免这种情况出现，我们就要学会利用贝叶斯公式，当基础概率发生重大改变时，要逐渐让自己步入下一个循环，打破以前的坚定，回到不坚定，哪怕有些愚蠢的状态，重新调整自己，直至寻找到再一次让自己变得坚定而聪明的方法。

本章小结

1.概率论是反直觉的,我们在理解小概率事件的真实概率的时候,直觉会有重大错误。

2.基础概率告诉我们,就算基础概率很小,但如果新证据层出不穷,最终概率也可能会慢慢变得很大。

3.贝叶斯公式告诉我们,选择比努力更重要。我们既要冷静地看待事物的基础概率,不要被表面现象所迷惑,同时又要在新证据不断出现的时候,及时调整对全局的评估,不能一条路走到黑。

4.大数定律告诉我们,面对问题时,真正有效的应对方法是让自己保持更多的耐心,做更多的尝试。拿到更多数据后,再慢慢总结经验,不要太快给一件事情贴上标签。

5.在人生中,要学会利用贝叶斯公式,不断拓宽自己的眼界,减少对世界偏颇的理解,多看到事物的不同方面。尤其当基础概率发生重大改变时,要敢于打破以前坚守的信仰,做一个坚定而聪明的人是最好的。但我们更要记住的是,一定要让自己努力避免成为一个坚定又愚蠢的人。

11

营销学：其实人人都需要

营销学是一门庞杂的应用科学,其理论变来变去,涵盖的分支领域又包罗万象,完全可以用一个"杂"字形容。下面是10年前我在网上看到的一张营销各大分支的关系图(图1-11-1)。

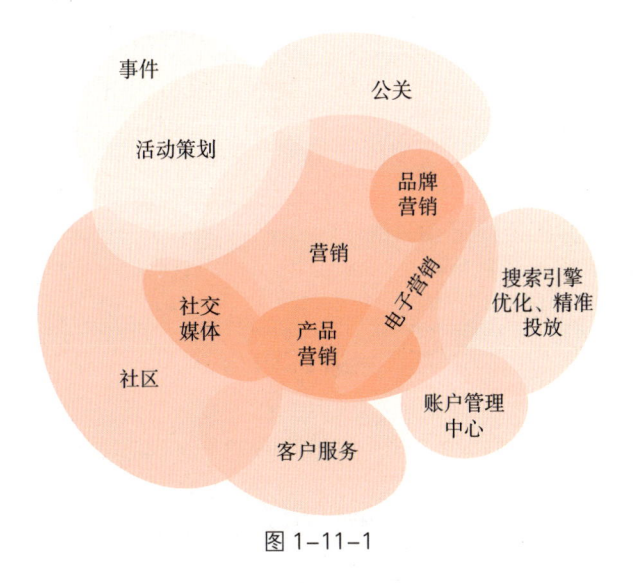

图 1-11-1

其中就包括了品牌营销、公关(Public Relations,PR)、社交媒体、搜索引擎优化、精准投放、客户服务、活动策划等很多个细分方向。而随着移动互联网技术的发展，过去的10年里，又出现了直播购物、私域营销、信息流营销、短视频营销、微商分销、AI电话骚扰等多种新型的营销手段。

营销学的理论基础来自传播学、修辞学、符号学、心理学、网络学、社会学、经济学、信息论等学科。

它是一个应用性很强的学科，所以在营销学里，并没有贝叶斯公式、逻辑斯蒂方程、熵增定律这样普适的模型。

那为什么我还要为大家介绍这个学科呢？

因为在工作和生活中，营销真的很重要。如果说物理世界是由信息和能量组成，那商业世界就是由生产和营销构成。

不管你是做招聘还是运营，做销售还是客服，做媒体还是设计，都跟营销有很大的关联。如果你是工程师或者研究员，也总有一天会面临升职、换工作、自主创业的时候；如果你是学生或者公务员，同样会面临需要申请学校、申请调动、与公众沟通、与领导沟通这样的事情。而这些场景和事情，其实都和营销学有关。

我们可以用三条简单的线索（图1-11-2）来带大家入门这个学科。

需求VS供给
微观VS宏观
国外VS中国

图1-11-2

需求匹配度：被人拒绝背后的原因

我们在工作中被人否定的时候，第一反应往往是质疑自己的工作能力。其实被否定，有时候并非能力问题，通常背后还存在另外的原因。不过在了解这个原因之前，我们需要先了解一下什么是需求。

需求，是整个营销学最关键的基石。虽然听起来似乎没有什么信息量，但请相信我，绝大多数没有从事营销工作的年轻人，在开始工作的 3～5 年，做事情几乎从来不研究别人的内在需求。

比如，年轻的时候，人们总是会把自己的需求当成别人的需求。这跟人类大脑的发育过程有一定关系。我们要到 23～25 岁，前额皮质关于自控的部分才会发展成熟。

因此，很多 20 来岁的同学在申请学校、写文章或报告的时候，总是习惯于不先想受众是谁。然后申请递上去之后，被人接纳就会开心，被人拒绝就会感到挫败。总是觉得是自己不行，但事实未必如此，如果你懂得了营销学的需求原理，就会明白，这其实只是你提供的供给没有满足对方的需求而已。

对于需求的理解，可以说是整个营销学最重要的基石。

痛点需求 VS 爽点需求

在产品设计领域，需求被分为两种：痛点需求和爽点需求。

先说痛点，它其实就是恐惧，恐惧是人类行动最主要的动力。

在脑科学那一章我说过，恐惧感可以瞬间激发杏仁核，进而劫持整个大脑，让我们进入本能行动模式。当我们进入恐惧状态之后，我们只想做一件事情，就是尽一切可能摆脱这种状态。那么，在这个时候我们就产生了巨大的需求。

比如，课外辅导行业，在宣传的时候总是会把辅导和孩子的前途挂钩，从而把家长的恐惧感放大到极致。大家都生怕自己的孩子掉队，害怕影响孩子一辈子的前程，在这种宣传的影响下，很多人都愿意掏钱。这就是典型的被恐惧感驱动所产生的需求。

就像我刚才提到的，如果一个长时间不打扮的朋友开始打扮了，那么有可能是这位朋友最近开始谈恋爱了。因为恋爱期被对方忽视的恐惧感会促使一个人排除万难采取行动，这也是恐惧驱动需求的典型案例。

再说爽点。也就是我们常说的解压，比如，你在工作之余很累的时候，想点一杯咖啡、打一盘游戏，或者是刷刷剧、喝点奶茶，这些都不是恐惧带来的动力，而是缓解身体压力的动力。爽点需求虽然不像痛点需求一样自带强大的动力，但是爽点需求在我们生活中发生的频次更高。

在营销学的经典著作《营销管理》这本书里，作者把需求产生的过程分成了三级。

第一级，需要（need）。比如，人类为了生存和更好的生活，对空气、水、衣、食、住、行等都有需要。

第二级，想要（want）。当人们找到了可以满足自己需要的供给物时，就会产生"想要"。比如你渴了，刚好眼前出现了一瓶水，这个时候你的需要就变成了想要。

第三级，需求（demand）。简单来说就是，你想要的东西恰好能被你买得起的时候,你的"想要"就会转变成真实的"需求"。比如,很多人喜欢看豪宅、豪车或者名媛生活,面对奢侈的生活环境,大多数人都会产生想要的情绪,但因为事实并没有这个财力,也就不会产生营销学意义的需求。

了解三级需求模型,对我们未来的生活和工作是有启发的。比如说你想要升职加薪,就可以考虑以下三点。

第一,你需要通过换位思考,搞清楚受众(也就是公司和老板)现阶段最大的需要是什么。

第二,你要确保自己能展现出满足公司和老板需要的能力或者潜力,这个时候你才能够把对方的"需要"转化为"想要"。

第三,你要明确公司有没有实力支付你想要的薪酬,有没有资源支撑你之后取得更大的成就。换句话说,就是公司有没有能力把想要变成需求,这一步需要你对公司所处的大环境有更多的判断力。有时候你努力争取了半天,结果并不是你不行,而是公司不行,这就很讽刺了。

说完了需求,我们再来讨论一下供给。

占据独特生态位

陷入无差别的过度竞争,是焦虑感的来源。想要获得内心的安宁,占据独特生态位就是一剂良药。而这一点,正好与供给层面最经典的"定位理论"有关。

定位理论,是杰克·特劳特在《定位》一书中提出的。这本 1981 年出版的书,在 40 年后的今天仍然有很多人推荐,可见它里面的确蕴含某些经得起时间考验的道理。

定位理论的核心，简单一句话概括就是占据心智生态位。把一个品牌和一个品类或动作直接画上等号。

比如，今天中国市场上的消费者，想到搜索就想到百度；想到外卖就想到美团或者饿了么；想到牙膏就是高露洁……

这就是定位。

特劳特发现，人类大脑里对特定品类的产品，通常只能记住 1 ~ 2 个。这种现象被称之为二元法则，意思就是说在任何一个细分市场里，最终只能留下第 1 名和第 2 名，而排名第 3 名及以下的品牌很难被别人记住。

这个情况有点像我们之前讲过的幂率分布，第 1 名可能会占据 60% 的市场份额，而第 2 名只能占据 30%，剩下的第 3 名到第 10 名加起来可能也只有 10%。

并非因为它们之间产品质量的差异很大，只是因为人类大脑追求节省能量，对生活里的各种事物，只用很少的脑资源去处理它。

比如，买什么牙膏、用什么软件点外卖、用什么软件叫车，这些都是在我们日常生活中很次要的事情。正是因为它们无足轻重，也就导致了我们一旦建立习惯，就不会轻易再去改变，这也是造成品牌赢家通吃的底层原因。

定位理论给出了打造定位的四步法。

第一步，看清竞争对手是谁，他们提供的价值是什么。

第二步，避开竞争对手很强的区域，找到一个相对空白且自身有优势的差异化定位。

第三步，围绕这个定位打造一系列的支撑点。

第四步，重复再重复，不断向受众呈现第三步打造的那些支撑点。

这四个步骤不仅可以用在公司，放在个人层面也是一样。

使用这套方法论，一个人可以更容易找到自己的定位，而找到自己的定位，是对抗内卷最好的解药。

比如，我有一个好朋友，她在一个大集团从事财务工作。因为从小喜欢艺术，所以审美方面有一定的造诣，而这方面的特点使得她在做财务表格的时候，做得总是比任何人都赏心悦目，经常被拿去在集团高层传阅。参加工作不到 2 年，"做表高手"这个名号就在全集团内传播开来。她后来能够飞速升迁，最后成了财务高管，我想，这跟她起步阶段的差异化定位应该也有一定关系。

影响力和传播力

前面讲了需求和供给，这一节从微观和宏观的角度来讲营销学。

影响力六大原理

微观层面的营销学，涉及很多对用户心理的分析与洞察的内容。从这个角度来说，《影响力》这本书中所研究的内容，能够很好地对微观层面的经济学进行阐述。

这本书研究的是，人类在日常生活中如何无意识地被别人影响，通过一些常见的营销套路的拆解，提出了营销背后的六个核心心理模型，它们分别是稀缺、从众、喜好、互惠、承诺、权威。

第一，稀缺。所谓稀缺，其实就是我们常说的供不应求。在卖方市场，越是稀少的东西，价格越高。这是市场规律，也是约定俗成的常识。但在营销领域，"稀缺"和"稀缺感"是两个不同的东西。很多东西并不是真的稀少，但通过被营造出来的稀缺感，可以带来同样的效果。

我们之前已经讲过，痛点背后的恐惧情绪是最强的消费推动力，而稀缺感引发的就是恐惧。失去东西的恐惧比获得东西的渴望更能激发人们的行动力。因此，稀缺感可以说是今天商业界广泛应用的营销工具之一。我们经常听到限量款和截止日期等，这些其实都是人为营造出来的稀缺感。如果你是业内人士就会明白，卖完的限量款有时还是可以买到；截止的申请日期，有时也可以继续提交申请。这就意味着，稀缺感并不一定是真正的稀缺，而是一种被营造出来的氛围。

再比如，我们对于考试培训的需求，就比自我提升类培训的需求更大。因为考试培训缓解的是对考不过这件事情的恐惧，而自我提升其实只是满足让自己变得更好的渴望。

第二，从众。和稀缺一样，从众也跟痛点需求背后的恐惧感有着直接的关系。原始人类特别渴望被自己的同类接纳，因为在野蛮的原始时期，被接纳意味着生命安全得到了保障。所以"大多数人认同的事情，大概率就是对的"，这是一种植根于人类大脑深处的执念。

当然，从众现象的存在有一个重要的前提，那就是物以类聚、人以群分。和我们不同类的人对我们就没什么影响力。比如，网红奶茶店起步的时候，会找一些穿着时尚的年轻人过去排队，而不会找广场舞大妈。因为奶茶店要吸引年轻人，而广场舞大妈不是年轻人的同类人,所以她们没有办法激发年轻人的从众感。

美国广告界有一句经典名言:"**大众消费者中,有自己想法的人只有 5%,剩下的 95% 都是模仿者。**"所以,运用从众心理影响用户行为这件事情,在商业界的案例比比皆是。比如以前的情景喜剧,喜欢在各种段落插入观众的笑声,去引导其他观众发笑;电视广告也喜欢宣传商品的销量,以提升消费者的购买意愿。

如果把稀缺和从众原理结合在一起,会带来更好的营销效果。比如,你在看直播带货的时候,仅仅是因为这个东西属于限量优惠,只有 500 件;再加上一起看直播的人都在买,数量越来越少,这时你就产生了购买的冲动。心想:反正也不贵,先拍下来再说,不行可以退货。这就是促销屡试不爽的套路。在这里,它应用的是稀缺和从众这两大原理。

不过到了信息时代,把大众看成一个消费群体的理论已经过时了。现在的年轻用户,再听到情景喜剧当中插入的笑声,非但不会从众地去发笑,反而会觉得特别老土。但这并不表示,人类从众的本性已经消失。实际上,随着族群越来越碎片化,从众的范围只是逐渐从大众变成小众。年轻人渐渐只相信和自己同类的群体所认同的东西,这就是网红酒店、网红咖啡馆、网红餐厅抓住的新方法论。

通过营造一个细分人群都在讨论或者购买的氛围,激发小众人群的从众效应,这一点跟接下来的第三点原理也有很强的关联性。

第三,喜好。 我们喜欢跟自己相似的人在一起工作、交流,甚至生活。不管是同乡、同学、同个性、同星座,甚至是同龄,都可以成为人际关系的加分项。因为我们最喜欢的人其实是自己,我们喜欢那些能够证明自己正确的人和观点,同时,我们也讨厌那些证明我们是错的人和观点。

比如,理科生会天然地更喜欢"读理工科更有前途"的观点;比较阴柔的男生,天生就反感那些讨厌"娘"这个词的男性;从事新能源行业的人,更喜欢转发"碳中和"或者"新能源汽车崛起"的新闻;但从事石化行业的人,会更喜欢转发那些"新能源汽车是泡沫",或者"环保是政治阴谋"这类观点。

对于很多人和事,我们喜欢的底层原因,首先是因为他或者它,证明了我们存在的合理性。理解了这一点,也就理解了销售从业者最重要的法宝——让自己表现得和客户像是一类人。

比如,有的销售会去读很多大学的学位,这样他就可以跟无数的人成为校友;而有的销售会在唱歌,打游戏,打羽毛球、网球、高尔夫球上都学一点儿,其目的就是为了有机会跟不同的人找到共同的兴趣爱好。由此可见,能说会道从来就不是做一个好销售的关键,投其所好才是销售这个行业的核心。

《影响力》的作者举过一个很经典的例子。美国历史上销量最好的汽车销售员,最关键的法宝只有四个单词组成的一句话,就是对每一个客户说 I like you, because...(我喜欢你,因为……)。大家可能会觉得这个套路过于直白,但实际上如果他的理由足够充分,我相信没有人会不喜欢自己被别人欣赏的。

第四,互惠。简而言之,当你接受了别人的赠予,就会有一种想要回报对方的本能,这就是所谓的互惠原理。比如,超市里的免费试吃、星巴克免费品尝新品、奶茶店开业免费试喝等活动,其实都是互惠法则在商业领域的应用。

哺乳动物是对施予非常敏感的动物，而人类又是其中最为敏感的物种之一。考古学家理查德·李奇认为，"正是因为有了互惠体系，人类才成为人类。""欠债网"是人类的一种独特适应机制，有了它，人类才得以实现劳动分工，交换不同形式的商品和服务，让个体相互依赖、凝结成高效率的单位。

所以赠送礼物可以建立人际关系这件事情，的确是从古至今都非常适用。不管科技社会多么发达，很多人性是万年不变的。这一点，在讲人类学的进化迟滞现象时，我也提到过。

第五，承诺。互惠原理利用的是人与人之间的人情心理，而承诺原理利用的是每个人自己的思维与行为的趋同心理。人类天生有一种要保持言行一致的愿望，也就是说一旦我们表明了立场，就会不自觉地要去维护它。

这一点在公关界有很多典型案例，比如，名人出了负面新闻，所在公司的回应一定要足够及时。否则一旦时间拖久了，即便最终证明是被诬陷的，那些早先已经在网络上公开表达过愤慨的人，还是不会轻易改变自己的态度。

因为已经公开表达了愤怒的人，实际上就等于做了一个承诺，而一旦做出承诺，人类的本能会要求他保持言行一致。所以时间拖得越久，网上公开表明态度的人就会越多。墙倒众人推，一旦做出负面评判的人数达到一定水平，即便事实摆在面前，也是覆水难收，很难扭转大众的看法。

我们在投资股票的时候，也会有同样的问题。有的时候一只股票，我们在买之前并没有觉得多好，一旦买了之后，就会突然看到它有很多的优点，然后不自觉地加仓。

再比如，人生的第一个奢侈品，对你的影响往往是巨大的。你会更愿意去了解这个品牌背后的历史，它为什么这么好、为什么值这么多钱,这就会为你后面买更多埋下伏笔。这些,其实都是承诺原理在发挥作用。

很多营销团队,也利用了承诺原理所带来的言行一致效应来进行管理。比如,让员工在其他同事的见证下,写下自己的工作目标,把个人的目标变成一个公开承诺。之后该员工为了保住自己的颜面、为了完成这个承诺,自然会积极主动地去努力工作;在商业交易的时候,团队也会先让对方在某些没有法律效力的意向书上签字,做出一个不痛不痒的承诺。然后利用对方言行保持一致的本能,增加谈判的筹码。

第六,权威。权威原理和承诺原理类似,都是我们内在追求稳定感和秩序感的表现。但不同的是,承诺是我们对自己认知的追随,而权威是我们对权威人物的追随。

所谓权威效应,简单来说就是,我们会下意识地服从来自权威人物的指令。比如,我们会莫名地更加信任穿白大褂的人的健康建议,这一点在老年人身上尤为明显;对于穿警服的人的话,我们会更加集中精神去听;对于来自著名大学的教授和博士,我们会觉得他的观点更可靠,等等。

从人类学的角度来说,权威崇拜其实更像一种文化现象,而不是生物本能。主要因为从小到大的经历告诉我们,遵从家长和老师的建议,会让我们过得更好。这种正向反馈的闭环,日积月累,最终形成了我们对权威的信赖感。

当然,对权威的追随并不是坏事。整体而言,在一个文明社会里,一个热衷于对抗权威的人,通常会生活得非常艰难。换个角度来说,服从权威,多数情况下能够节约我们的生存成本。但前提是,我们服从的权威,是真正的权威,而不是权威感包装下的伪权威。

比如，在营养品领域，各种所谓的权威"背书"骗局层出不穷；在诈骗领域，利用公安局的权威感实施诈骗的例子也很多；在畅销书领域，通常只要挂上哈佛、斯坦福的名号，就会更加热卖；在品牌领域，欧美品牌的制高点效应，也给他们带来了长期的权威溢价。但实际上，这些所谓的权威，只是营销的噱头而已。想要在这方面避免被权威效应割韭菜，方法也极其简单：只要心里多打几个问号，就能对我们有很大帮助。这一点，也同样适用于另外那五个特性。

其实，我们并不需要成为销售心理学的专家，仅仅知道影响力的这六大原理，就足以帮助我们避开很多陷阱。

弱传播假说：舆论世界越弱的东西越好传播

前面说了微观，接下来看宏观层面。

在这方面，有一个理论给我留下了深刻的印象，那就是**"弱传播假说"**。

"弱传播假说"是厦门大学邹振东教授在《弱传播》这本书里提出来的概念。他认为，在舆论世界，越弱的东西越好传播。

这一点很像自然界中的定律：弱电可用于信息传导，强电却更适合成为动力能源；风好传播，但山不好传播；水好传播，但石头不好传播；花粉好传播，但大树不好传播。总而言之，利于传播的东西都是弱小轻微的东西。除了我刚才提到的八卦以外，吐槽和小人物逆袭的故事等也属于这个范围。

邹教授罗列了现代舆论世界的四条规则：

弱者优势：意思是在现实中的弱者，在舆论世界里反而容易成为强者。

情感强势： 就是在舆论的世界里，大众的情绪，比大众的理智更能影响舆论的方向。

轻者为重： 就是越轻的内容，越好传播。

次者为主： 意思就是往往非主流、非正统的内容，会更容易获得点击和观看。

这四点实际上非常符合当下的现实，在舆论世界里自吹自擂、彰显自己厉害、表现得很刻意的精英，会让人产生本能的反感。如果蜜雪冰城的MV不是那么亲民、魔性，而是很有品位，用歌剧《蝴蝶夫人》主题曲的旋律来取代，这首主题曲大概率不会流行起来。

再比如，那种表现自己很高大，整天说自己很帅的UP主，往往不会得到大家的认可；反而是那些羞涩的、自嘲的、没有攻击性的，或者是会搞砸、有缺点、有口音的UP主，往往更加受欢迎。这些现象都符合弱传播假说。

那么，为什么现代舆论世界运作的原理是这样的呢？想要回答这个问题，就要回到"现代性"这三个字。从人类学的角度来说，本质上，我们远古的身体其实并没有完全适应现代社会的运行节奏。我们的身体，既不是为了"996"这种高强度的工作模式而进化出来的，也不是为了应付考试而进化出来的。

现代竞争的压力会让身体系统产生大量的熵。而看高质量男性、鬼畜视频、吐槽、小姐姐跳舞、娱乐八卦等内容的时候，我们通常都是解压的。因为在这个过程中，我们可以得到优越感。

最深层的认可，往往伴随着共鸣

要说营销学最核心的精华，应该是品牌理论。这方面我想分国外方法论和中国方法论两个维度来分别展开论述。

品牌本质上是一种心理符号

现在国内的市场上，越来越多的自主品牌开始出现，我身边有很多个体经营的小伙伴，都曾想过做一个属于自己的品牌。我想这应该是因为中国人的文化自信开始全面觉醒，同时西方品牌在中国的光环效应正在减弱。

所谓品牌，本质上是一种心理符号，它跟特定国家和民族的社会文化、符号资源、语言体系都息息相关。这些方面，东方和西方其实存在巨大的差异。过去很多年，因为西强东弱的现象很明显，所以我们会不自觉地去适应西方品牌界定的游戏规则；但随着东西方实力趋向均衡，中国品牌也越来越能找到符合东方文化特性的品牌形式。

近些年崛起的国货品牌，其中有很多就是从东方文化资源里汲取了养分。对于未来有志于研究如何在中国做品牌的朋友，我推荐一本书——蜜雪冰城和西贝莜面村两个品牌背后的操盘手、华与华公司创始人华杉、华楠写的《超级符号就是超级创意》，非常值得一读。

在这本书中有一个观点：品牌应该回到人类几千年文化的符号宝库里，去寻找创意素材。尽量利用我们在集体潜意识里就已经默认的那些符号去做再加工，而不是自己凭空创新。

对于这个观点，我也深以为然。在观念传播的过程中，一般情况下输出端发出的信号强度如果是 1，那么到了接收者那边肯定会有传输损耗，1 最终可能只剩下 0.7。很多品牌毕生的努力，就是希望把这个 0.7，变成 0.9，减少传输损耗（图 1-11-3）。

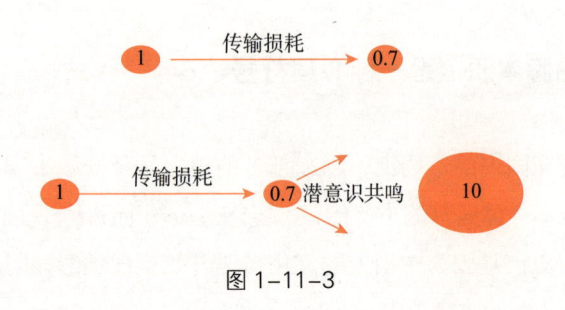

图 1-11-3

其实有一个更好的办法，就是利用人类在生物进化和文化浸泡之后，潜意识里可以理解的文化符号。让这些符号跟剩余的 0.7 观念产生共鸣，最终在接收者的大脑里将这种观念放大，把之前的 1 变成 10。

比如，我们看到红黄绿三个圈放在一起，就会联想起交通指示灯。这就是人类共同的符号共识，这种本能反应是不需要设计者去教育用户的；而 MAC 电脑的按钮就参照了交通指示灯的红黄绿这 3 种颜色。当你看到电脑上这三个颜色按钮，只要用过一次，几乎就会本能地记住它的用法。而这些，就是利用潜意识很好的案例。

再比如美团单车的产品设计，之前收购摩拜的时候，单车原本是红色配白色的设计，美团耗费巨大的成本，改成了以黄色与黑色为主的设计。

为什么要这么做呢？理由很简单，因为黄色、黑色的颜色组合最抓人眼球。从进化心理学的角度,人类在远古时代,其实早就发展出了能够甄别黄配黑的能力,因为老虎、猎豹、蜜蜂都代表了危险。在长达10万年的进化历程中,这种危险甄别能力已经深深刻入我们的视觉系统里,所以我们总是一眼就能认出这个颜色组合。

当然,理解这个原理的肯定也不只有美团,比如泡泡玛特的自动售卖机,也是黄配黑的颜色搭配。

原理是共通的,符号也是共同的。即便是同一个符号语言,应用在不同的领域,也同样能取得促进品牌观念传播的效果。

无论是做正式沟通、推销一个想法,或者是申请一个项目,把谈话对象的文化背景了解清楚,作用是非常大的。因为如果你传递的信息能够跟对方已有的记忆产生共鸣,就可以大大增强你的传播效果。

品牌共鸣金字塔

既然谈到共鸣,我们不妨回到国际维度,去深入探讨一下这个话题。在国际营销理论当中,有一个叫品牌共鸣金字塔的模型(图1-11-4)。

这个金字塔是一个从下而上,从简单、单一逐渐过渡到复杂、综合的完整系统,对于一个品牌而言,每个层级都有需要回答的核心问题,以及关键任务。品牌共鸣金字塔的模型一共有四层。

第一层:认知,你是谁?

在金字塔的底层,品牌要解答的核心问题是"你是谁?"

也就是一个品牌的显著性，用户看一眼就能大概知道你是属于什么品类，是餐饮、旅游、还是化妆品等。

品牌共鸣金字塔

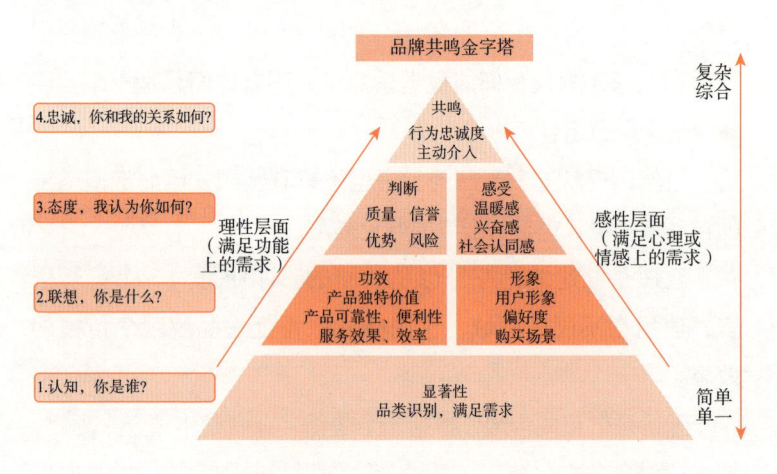

- 4.忠诚，你和我的关系如何？——共鸣：行为忠诚度、主动介入
- 3.态度，我认为你如何？——理性层面（满足功能上的需求）：判断、质量、信誉、优势、风险；感性层面（满足心理或情感上的需求）：感受、温暖感、兴奋感、社会认同感
- 2.联想，你是什么？——功效、产品独特价值、产品可靠性、便利性、服务效果、效率；形象、用户形象、偏好度、购买场景
- 1.认知，你是谁？——显著性、品类识别，满足需求

复杂综合 ↔ 简单单一

图 1-11-4

第二层：联想，你是什么？

这一层需要解答的核心问题是"你是什么？"从这一层开始，金字塔被切分成左右两边，左边是理性层面，右边是感性层面。在第二层左边，是一个品牌的功效，比如提供了可靠的性能，或者是优质的服务；第二层的右边，是一个品牌的形象，比如，我们上文提到的美团单车和泡泡玛特售货柜，它们的颜色选取、形状设计都属于这一层。

第三层：态度，我认为你如何？

这一层，需要解答一个消费者对品牌的评价问题。在理性层面，就是一个消费者对品牌的质量、可靠度、主要优势这些方面的心理评判；而在感性层面，就是一个消费者觉得这个品牌给自己的整体感觉如何，比如是感觉温暖还是时尚、是高大上还是接地气。

第四层:忠诚,你和我的关系如何?

从第一层到第三层,涉及的用户感受越来越复杂,但在这三层里,用户和品牌之间还是彼此分开的。到了第四层,用户和品牌产生了深入的连接,二者之间达到高度的共鸣。某种程度上,用户会通过使用这个品牌,告诉别人它是谁。

在这一方面,有不少奢侈品牌、潮牌和生活方式的品牌,都达到了这个高度。典型的例子有苹果和这几年很火的瑜伽服品牌 Lululemon(露露柠檬),它们都属于达到了第四层的品牌。

了解这个模型给我们的最大启发是,跟用户达成共鸣,让他愿意用你来代替自己,才是一个好品牌的最高境界。

本章小结

在这一章节,我为大家介绍了营销学最重要的基石,那就是理解需求。还讲了著名的"定位理论",影响力的六大要素:稀缺、从众、喜好、互惠、承诺以及权威。

除此之外,还有"弱者为王"的弱传播假说、品牌的符号学原理和品牌共鸣金字塔,希望这节课能够对大家有所启发。

1. 营销学最重要的基石是理解需求。

2. 通过定位理论,找到自己的生态位,是突破同质化内卷竞争的关键。

3. 在传播学里"弱者为王",越是弱小轻微的东西,越有利于营销内容的传播。

4. 所谓品牌,本质上是一种心理符号,它跟特定国家和民族的社会文化、符号资源、语言体系都息息相关。

5. 跟用户达成共鸣,让他们愿意用你来代表自己,才是品牌营销的最高境界。

12

历史学：以史为镜，正人衣冠

将"历史学"作为标题,在专业人士看来可能不太严谨,因为在他们的眼中,读历史和研究历史学其实是完全不同的。不过在这里我不准备带大家去探讨关于古今中外历史中的诸多细节,因为这是史学专家们要做的事。而我读历史最大的目的,就是试图探寻人类社会在发展变化中的一些规律。正如《旧唐书·魏徵传》中说:"以铜为镜,可以正衣冠;以史为镜,可以知兴替。"所以,我接下来要和大家分享的是那些曾给我的生活与工作带来启发的,有关历史兴替的历史学模型。

历史其实是一张大拼图

美国未来学家约翰·奈斯比特在其著作《定见未来》中提出了关于历史的拼图模型,他认为,人类历史的发展并不是像一条马路一样一直向前。更像是一张大拼图,这里拼一块,那里拼一块。

这个世界上发生的很多事彼此之间似乎毫无联系。但是,当拼图越拼越完整的时候。它们之间就会突然间出现某种清晰的脉络，仿佛这个趋势和转折点是瞬间出现的一样。

拼图模型的规律在我们身边很常见。比如 2021 年，中国提出推动"共同富裕"的时候，很多人都认为"共同富裕"的说法好像是突然之间出现的。但事实上，早在 2009 年，中国因反思西方金融危机而开始实施的精准扶贫、限制货币扩张、完善社保机制等政策，就已经在拼凑"共同富裕"的这张大拼图了。

不过普通人很难注意当时媒体报道不多的这些信息。

因为人类的本能，是通过线性的方式去推演世界。这与我们 1 万年前的祖先对变化的感知是相吻合的。在他们生活的年代最容易被观察到的就是：日出—日落—再日出，打猎—烹饪—再进食，春、夏、秋过去了就是冬天。这些都属于线性变化。这使我们自然地认为这是一个线性发展的世界。

通过线性思维的方式观察世界看似合理，但它却是人们探索历史规律的大敌。

在历史课堂上，老师习惯于按时间顺序来向我们讲解历史，而我们同样也会按照时间顺序来背诵历史。但历史的发展却是迂回曲折、反反复复的，并且涉及方方面面因素的相互结合。这个世界何止是一张简单的二维拼图，它应该是一张拥有几十个维度，根本无法描绘的超大拼图。

其实，大家不妨仔细想一想，不止是世界发展，人生又何尝不是由我们的体力、智力、财力、父母、朋友圈、学校、城市、国家趋势等众多不同碎片共同构成的一幅庞大的拼图呢？

这个拼图模型给我的最大启发就是，平时我在思考或做决策的时候，喜欢把影响我未来发展的各种因素逐一写在独立的卡片上，并在桌子上将它们不断打散、组合、新增、删除。通过这种方法，往往可以使我更快地发现自己当下的思维盲区，从而对自己的未来进行更加全面系统的分析与规划。

顺便说一下，我发现一个叫作 Grafio4 的软件，用来做这种碎片思维整理很合适，也推荐给大家。

分久必合，合久必分

对于分合模型，我想大家都不会感到陌生。没错，这是《三国演义》教给我们的历史模型，在《三国演义》开篇的原文中说：

> 话说天下大势，分久必合，合久必分：周末七国分争，并入于秦；及秦灭之后，楚、汉分争，又并入于汉；汉朝自高祖斩白蛇而起义，一统天下，后来光武中兴，传至献帝，遂分为三国。

这短短的 68 个字，总结了中国四个朝代的分合规律。这种观点与西方史学大师汤因比在《历史研究》中提出的："分散、统一、再分散、再统一"的历史演变模型如出一辙。

历史分合无国界

世界上很多国家的演变都符合历史的分合模型。比如，古希腊原本不是一个统一的国家，它是由几百个大大小小的城邦组成的文化共同体。最初，由于生产力不发达，各个城邦之间都各占"山头"，没有什么交集，其中最著名的城邦当属雅典与斯巴达。但随着文明进步与生产力的提高，各大城邦开始扩张自己的势力，渐渐产生了交集和摩擦，最终出现了战争。

公元前4世纪，来自西北部的马其顿王国统一了整个希腊。然后罗马崛起又征服了马其顿，再后来，强大的罗马繁荣了几百年，又遭到了北方蛮族入侵，让它又重新回到分裂状态。从这以后，分裂和聚合的循环便成为整个欧洲大陆上的常态，直到第一次世界大战、第二次世界大战爆发前，整个欧洲的版图还在不断重构。

到1993年，欧洲各国开始组建欧盟，才逐渐形成理论上相对统一的欧洲。

一旦重新聚合在一起，就又会有新的离心力。比如，2016年英国决定退出欧盟就是最好的证明。

因此，不管是东方还是西方，分合迭代的趋势总是在不断重演。

分合的世界仍在继续

那么，分合模型给我们的启示究竟是什么呢？我们不妨试想一下，开始于20世纪70年代轰轰烈烈的全球化运动或许只是人类分合大趋势（大循环）中的一个片段而已。如果未来几十年，全球的大趋势不再是一体化，而是回到分散化和区域化，也不会令人感到惊讶，因为这只是在分合过程中注定要发生的事情而已。

中国经历了百年动荡,从军阀割据的大分状态,到今天国家和国民高度协同的大合。从大历史趋势来看,今天中国"合"的力量还在不断增强。而美国在经历了百年融合以后,"分"的趋势也越来越明显。

历史动静循环

历史学大师汤因比在他的著作《历史研究》中,还提出了另外一个模型——动静循环模型。他发现,一个文明一旦繁荣稳定下来,就会逐渐成为静态文明。处于静态文明的社会,通常生产效率就会提高,而且能够创造出丰富的文明成果。但是,静态文明的既得利益者会因稳定的国家状态而变得保守,同时社会阶层也会逐渐固化,文明就会因此而失去活力。这时,一个上升的、不稳定的动态文明会以挑战者的身份出现,但是双方并不会很快就发生你死我活的冲突,而是会共存很长的时间。在这段时间里,动态文明虽然不断有抢占静态文明生态位的欲望,但是由于自身发展程度不及静态文明,所以很难有所作为。

这种情况会持续很长时间,这也被称之为文明对峙状态。直到时间慢慢发展,双方强弱逐渐均衡。这个时候新生的动态文明就可能会等到静态文明出现某种失误,从而一举扭转双方强弱局势。进入下一个阶段,然后开启下一个动静循环。

在中国的朝代更迭中,有很多动静循环的案例,比如,元朝与宋朝的更替、清朝与明朝的更替等,都是落后的动态文明成功挑战先进的静态文明的结果。

而在欧洲，当早期的罗马人作为挑战者出现时，他们表现出的特点是整体尚武、文化层次不丰富、内部阶层流动顺畅，这些都是动态文明的特征。可是当他们开始大量在各大城市中定居，逐渐演变为热衷于开展奢华活动、享受生活的罗马人以后，罗马就从动态文明变成了静态文明。而这时，北方处于半游牧状态的日耳曼民族，作为落后的文明开始兴起，他们长期过着游牧打猎的生活，整个民族全民皆兵，与曾经的罗马一样是典型的动态文明。他们与当时已经成为静态文明的罗马帝国展开了长期的文明对峙。最终经过几百年的消耗，终于等到罗马帝国内部崩溃的时机，一举将其攻克。

文明对峙：大国竞争的真实状态

前面我们提到文明对峙这一概念，这同样是汤因比提出的一个概念。他认为，其实历史上两个相互竞争的文明之间，最常见的状态既不是战争也不是和平，而是对峙。这种文明对峙，在古代可能是以军事边界为标志，比如，古代中国的万里长城与古罗马的哈德良长城等。

而在现代，文明对峙也很常见，这种文明对峙主要表现为国家之间的深度结盟，甚至是彼此对抗的经济共同体的形成。比如，冷战时期北约与华约之间的对峙。

如同一座宏伟的长城之下，内河与外河之间的暗流涌动一样。这也是对峙的一般规律。

历史中的适度挑战

如果两个文明之间长期处于对峙状态，那么文明就会时刻感受到来自对方的挑战。这种挑战会给整个社会造成怎样的影响呢？这就要讲到汤因比在《历史研究》中讲到的另一个历史模型：适度挑战模型。

适度挑战模型

在《历史研究》中，汤因比列举了古埃及、苏美尔、古代中国、玛雅、安第斯、米诺斯、古印度、阿拉伯、复活节岛、新英格兰、古罗马等各种文明的起源和发展过程，得出了一个非常简单的结论：适度艰苦的挑战，通常有利于一个文明的发展与壮大，而绝对安逸的环境则会让一个文明裹足不前直至衰亡。

当然，挑战需要是适度的，如果挑战过于强烈，一个文明也会崩溃。比如，从人种的角度来看古代中国，从黄河到雅鲁藏布江，从青藏高原到中国东海岸，人种的差别都不大。但在所有的环境之中，中华文明的起点既没有发生在最富足安逸的地区，也没有发生在最贫瘠艰苦的地区，而是发生在相对艰苦的黄河流域。

如今，我们也能轻易地感受到适度挑战所产生的效果。

比如，早年间中国移居海外的侨民，他们处在一个与祖国文化差异巨大的环境之中，承受着严酷的挑战，但他们大多用两代人的时间便在当地找到了致富的机会。在这个群体之中，当属移民东南亚的华人群体积累财富的速度最快,社会地位的提升也最为明显,这同样符合适度挑战模型。移民东南亚对华人的挑战是适中的,与之相比,移民澳大利亚与移民美国加州的华人由于生活压力过大,所以在当地的发展整体上都不及东南亚的华人。

与适度挑战相反,安逸的环境和丰富的资源会对文明的活力造成伤害。比如,如今的中东地区由于石油资源丰富而陷入资源诅咒,这就是安逸的环境造成的活力缺失。

同样的情况在古代的西方也很常见,比如在古代的意大利,罗马平原环境恶劣,但北方的加普亚平原却是一个物产极为丰富的地方。当罗马人从恶劣的环境出发,不断对外征服的时候,加普亚人却一直留在家乡,被一个又一个邻国统治。在安逸的环境下,加普亚人形成了一种高度利己主义又毫无反抗精神的文化特性。他们在罗马统治期间,面对当时罗马最主要的敌人——迦太基的汉尼拔军团时,加普亚人完全不做抵抗,直接选择了投降,将罗马人气个半死。更有趣的是,战无不胜的汉尼拔军团,在加普亚度过一个安逸的冬天之后,竟然在第二年的夏天变得士气涣散,之后的作战竟连连失利,温柔乡终变成了英雄冢。

用历史学家讲故事的方式来解释适度挑战模型,可能还不够,我们可以再跨界到其他学科看这个模型的普适性。

我们从管理学中的压力与产能函数模型中,可以看出适度挑战模型的作用(图1-12-1)。

这个函数图形所表达的意思是:人在安逸的环境下,产能会变得很低;而人在过高的压力下产能也会减少;只有在中高度压力下,产能才会达到高点。这符合适度挑战模型的原理。

图 1-12-1

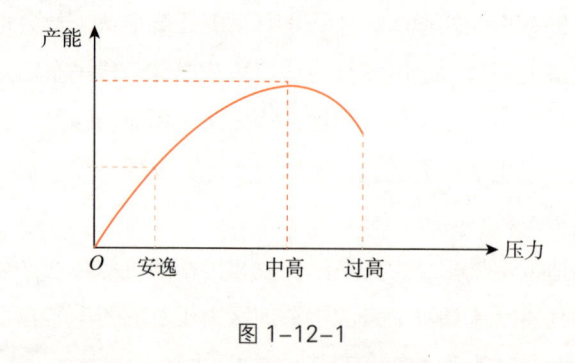

而在认知心理学领域，探究记忆力规律的耶克斯－道森定律（图 1-6-16），一样可以证明适度挑战模型的规律。

耶克斯－道森发现，人在低压力状态下的记忆效率很低；而在超高压状态下，人也会因为太过紧张而无法记忆；只有在中度压力状态下，人类的记忆表现才是最好的。这与适度挑战模型所要表达的观点如出一辙。

如果将适度挑战模型转换到投资学领域，就对应着著名投资人纳西姆·塔勒布在《反脆弱》中提到的一个重要思想。塔勒布认为，如果想要使自己变得强大，那么最好的方法就是——主动让自己适度接受一些挑战和伤害，然后休息恢复，形成循环。

如果换到生物学的角度来看，我们做增肌运动时，先要刻意让自己的肌肉承受压力，忍受轻微的肌肉伤害，然后再补充蛋白质和碳水化合物，同时进行适当休息。如此不断重复，就可以让肌肉变得越来越强壮。锻炼身体、锻炼大脑、锻炼意志力，甚至是锻炼勇气都遵循类似的规律。所以历史的适度挑战模型适用的范围非常之广。

每当我看到不同学科的证据都指向同一个规律的时候，这种规律在我的心中的分量就会变得非常重。既然这个规律可以通过多学科交叉验证，通常说明，它更接近于底层原理。

如果明白了适度挑战模型中的道理，也就会明白，今天的博弈，可能是对中国文明发展的又一次重大促进，因为这种博弈符合适度挑战模型。如今的挑战对中国来讲，既不像"美苏冷战"时那样严苛，也不像全球化风行时那样友好。这样难度适中的挑战，既不会让我们承受过高的压力而崩溃，也不会让我们因为没有压力而懈怠。而如何利用好这样的压力，是我们国家未来能走到何种高度的关键。

竞争与选择模型

历史学家威尔·杜兰特认为，历史只是生物学的一个片段，所以历史学同样也会被生物学的基本法则支配。这就涉及他在《历史的教训》一书中提到的历史学模型——竞争与选择模型。

生命即竞争

在远古时代首先考验人类的是弱肉强食、适者生存的生物法则。而在人类进入文明社会以后，民族与民族，国家与国家之间也在不断发生类似于适者生存的循环。

直到进入现代社会，我们作为一个社会个体已经不用担心自己出门时会受到野兽的攻击，也基本不用担心遭受其他国家的侵略。但是我们要明白，和平国家之所以能免受这些挑战，是因为我们所处的大环境保护了我们。

虽然如此,"生命即竞争"这个基本原理并没有改变。过去的竞争经常是充满暴力的竞争,而如今,国家与文明之间依然在产业主导权、贸易规则、技术标准、媒体话语权等很多领域进行着没有硝烟的对抗。

你说只有竞争没有合作吗?当然不是。

整体而言,全人类确实在不断地加强合作的深度和广度。

但合作永远都是加强竞争力的一种手段。

竞争与合作的关系,也会随着对象的改变而不断发生变化。比如,个人、班级、学校、城市、国家、全球,这是一个层层递进的多级系统。当焦点不同时,他们之间的合作和竞争的关系就会不同。

在同一个年级中,班级与班级之间是竞争关系,但是如果上升到学校与学校比较的层面,班级之间就变成了合作关系。

如果上升到不同城市学校之间的比较层面,那么,同城市的学校之间就会变成同盟关系。

如果再上升到国家比较层面,那么,城市与城市之间又会变成同盟。

以上说的是宏观层面,其实微观层面也一样。

我们身体的肠道菌群也有竞争关系:某一类菌群优势增多,其他菌群就会被压制。

大脑中的神经元其实也在竞争链接资源,分配给某一个技能领域的神经元链接多了,与它们相邻领域的一些潜在链接就会自然消失。

可见,竞争其实是无处不在的。

竞争比合作更贴近底层规则

为什么在人类社会中,竞争是比合作更底层、更稳定的形态呢?

这一点我们可以在心理学中找到答案。人类进化伊始,面临的是一个物质匮乏的世界,野兽与自然灾害时刻威胁着人类的生存。所以,避免灾祸的能力远比探索未知的能力更加有用。

恐惧驱动竞争,渴望驱动合作。恐惧的驱动力要比渴望的驱动力更大。

明白了这一点,我们就能深刻地理解为什么竞争是合作的底色。

大自然的运作从来都没有遵循过人人生而平等的理念。"天地不仁,以万物为刍狗"才是大自然所遵循的法则。人生来就是不平等的,我们会受制于生理上的遗传因素、特定的家庭环境、特定的文化氛围和不同的习俗与传统的影响,甚至我们的肠道菌群都会受到母亲菌群的极大影响。

所以大自然的底色并不是公平,而是差异。有了差异,大自然才能够进行自然选择。

社会规则也同样趋于强者越强,因为社会也同样希望能获得更大的回报。这就意味着人类社会具有放大不公平的内在动力。

如果一个社会完全追求一种自由主义的运作规则,最终就会形成社会达尔文主义,产生强者愈强、弱者愈弱、贫富悬殊的社会现象。所以,如果一个文明想要长期存续下来,就一定需要顶层设计不断地刻意调节贫富差距,引导社会秩序,而不是让社会放任自流。

技术文明因果模型

一项技术的发明,或是一个新的科学理论的产生,是一个社会性的现象,而不是某一个英雄人物单打独斗、孤军奋战的结果。汤因比将这种观点总结为历史的"技术文明因果模型"。

先进文明是技术发展的底层原因

可能有很多人都认为瓦特是蒸汽机的发明者,但你知道吗,早在瓦特蒸汽机出现以前,英国、法国等欧洲国家就已制造出了蒸汽机的原型。而瓦特只是将蒸汽技术从一项小众技术,改良成为可以大规模应用于工业领域的大众技术。

即便是改良,瓦特也并非单打独斗,他在 31 岁时便加入了当时众星云集的月光社。在月光社中,瓦特结识了许多充满斗志的年轻发明家。正是在社群的协作下,优柔寡断的瓦特才能够研发出相对成熟的蒸汽机技术。

但要想让一个新鲜事物真正被大众熟知,仅仅有技术的发明是远远不够的,还要有社会大环境的推波助澜。当时的英国,城市化发展得如火如荼,居民对日用品的消费高速增长,而煤炭作为能源也已经具备大规模开采的条件。这么多个因素重复叠加,才使得蒸汽机这种划时代的生产工具,可以在英国大规模普及。

蒸汽机的改进是先进的社会文明孕育出的先进技术。 类似的案例还有很多,比如在爱迪生发明电灯以前,英国的汉弗莱·戴维、德国的亨利·戈贝尔都曾实现过可以运作的电灯。爱迪生购买了他们的发明专利,然后进行大幅的改良,才让这项技术从小众发明成为可以实现大规模商业化的产品。而他之所以能够成功，主要得益于当时美国高速发展的城市对电与照明的庞大需求。

电话的发明故事就更加有意思了，贝尔在1876年2月14日申请了电话的发明专利。但仅仅在他提出申请2小时之后，一位名叫格雷的人也提交了一份电话发明申请，这种戏剧性现象充分说明，当时在美国，发明电话的社会时机已经相对成熟。

美国作家伯伦在《创新的神话》一书中系统地研究了技术发明与社会环境之间的关系。作者发现，人类历史上很多所谓的重大发明，其实是发明家在一个合适的社会环境中，为一项新技术拼上了最后一块拼图。作者在书中列举了从牛顿到爱因斯坦的科学理论成果，又提到了键盘、手机、GPS系统、鼠标、电脑操作系统的发明，无一不符合这样的规律。这也和"历史是一张拼图，而不是一条道路"的观点相吻合。

更大的市场孕育"后发先至"的技术

如今，有很多人担心，中国的基础科研能力在短时间内很难追赶上美国。

而在100年前，美国在技术上追赶欧洲时，有一个有趣的现象：当时很多先进技术都是先在欧洲被预言出来，甚至在欧洲已经研究出了技术雏形，但因为美国拥有更加追求科技创新的群众基础、更大的市场、更多的大型城市和更多的公路，最终使得美国在汽车、电话、电网等这些高科技发明上后发先至。

而今天我们也可以看到类似的现象。比如，美国的苹果公司最早开启了智能手机时代,但中国的智能手机品牌销量的总和已遥遥领先于美国。

在新能源领域,中国也有后来者居上的态势。20世纪50年代,美国的贝尔实验室就发明了硅光伏电池;在1990年前后,美国的Solar World公司在全球的光伏产业中取得了多项第一。但在2000年,中国和美国在光伏产业的实力发生了逆转。如今,中国已在全球的光伏产业中占据了绝对优势。

不仅如此,在通信设施领域,中国的华为在5G技术上实现了对美国的逆袭;在特高压领域,中国同样后发先至。还有新能源汽车领域、超级计算领域、移动支付领域,在这些领域中,中国都在不断重演着后发先至的故事。

如今的中国,尽管在很多技术领域和基础教育领域都与美国仍有一定差距,但如果以数十年为一个跨度,中国后发先至的技术发明还将会呈几十倍地增长。

正如,当年的欧洲尽管在大学基础科研上遥遥领先于美国,但是在技术应用层面却一直被美国反超一样。

明天的中国和美国之间,也可能会重复类似的故事。

历史在复古主义与未来主义中循环反复

复古主义与未来主义的概念同样来自汤因比的《历史研究》。汤因比发现,在人类文明的发展过程中,复古主义和未来主义经常会交替出现。这两种主义本身没有对错,但如果一个社会在变化过程中转变太迅速,通常都会遭遇重大的失败。

复古、未来无对错

如果将复古主义看作一辆汽车在行驶过程中突然刹车掉头,那么,未来主义就是在看不清前方路况的情况下猛踩油门。这两种情况,都容易造成车毁人亡的结果。

复古主义通常会出现在社会动荡不安的时期。当社会处于动荡状态时,人们往往会渴望回到过去的幸福岁月。18世纪时,卢梭在欧洲提倡回归自然、回归"高贵的野蛮人",这种思想成为后来法国大革命的诱因,造成了大量的悲剧。

2016年,特朗普在美国总统就职演说时倡导的"让美国再次伟大",也是典型的复古主义宣言。倡导者认为,过去的美国是伟大的,现在的美国应该向过去的美国学习,重回昨日的辉煌。其结果也是加剧了社会的撕裂。

当然,复古主义并不一定会造成破坏。比如,14—17世纪的文艺复兴,就解放了欧洲的生产力,也为后面的工业革命奠定了基础。

我们再来说说未来主义。从表面上看,未来主义与复古主义完全相反,实际上,它们都是在试图逃避令人厌恶的现实生活。历史上的未来主义同样有好有坏,比如,美国在第二次世界大战之后推行的科学发展策略与无尽前沿策略,就是一个成功奉行未来主义的策略。而坏的未来主义在历史上也很常见,比如,中国在秦始皇时期,为了推行更加面向未来的法家思想,将原来占主流地位的儒家思想著作大量烧毁。这就是犯了过度未来主义的错误,为后来秦王朝的迅速覆灭埋下了伏笔。而在晚清时期爆发的太平天国运动中,领导者所提出的反对封建文化、提倡男女平等、效仿资本主义等相对现代的思想,也同样是过度未来主义的表现,最终以失败收场。

无论是复古主义还是未来主义,它们在本质上并没有对错之分,只不过在历史的发展过程中有些人总是操之过急,这才产生了不好的结果。

中国转型中的智慧

如今,中国在改革转型的过程中不断强调——不急转弯,这四个字之中就蕴含着深刻的历史学智慧。要知道,古今中外,急转弯才是社会变革时的常态。很少有人能够做到"不急转弯",因为绝大多数的决策者对社会的感知都是片面的,当一个社会面临巨大问题的时候,如果决策者只能观察到社会少数受害群体的感受,就可能会被强烈的情绪所感染,一心想纠正一个错误,就难免出现矫枉过正的情况。

对于普通人而言,同样可以从"不急转弯"的智慧中得到很大的启发。作为普通人,我们很多时候是在过度悲观与过度乐观之间不断转换,很难具备客观观察世界的能力。

所以,在做人生重大决策的时候,懂得"让子弹飞一会儿"是一个大智慧。不管我们是决定换城市、换专业、换公司、换行业,还是更换公司的战略方向,这种智慧都值得我们去参考。

作为一个比较理想主义的人,我过去不懂得"不急转弯"的道理。那时我只要对某份工作失去了兴趣,或者对老板不满意,就会先考虑辞职再去思考后果。从历史学的角度,这就是典型的过度未来主义。后来我发现,我每一次冲动的决策绝大多数都没有好下场,如果我能更早地读一些历史方面的好书,就会少走很多弯路。我想这就是"读史使人明智"的道理吧。

本章小结

1. 突破学习历史的线性思维，了解历史发展的拼图模式。

2. 分合循环、动静循环告诉我们，这个世界唯一不变的就是变化。

3. 竞争是比合作更贴近底层的社会规则。

4. 先进文明是技术发展的底层原因。

5. 从过度复古主义和过度未来主义的危害中，可以了解"不急转弯"的哲学蕴含的深刻智慧。

13

会计学:金钱的哲学

上大学时，学校就有财务会计课程，但这门课程太枯燥，因为会计规则本身就是人为设定的游戏规则，学习会计学的整个过程感觉就像是一直在背一些条条框框，完全没有创造性。

相比之下，数学、编程、物理学、生物学、投资学等学科，学习起来就有意思多了，这些学科好像在帮助我们进行创造，而会计学似乎只会帮助我们去防守。

直到后来，我开始自己经营公司，才渐渐明白掌握会计学的一些常识是多么重要的事情。

任何一家公司最基本的运行要素，总离不开人、钱、事。也就是我们常说的人力资源、财务管理与业务管理。这和个人在现代经济社会生存的三大要素——个人能力、综合财力和职业发展正好一一对应。

在这两套体系之中，"钱"都是非常关键的一环。

在公司发展的过程中，作为企业管理者，如果完全不了解财务方面的知识，那么他的公司即使从表面上看业绩蒸蒸日上，背后也可能隐藏着财务危机。

在个人生活中，也经常出现这样的情况。我身边有不少30岁左右的年轻人，在一线城市拥有光鲜的工作，每天都在高级写字楼里上班，出门开好车，回家住好房，看起来是一副人生赢家的模样。但仔细观察他们的财务状况就会发现，很多人的资产状况其实非常差。

而这一切，有可能都是因为没有会计学的基本常识导致的。

所以，下面我就提纲挈领地把会计学最重要的三张表格跟大家介绍一下。

它们分别是：资产负债表、现金流量表与损益表。

资产负债表

资产负债表反映的是一个家庭或者是一个公司在某一时刻的体量。

一份资产负债表一般分成左右两个部分，左边用来记录资产，就是表示你现在的家底有多厚；而右边用来记录负债和权益，也就是表示你的这些家底是从哪里来的（表 1-13-1）。

表 1-13-1[①]　资产负债表（××××年××月××日）

单位 / 万元

资产		负债和权益	
流动资产		负债	
货币资金	70	短期借款	50

---

① 源自《肖星的财务思维课》。

续表

资产		负债和权益	
应收账款	40	应付账款	150
存货	20	应付职工薪酬	20
其他流动资产	40		
非流动资产		**所有者（股东）权益**	
固定资产	100	股本	80
无形资产	50	其他综合收益	20
合计	320	合计	320

会计学上的资产负债表比较复杂，涉及各种术语，我们可以从上面这张图看到一个大概。

比如，资产分为流动资产与非流动资产。

负债和权益包括借款、应付账款、职工薪酬、股东权益等。

所有者权益，是指企业或个人的资产扣除负债之后，所有者享有的剩余权益。

整张资产负债表的关键在于，左右两边一定是等额的。

资产＝负债＋所有者权益。

这里面所有者权益最抽象，我们需要举例子来理解它。

用家庭举例，如果你现在有20万元的存款、30万元的股票基金和一套价值300万元的房产，那么在资产负债表中，你现在拥有350万元的资产。

如果你的房子是刚刚用贷款买的，首付是100万元，那么你就欠银行200万元的房贷，而房贷是需要付利息的，所以实际上你欠银行的贷款应该在250万元左右。这就意味着你现在的350万元资产减掉250万元负债，剩下的100万元就是所有者权益。

因为，所有者权益＝资产－负债

在资产负债的公式中，资产与负债是两个主动的自变量，而所有者权益作为他们之间的差额，是一个被动的因变量。如果出现资不抵债的情况，那么得出的所有者权益就是负值。我们来做一个假设，如果国家突然开始调控房价，使得上面那个价值 300 万元的房子下跌为 180 万元，那么你的总资产就会缩水为 230 万元，但你的负债却不会因房价的下跌而减少，负债依然是 250 万元，这时你的所有者权益就会变成负 20 万元。这种情况就是资不抵债。

从 1997 年 10 月到 2003 年 8 月之间，香港的房价一度下跌了 70%。这意味着 1997 年在香港花 300 万首付购买的价值 1000 万元的房子，到 2003 年就只值 300 万元，但房屋贷款造成的负债，却还是 700 万元。在这种情况下，即使将价值 300 万元的房产全款卖出，与 700 万元的贷款相比，还存在 400 万元的差额，房子就变成了负资产。

这突如其来的变化让当时很多年收入高达 100 万元的工薪阶层苦不堪言，因为他们的存款和股票加起来也抵不上因房价下跌所产生的巨大差额，他们多年攒下的钱一时间居然变成了负数。虽然在 2004 年之后，香港房价重新上涨，在这种情况下只要现金流能扛住 5 年的时间，坚持不断供、不退场，撑到房价回暖的那一刻就可以从资不抵债转为资产大于负债。但是 5 年的时间十分漫长，在这段痛苦的等待中，很多人因为扛不住房贷的压力，选择在房价低点时断供或出售房产。他们不仅失去了自己耗费毕生积蓄购买的房子，还要继续偿还 20 年的贷款。

有人说那些人怎么那么傻，为什么要在房价最低点的时候把房子卖掉呢？有两个原因。第一是他们害怕房价会跌得更低。第二是他们的现金流已经非常吃紧，实在无法偿还房贷。

所以这个案例带出了另一个问题，那就是维持现金流的问题。

很多时候，一个企业或者一个家庭，即使出现资不抵债的情况，也未必就会陷入破产的绝境，只要他的现金流可以一直维持日常运转，就可以不去变卖自己的负资产，用现金流熬过低谷期。坚持到资产由负转正的一天。

现金流量表

现金流量表是决定一个企业或家庭在财务上生存与死亡的关键仪表盘。

它是反映你当前现金状况的表格，总共由期初现金、本期流入现金、本期流出现金、期末现金四个部分构成。它们之间的关系用公式来表示就是：**期初现金 + 本期流入现金 − 本期流出现金 = 期末现金。**

这条公式很容易理解，小学生都能懂。但是很多人都低估了它的重要性。

我们用一个例子来帮助大家了解现金流量表。比如，小王同学到一个陌生的城市找工作，身上带了 50 000 元，第一份工作是一份兼职工作，每月能获得 2000 元的收入，但是在城市中生活的所有开支加起来是 6000 元，每个月的期末现金都会减少

4000 元。这种情况持续 5 个月后，他在第 6 个月月初时手上的期初现金就应该是 30 000 元。这时小王换了一份月薪 10 000 元的工作，他的本期流入现金是 10 000 元，本期流出现金是 6000，当月的期末现金增加了 4000 元，那么，他在第 6 个月末的现金就是 34 000 元。

关乎生死的现金流量表

为什么说现金流量表决定生死呢？我们回到上面小王的案例，如果小王一直找不到新的工作，一年过后，他身上的 5 万元就会全部花光。

这时假设小王不去借钱，那么他已经难以为继，换城市的大计也会随之终结。

很多同学在准备换行业或者考公务员、考研时，就会感受到现金流对生存的重要性。因为在这些时间段中，你的支出大于你的收入。你要时刻关注日益减少的现金流。

而企业的情况也同样如此。假设一个企业预计投入 2000 万元去研发一款新产品，在研发过程中每个月需要投入 200 万元，没有现金流入。那么，在第 10 个月的时候如果产品没能上市销售，现金流就会耗尽，开发就会终止。这同样是企业项目的生死问题。

一个企业和个人在什么时候最关注自己的现金流量表呢？答案就是，在一个新事物的开创阶段。

而这个阶段通常只有两种状态：成功与失败。我当年创办公司的时候，投资人考虑的最关键问题是在收入与支出打平之前，融到的资金维持的现金流能够支撑多久？

正常情况下,一个刚刚创业的公司至少需要储备未来 18 个月的开支,才能支撑到收入与支出打平。

如何简单做出现金流量表

当一个普通人准备换工作或是准备通过考试进入一个全新领域时,列一张现金流量表就显得非常重要了。不过,如果我们去借鉴会计学中的现金流量表,很有可能就会直接崩溃。以贵州茅台企业为例,他们在 2016 年的现金流量表如表 1-13-2 所示。

表 1-13-2[①] 2016 年 1—12 月

单位/元

项目	附注	本期发生额	上期发生额
一、经营活动产生的现金流量			
销售商品、提供劳务收到的现金		61 012 964 102.54	37 083 071 835.58
客户存款和同业存放款项净增加额		4 811 196 033.00	2 011 171 589.94
向中央银行借款净增加额			
向其他金融机构拆入资金净增加额			
收到原保险合同保费取得的现金			
收到再保险业务现金净额			

① 源自《肖星的财务思维课》。

续表

项目	附注	本期发生额	上期发生额
保户储金及投资款净增加额			
处置以公允价值计量且其变动计入当期损益的金融资产净增加额			
收取利息、手续费及佣金的金额		1 265 842 778.44	766 016 183.29
拆入资金净增加额			
回购业务资金净增加额			
收到的税费返还			
收到其他与经营活动有关的现金	45(1)	189 142 723.95	153 647 241.24
经营活动现金流入小计		67 279 145 637.93	40 013 906 850.05
购买商品、接受劳务支付的现金		2 773 020 403.27	2 967 732 630.37
客户贷款及垫款净增加额		42 393 350.80	−11 600 000.00
存放中央银行和同业数项净增加额		2 340 362 436.74	−848 231 824.96
支付原保险合同赔付款项的现金			
支付利息、手续费及佣金的现金		115 962 455.33	62 297 196.56
支付保单红利的现金			
支付给职工以及为职工支付的现金		4 674 154 236.66	4 536 877 341.10
支付的各项税费		17 510 516 331.20	14 003 048 933.21
支付其他与经营活动有关的现金	45(2)	2 371 486 776.88	1 867 442 431.65

续表

项目	附注	本期发生额	上期发生额
经营活动现金流出小计		29 827 895 990.88	22 577 566 708.33
经营活动产生的现金流量净额		37 451 349 647.05	17 436 340 141.72
二、投资活动产生的现金流量			
收回投资收到的现金			60 050 000.00
取得投资收益收到的现金			3 869 172.05
处置固定资产、无形资产和其他长期资产收回的现金净额		92 084.50	8 772 937.39
处置子公司及其他营业单位收到的现金净额			
收到其他与投资活动有关的现金	45（3）	5 562 351.19	33 357 886.05
投资活动现金流入小计		5 654 435.69	106 049 995.49
购建固定资产、无形资产和其他长期资产支付的现金		1 019 178 136.92	2 061 470 481.32
投资支付的现金			25 050 000.00
质押贷数净增加额			
取得子公司及其他营业单位支付的现金净额			
支付其他与投资活动有关的现金	45（4）	88 977 102.97	68 319 778.76
投资活动现金流出小计		1 108 155 239.89	2 154 840 260.08
投资活动产生的现金流量净额		－1 102 500 804 20	－2 048 790 264.59

续表

项目	附注	本期发生额	上期发生额
三、融资活动产生的现金流量			
吸收投资收到的现金		16 000 000.00	
其中：子公司吸收少数股东投资收到的现金		16 000 000.00	
取得借款收到的现金			
发行债券收到的现金			
收到其他与筹资活动有关的现金	45（5）		22 000 000.00
筹资活动现金流入小计		16 000 000.00	22 000 000.00
偿还债务支付的现金			55 917 672.00
分配股利、利润或偿付利息支付的现金		8 350 512 252.23	5 554 101 966.61
其中：子公司支付给少数股东的股利、利润		532 067 286.55	513 009 332.72
支付其他与筹资活动有关的现金			
筹资活动现金流出小计		8 350 512 252.23	5 610 019 638.61
筹资活动产生的现金流量净额		-8 334 512 252.23	-5 588 019 638.61
四、汇率变动对现金及现金等价物的影响		72 317.80	-16 273 531.71
五、现金及现金等价物净增加额		28 014 308 908.42	9 783 256 706.81
加：期初现金及现金等价物余额		34 780 485 904.57	24 997 229 197.76
六、期末现金及现金等价物余额		62 794 794 812.99	34 780 485 904.57

这张表中包含了各种会计学准则中要求列明的项目，其中包含"投资活动产生的现金流量""融资活动产生的现金流量""汇率变动"等一些难懂的会计学概念。

这是会计学为我们普通人制造的概念壁垒，也使得非专业人士无法很好地理解会计学思维。而现金流量表的底层逻辑其实非常简单，所以我们大可不必做得这样复杂。

为了让大家更直观地理解现金流量表，我做了一个简化版的6个月现金流量表（表1-13-3）。这个表格适用于企业立项、个人找工作等很多方面，我的公司每次开展一个新项目时，就会用这张表格的模式，做一个12个月的现金流预测。借此来判断投入的资金量是否合理。

表1-13-3 6个月现金流　　　　　单位/元

	7月	8月	9月	10月	11月	12月
月初现金	3 000 000	2 640 000	2 222 000	1 792 000	1 352 000	1 433 000
月末现金	2 640 000	2 222 000	1 792 000	1 352 000	1 433 000	1 494 000
现金流入	0	0	0	0	521 000	521 000
收入项目1					20 000	20 000
收入项目2					500 000	500 000
收入项目3					1000	1000
现金流出	360 000	418 000	430 000	440 000	440 000	460 000
开支项目1	15 000	20 000	20 000	30 000	30 000	50 000
开支项目2	200 000	253 000	120 000	120 000	120 000	120 000
开支项目3	145 000	145 000	290 000	290 000	290 000	290 000
现金变动	360 000	418 000	430 000	440 000	81 000	61 000

这个表格表示的是企业在一个新产品的研发过程中的收支

情况。我们可以看到，研发新产品第 1 个月的月初现金是 300 万元，这笔钱也就是企业的初始投入资金。300 万元减去这个月的现金流出，就得到了这个月月末的现金，而月末现金就直接等于下个月的月初现金，下个月继续进行这个循环。

表中的现金流出是各项开支的总和。同理，现金流入也是各项收入的总和。我们不难发现，直到 11 月整个项目才开始有现金流入，这说明在 11 月这个时间点上，现金消耗的状况开始扭转。这个点在会计学里也叫**现金盈亏平衡点**（cash break-even point）。

通常来讲，一个需要依靠前期投入续命的创新项目，如果达到了现金盈亏平衡点就很有可能成立，进而寻求下一步的发展。但一个项目如果迟迟达不到现金盈亏平衡点，那么就需要不断通过融资或者借债的方式，对项目进行续命。**而这一切，跟这个项目积累了多少资产毫无关系。所以我们说，现金流量表是决定所有新生事物生死的表格，同时也是对年轻人开创人生新局面最有用的一张表格。**

我希望大家都能够根据现金流量表简单的底层逻辑，来建立一个现金流量表的模板，然后在面临各种人生变动的时候，坐下来认真填一下这个表。其实这个表格所估算的数据是否准确并不重要，重要的是你有没有使用一个结构化的方法去预测自己的财务压力。这是让自己头脑保持清醒的一种非常好的方式。

损益表

损益表是反映企业或个人在一定时期内经营成果或收入的报表。利用损益表，可以评价一个企业或个人的经营成果和投资效率，分析企业与个人的收入及未来一定时期的财务趋势。

损益表与现金流量表的区别

为了更好地让大家了解什么是损益表，我们还用前面的小王举例，假设他每月的开销在 5000～6000 元，而他找到了一份月薪 10 000 元的工作，再加上公司的各项奖金，小王的收入远远大于他的开支。这时小王可能就要考虑理财了。

这个时候小王最需要做的事情，就是列一张财产损益表。

损益表所运用的公式是收入 – 成本＝利润。看起来很好理解，但在实际生活中，损益表与现金流量表这两个概念很容易被人混淆。所以在这里，我们需要用案例来解释一下它们之间的差别。

比如，今年 1 月份你消费 12 000 元购买了一部笔记本电脑。这台电脑使用年限是 4 年，这就等于你的 12 000 元用了 4 年，简单来说，就是这笔购买电脑的钱，应该被分摊到电脑的生命周期之中，而不是仅在 1 月。那么在这 4 年之中就会涉及一个会计学的概念：折旧（depreciation）。

折旧的计算方法有很多，按照最简单的平均年限折旧法来计算，把 12 000 元平均到 48 个月中计算折旧，那每个月平摊下来就是 250 元。这意味着这台笔记本电脑在 1 月份的成本只有250元。这是统计损益的计算方法。但如果从现金流的角度来考虑，1月就已经输出了实打实的12 000元现金。买电脑的第一个月，现金流出12 000元，但是成本只有250元。

这就是现金流量表和损益表最直观的差别。

再举个例子，小王的朋友张三在1月时向小王借了10 000元，说好半年之后还。那么，在1月的损益表中，就不会有任何变化。因为这是张三对小王的负债，并不是小王所付出的成本。但在小王1月的现金流量表中，就会看到小王净流出10 000元钱。如果到了6月，张三跑路了，没有还钱，那么小王6月的现金流量表上，不会因此产生任何变化，因为这笔钱在1月就已经流出去了。但这时他的损益表就必须变化了，因为对张三的这笔负债收不回来了，所以小王就必须在6月在损益表上将这10 000元确认为成本。

接下来，如果张三在半年后突然良心发现，在12月时跑回来将这10 000元又还给了小王。那么有趣的事情就发生了，这10 000元本来就是小王的，但是因为他之前已经将它确认为成本，所以此时张三再还钱，这笔钱就变成了他的收入，而且这也是一笔现金流入，这就意味着在12月，小王的损益表和现金流量表会同时有一笔10 000元的进账。

通过前面的两个例子，相信已经可以让大家明白损益表和现金流量表之间的差别，下面我就来和大家分享一下，如何制作出属于自己的损益表。

与现金流量表一样，如果我们直接借鉴会计学中的损益表，对普通人来讲是行不通的，我们先来看看会计学中的损益表（表1-13-4）。

表 1-13-4[①]　损益表

项目	本期发生额	上期发生额
一、营业总收入	4 537 642 656.24	3 467 748 233.68
其中：营业收入	4 537 642 656.24	3 467 748 233.68
利息收入		
已赚保费		
手续费及佣金收入		
二、营业总成本	3 395 838 813.64	2 601 321 150.27
其中：营业成本	1 486 913 583.17	1 1354 140 999.04
利息支出		
手续费及佣金支出		
退保金		
赔付支出净额		
提取保险合同准备金净额		
保单红利支出		
分保费用		
税金及附加	68 622 862.51	48 623 295.26
销售费用	1 061 774 888.93	638 057 460.18
管理费用	613 074 915.88	476 543 109.63
财务费用	107 219 508.24	57 420 425.32
资产减值损失	58 233 054.91	26.535 860.84
加：公允价值变动收益（损失以"-"号填列）		

---

① 源自《贾宁·财务思维课》。

续表

项目	本期发生额	上期发生额
投资收益（损失以"-"号填列）	-8 029 003.96	-2 212 300.07
其中：对联营企业和合营企业的投资收益	-12 525 910.81	-1 928 648.77
汇兑收益（损失以"-"号填列）		
资产处置收益（损失以"-"号填列）	3 874 918.44	2 868 001.04
其他收益	18 059 422.93	
三、营业利润（亏损以"-"号填列）	1 155 709 180.01	867 082 784.38
加：营业外收入	44 365 763.41	27 048 773.44
减：营业外支出	4 607 100.43	3 168 962.43
四、利润总额（亏报总额以"-"号填列）	1 195 467 842.99	890 962 595.39
减：所得税费用	201 787 920.69	144 254 555.02
五、净利润（净亏损以"-"号填列）	993 679 922.30	746 708 040.37
（一）持续经营净利润（净亏损以"-"号填列）	933 679 922.30	746 708 040.37
（二）终止经营净利润（净亏损以"-"号填列）		
归属于母公司所有者的净利润	899 085 330.05	679 255 737.63
少数股东损益	94 594 592.25	67 452 302.74
六、其他综合收益的税后净额	179 146 054.77	85 542 977.76
归属母公司所有者的其他综合收益的税后净额	170 784 390.12	84 857 983.54
（一）以后不能重分类进损益的其他综合收益		

续表

项目	本期发生额	上期发生额
1. 重新计量设定受益计划净负债或净资产的变动		
2. 权益法下在被投资单位不能重分类进损益的其他综合收益中享有的份额		
（二）以后将重分类进损益的其他综合收益	170 784 390.12	84 857 983.54
1. 权益法下在被投资单位以后将重分类进损益的其他综合收益中享有的份额		
2. 可供出售金融资产公允价值变动损益	161 656 043.77	84 150 000.00
3. 持有至到期投资重分类为可供出售金融资产损益		
4. 现金流量套期损益的有效部分		
5. 外币财务报表折算差额	9 128 346.35	707 983.54
6. 其他		
归属于少数股东的其他综合收益的税后净额	8 361 664.65	684 994.22
七、综合收益总额	1 172 825 977.07	832 251 018.13
归属于母公司所有者的综合收益总额	1 069 869 720.17	764 113 721.17
归属于少数股东的综合收益总额	102 956 256.90	68 137 296.96
八、每股收益		
（一）基本每股收益	0.5053	0.3913
（二）稀释每股收益	0.5053	0.3913

表 1-13-4 中的第一项是营业总收入，第二项是营业总成本，这两者相减得出第三项，也就是营业利润。到这里还是比较好理解的，但接下来，营业利润还要加上营业外的收入，减去营业外支出，最后再减所得税，才会成为我们所熟悉的净利润。而净利润又要经过一系列的调整，才会变成最终的综合收益总额。所以一般人很难看懂这种非常复杂的财务报表。

在这里我只是给大家先开个窍，如果大家日后有必要进一步学习会计学入门方面的知识，我推荐大家去读《肖星的财务思维课》这本书，也可以学习《贾宁·财务思维课》这门课程，其中就有对财务报表深入浅出的分析。

损益表与资产负债表在生活中怎么用

上面我们已经讲完了财务的三张表，可以说这三张表就是会计学的地基。

前面我们已经讲过，现金流量表对于更换行业、开创项目的重要意义。

接下来我们再讲讲资产负债表和损益表在生活中的应用。

下面就借助作家艾玛·沈在《理财就是理生活》这本书中的表格（表 1-13-5）来说明这个问题。

艾玛把资产按照流动性从强到弱依次分成了流动资产、金融资产、固定资产。把负债按照承担的利率由高到低分为信用卡欠款、消费贷、汽车贷、商业房贷、公积金房贷等。这里面的流动资产，包括了现金、存款、货币基金等；而金融资产比较直观，包括股票、基金、债券、虚拟货币，还有保险的保单等。

表 1-13-5　家庭资产负债表　① 记录制表时间　日期

资产					负债			
	种类	现值	收益率	备注	种类	余额	利率	年期
流动资产	现金				信用卡逾期贷款			
	活期存款				活期存款			
	货币基金				汽车贷款			
	定期存款				商业房贷			
金融资产	股票				公积金房贷			
	基金							
	债券			③ 保单也是资产				
	保单现金价值							
固定资产	投资	黄金						
		房产（投资）						
		字画等收藏品		④ 资产按制表当日市值重新估算				
	自用	房产（自用）						
		汽车（自用）						
		珠宝（自用）						
资产总计：					负债总计：			
净资产总计（资产－负债）：								

② 资产按流动性排序

⑤ 负债利率由高至低排序

　　货币基金在生活中比较常见，我们比较熟悉的余额宝和微信理财通都属于货币基金。货币基金的特点是安全性高、流动性高，而且收益比银行存款高。所以它可以作为一种存款替代方案来使用。

　　表格中的固定资产，包括房产、收藏品、汽车、珠宝等等。需要注意的是，表格中将房产分成投资型房产与自用型房产两种，这两者最大的区别就是，投资型的房产是以资产增值为目的，这种房产可以带来稳定的租金收入，所以是好资产。相比较而言，自住型房产不仅不能提供收入，而且每个月还会产生物业、水、电、煤气等费用，所以它不算是好资产。这些都能在损益表中被体现出来，而房产类别的判定，往往是很多家庭

在理财过程中最容易陷入的误区。

除了房产以外，很多人在理财过程中容易陷入的另一误区就是判定汽车的属性。汽车这种固定资产在损益表中看，其实也不是好资产，一旦购买汽车，一方面，它每天都在折旧；另一方面，维持一辆汽车的日常运转，需要投入停车费、维护费、能源费、车辆保险等一系列费用。所以，与其说汽车是一种资产，倒不如说它是一种隐形的负债。

关于资产，其实还有一种表格中没有提及的"无形资产"。在会计学中，无形资产通常是指那些没有实物形态，而且不是金融资产的资产。

如今，无形资产已经延伸到我们身边的各个领域，比如：

——营销领域中的商标、互联网域名；

——数据领域中的客户数据、生产流程数据；

——IP 版权领域中的文章、书籍、电影、短视频、音乐、照片等；

——合同领域中的建筑许可、特许经营权、土地使用权这类许可权利；

——技术领域中的专利、专有技术、软件产品等。

作为生活在信息时代的年轻人，非常需要留意身边的无形资产。因为我们所处的信息时代相比曾经的工业时代，非实体类经济占整个经济的比重明显增加了。所以在信息时代，无实体经济所产生的无形资产，作为一种与时俱进的资产类别，在公司中所占的比重也在不断增加。它所产生的无形资产在个人资产中的占比也应该不断增加。

从过去苹果商店中的收费 APP，到微信中的公众号；从知识付费课程，到今天的视频号、抖音号、B 站 UP 主号，再到未来各种 NFT 产品，或者元宇宙中的虚拟建筑、虚拟商标……各种无形资产的类别将会层出不穷。我们可以这样理解，如今，年轻人对无形资产的深度理解，必然会成为年轻一代相对于老一代的重要优势之一。

对大家而言，如果在年轻时就能够有意识地去留意在商标、IP、版权、特许经营权等领域获取无形资产的机会，那么随着时间的推移，也许就能找到某些可以形成无形资产的突破口。

如何获得无形资产呢？我建议大家去提升三种基础能力。

第一是写作能力；第二是图形设计能力；第三是提升对新兴产业的理解能力。这三种能力最有可能帮助一个年轻人用很小的成本，抓到未来有巨大潜力的无形资产。

了解了资产以后，我们再来看看负债。这里我要和大家重点探讨一下负债利率的问题。我发现身边有很多人，对于不同负债的利率差别完全没有感觉。但其实，了解负债利率是一件非常重要的事。

比如，有的同学开了很多张信用卡，导致自己连哪张信用卡逾期了都不知道，而信用卡逾期产生的负债利率非常高，如果忽略逾期就很有可能造成巨大的损失。再比如，与汽车贷款这种消费贷相比，房屋贷款的利息要低很多。这两者间的差别也容易被人忽视。再比如贷款购物，也是一种典型的高息消费贷，这也是最糟糕的消费方式之一。

所以我们在日常生活中，将负债按利率做由低到高的排列是一件非常有意义的事，它可以帮助我们在需要负债的时候选择最佳的负债方式，避免高利率对我们造成的损失。

下面我们再来看一张与公司损益表类似的家庭年度收支表（表 1-13-6）。

表 1-13-6　家庭年度收支表　① 记录制表时间区间　年份

每年收入				每年支出			
	种类	金额	占比		种类	金额	占比
主动收入	工资收入				房租/房贷		
	工资奖金				其他贷款		④ 支出类别可自行调整
	兼职收入				日常生活费		
	兼职奖金			② 单列被动收入，有利于引导追求财务自由的方向	养车费用		
被动收入	房租				医疗费用		
	理财分红				子女教育费		
	定息收入				给父母家用		
稳定年收入总计：				稳定年支出总计：		③ 稳定的年盈余，可以看成可重复产生的年度余额	
稳定年盈余总计（稳定年收入－稳定年支出）：							
投资收入	股票损益				转去投资账户		
	基金损益				意外损失		
其他收入	中奖						⑤ 转出去投资的钱也应当视为支出，因为钱已不能挪作他用
	红包						
所有年收入总计：				所有年支出总计：			
年盈余总计（年收入－年支出）：							

在这张表格中，将每年收入分为主动收入和被动收入，通俗来讲，两者的差别就是主动收入是你干活儿才有的收入，被动收入是你躺着就能得到的钱。

我们下面会讲到，被动收入是很多普通人人生财务状况的全局杠杆解。

而与收入对应的支出就是各种琐碎的生活开支费用。这个不解释。

只有每年的收入大于支出，我们才能有更多的钱拿来投资。

收支资产负债模型

如果把收入、支出、资产、负债合起来,我们会得到一个**收支资产负债模型**。

如果这堂课大家什么也没记住,我希望最终只记住这个模型。

因为它能够打通你财商的任督二脉。

通过这个模型,我们可以划分出四类不同的人群,分别是:无产无债者、无产有债者、有产有债者与高产低债者。

无产无债者

所谓无产无债者,就是我们俗称的"月光族"。他们的收入永远只有一个流向,那就是支出(图1-13-1)。这群人不懂得存钱,一旦失去工作,现金流就会立即断裂。在现金流不能保证的情况下,资产负债表对这类人来讲没有任何意义。目前,有很多刚参加工作的年轻人就处于这个阶段。

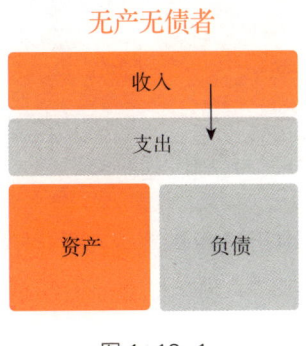

图 1-13-1

我们前面提到，现金流量表定生死。所以，处在这个阶段的同学其实会非常不自由，他们的人生就像是被月初领工资与月底没钱的这个死循环死死套住。

那么，如何破除这个循环呢？其实方法很简单也很原始，就是努力开源节流，慢慢储蓄，避免消费贷，积累剩余资金。

因为如果不这么做，这类人很可能就会一直停留在无产无债者的状态。甚至划到第二类里面去。

无产有债者

第二类人是无产有债者，这是一个财务状况糟糕的人群。

他们是消费贷的重度用户，支出水平超出了收入水平，从而产生负债（图 1-13-2）。他们习惯于用贷款购买一些没有资产属性、无法保值与增值的商品。

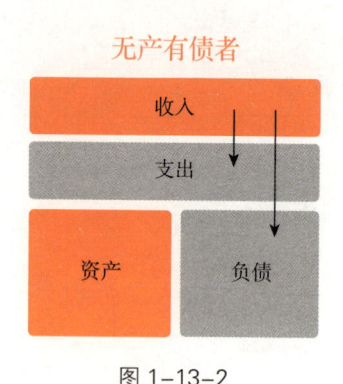

无产有债者

| 收入 |
| 支出 |
| 资产 | 负债 |

图 1-13-2

无产有债者经常会选择贷款买衣服、贷款旅游、贷款整容等等。这些消费所得到的东西都不是资产，而是纯粹的负债。

所以，无产有债是一个非常危险的状态。在这种状态下的人，经常会因为无法偿还贷款而选择用借新债的方式去偿还旧债，陷入无休止的恶性循环之中。

而要想打破这个循环，很多时候只能借助外力，比如，通过父母或亲友资助解决问题，甚至是用非法犯罪的手段加以解决。通常最容易陷入传销陷阱的也是这类人。

有产有债者

第三类人是有产有债者，这个类别会是不少年轻人现在或者未来将会成为的类别。

这类人是人们常说的中产者，他们的主要特点是：

收入主要以工资为主，能够转化成为一部分资产，与此同时他们也承担着一些负债（图1-13-3）。

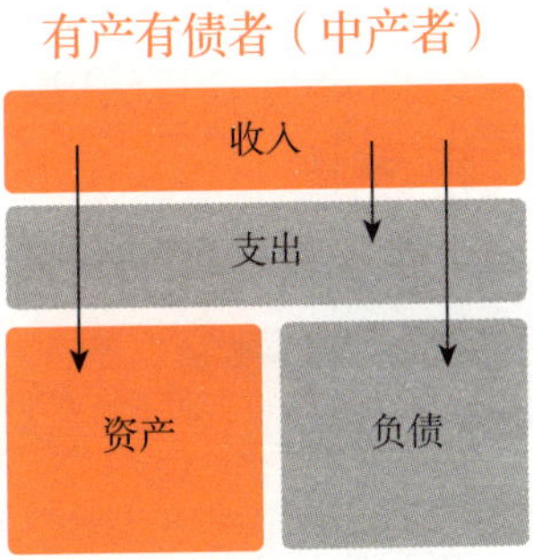

有产有债者（中产者）

收入 → 支出 → 资产　负债

图 1-13-3

有产有债者的工资明显高于刚毕业的年轻人，他们拥有一定的储蓄，可以用储蓄购买一些理财产品。这类人当然也会选择购买自住房产，但是我们前面提到过，自住房产不是好资产，它不但不会带来收益，还会产生各种各样的费用。在房价年年都上涨的情况下，有产有债者会因为资产账面上的价格上涨，误以为自己的身家也在上涨。但实际上，这种自住的房子基本不会被拿来变现，因为一旦卖了房子，就需要去买新的房子来居住。所以用于居住的资金是会被永远占用的。

有产有债者还有一个特点：他们会随着自己的升职加薪，不断提高生活品质。消费越来越多，自住的房子越换越大，自用的汽车越换越好。从表面上看他们的生活越来越光鲜。但实际上，由于他们高消费所造成的隐形负债却越变越多。

有产有债者最大的问题就是他们经常用隐形的负债，去换取劣质的、无法产生收入的资产。比如更好的汽车、奢侈品。

在这种状态下，中产者们一旦人到中年，面对产业调整、收入下跌等局面，就会处于非常尴尬的境地。他们已经习惯了高品质的生活，想要由奢入俭是非常困难的，这意味着他们的支出很难因收入的减少而减少。所以这些中产者的财务状况其实非常脆弱，经不起半点折腾。

而解决的办法其实也很简单，就是在自己陷入困境之前，努力使自己成为第四类高产低债者。

高产低债者

与第三类有产有债者最大的区别在于，高产低债者获得收入后的第一件事，就是先去看能不能把收入投到有价值的资产之中，比如金融资产、固定资产、无形资产等，从而获得更多的被动收入（图1-13-4）。

从图中的箭头方向我们可以看出，能贡献被动收入的资产项目是唯一可以形成"反向箭头"、重新向收入项目补充资金的领域。

高产低债者（资产者）

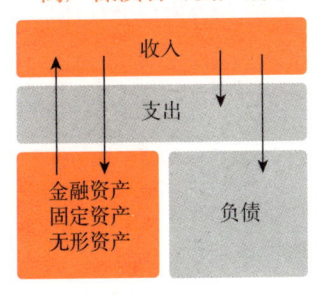

[图：收入 → 支出 → 负债；金融资产/固定资产/无形资产 → 收入]

图 1-13-4

从系统论的角度看，从收入到资产，从资产再到收入，是一个可以自我增强的良性循环。

这种循环一旦铸成，资产越多，收入也会增多，而后者又能进一步增加资产，这就是所谓的"马太效应"。

这个循环需要一定的初始资金来启动，它一旦运转起来，就会产生一股内在的推动力。财务状况会随着时间的推移越来越稳固。

在高产低债者看来，收入是用来投资以获取更多收入的工具。而在有产有债者的眼中，收入是用来让自己越过越好的工具。这是第三类人和第四类人最重要的差别。

高产低债者会努力扩大自己能够产生被动收入的资产份额，同时尽量承担最低利息的负债。而有产有债者则通常概念模糊，他们分不清什么是好资产什么是坏资产，而且对坏资产所带来的隐形负债也不够敏感。

正是因为这一点点理念差别，我们经常会看到一个现象：

起步相同的两个家庭，经过十几年的发展以后，在资产上会产生数十倍，甚至百倍的差距。

而更重要的是，这两个家庭一方已拥有一个良性循环，而另一方却陷入恶性循环，马太效应会让他们的差距不断扩大。

当我们理解高产低债和有产有债者的差异以后，就能发现突破财务阶级的关键因素，从而得出最后的结论：

是否贷款购买自住房产是很多人人生的分水岭。购买的自住房产越贵，贷款就会越多，你就越容易被锁死在中产者的行列。

总体而言，我们上面提到的收支资产负债模型的四种运转模式，它们的核心差异其实就是多余收入的配置问题。

对于很多年轻人而言，通常在工作 3～5 年以后才会发现自己有一部分闲钱可供支配，而这时就是不同理念分野的开始。

有的人会用第一笔闲钱去买好车，这里面分为两种情况，如果这个人买车是为了工作需要，比如跑销售、开出租等，那么，一辆好车可能会成为无形资产。但如果这个人买车只是为了在朋友面前炫耀，那么，这辆车就会成为他的负债。

当然，除了买车以外，在当下这笔闲钱还会有很多不一样的用途，比如有的人会用它使自己度过一年的"空窗期"（类似于过渡阶段）。在这段时间里去写一本书或者去开一个属于自己的自媒体账号，也有的人会拿这笔钱重新去修一个学位。这几种情况都是为了积累自己的无形资产。

而目前比较常见的就是利用这笔钱去付房子的首付，购买一套房产。这之中也有两种不同的情况。

第一种是买来的房子并不是供自己居住而是用来出租，自己则住租金更便宜的老房子中，这样一来，就成功启动了人生第一笔长期的被动收入。

第二种情况是拿来自住，有可能是因为结婚需要一套婚房。那么，这项资产就变成了隐形负债。上面说的那个资产回到收入的良性循环，也就没有形成。

根据我对周边人长达20年的观察，选择成为第四种类型的人，总体而言的确是过得最好的一群人。

但这种观察只是简单的归纳，存在着很大的漏洞。因为中国不发达的金融市场大大限制了普通人创造被动资产的方式。

比如在欧洲一些国家，Reits（房地产信托投资基金）是一个很受人们欢迎的提供被动收入的手段。而近年来在中国，Reits才刚刚进入人们的视野，还没有成气候。

而且与资产投入相比，累积无形资产的过程，存在着很大的风险。

比如，有人用了一年时间去做自媒体，最后积蓄花光了，自媒体也没有做起来。我还碰到有的人花几十万去学习MBA课程，最后什么也没改变。

更常见的是有些人炒股炒了很多年，却依旧需要靠工资生活。

这些现象告诉我们一个事实：**任何一种逻辑严谨的模型，都只是反映这个世界的一面而已，正如这个资产负债模型，它既没有反映出资产风险这一非常关键的因素，也没有反映出中国国情的独特性。**

在理财方面，我们不能单纯地依靠理论，更重要的是实践，因为社会科学是一个具体问题具体分析的学问，这一点无论是理财、投资、营销、管理都是如此。**纸上谈兵的人永远都斗不过实践为王的人。**

本章小结

1. 现金流量表是决定所有新生事物生死的表格，同时也是对年轻人开创人生新局面最有用的一张表格。

2. 如何获得无形资产呢？我建议大家去提升三种基础能力。第一是写作能力、第二是图形设计能力、第三是提升对新兴产业的理解能力。

3. 自住型房产不仅不能提供收入，而且每个月还会产生物业、水、电、煤等费用，所以它不算是好资产。是否贷款购买自住房产是很多人人生的分水岭。购买的自住房产越贵，贷款就会越多，就越容易被锁死在中产者的行列。

4. 在高产低债者看来，收入是用来投资以获取更多收入的工具。而在有产有债者的眼中，收入是让自己越过越好的工具。这两种思路的差别，决定了两种不同的人生路径。

14

生理学:重新认识你的"身体"

随着年龄的不断增大，我开始越来越重视身体的健康问题。也正是这个时候，我才发现中学时期学习的《生理卫生》非常重要。从学科划分上来看，生理学并不是生物学，它只是生物学的一个分支。生理学是一门主要研究生物机制的各种生命现象，特别是机体各组成部分的功能，以及实现这些功能的内在机制的学科。

遗憾的是，我相信大多数不学生物或医学的人，对这门课的印象，应该只留下生殖系统、性反应这样的内容，其实这是个极大的浪费。如果你有从日常生活中进行观察就会发现，无论是学习、生活、事业、运气，还是愤怒、无奈、沮丧、兴奋和追求，所有的东西都跟我们的身体机能有着莫大的关系。因为我们每一天、每一刻都需要跟身体打交道。

即便我们使用自己身体的频率比使用手机还高，但我们对自己身体运作机制的了解，却还不如对自己常用 APP 的了解更加透彻。更为矛盾的是，人们在年轻时对自己身体的运作原理知之甚少，于是就会用各种错误的方式来使用身体；等到四五十岁之后，又开始后悔年轻时候的不懂事，变得热衷于研究养生和调理身体。

这种人到中年才开始后悔很多事情的情况，几乎在每一代人身上都有发生。人类在历史上唯一学到的东西，就是他们什么都没有学到。

不要让睡眠变成"房间里的大象"

睡眠质量问题，已经成为现代人共有的一个心病。在我周围，很少有跟我一样拥有特别规律的睡眠，坚持晚上11：00入睡，早上5：30起床的人。每次我一说自己的作息习惯，身边的人总会发出各种佩服的惊叹。

这一点也让我非常惊讶，为什么"早睡早起身体好"这种常识性问题，就这么难以被做到呢？缺乏睡眠就像是那头"房间里的大象"，它明明就在那儿，可大家就是假装看不见。

为什么要睡觉这个问题，如果单从进化的角度来看，确实会让人觉得很费解。因为从远古时代开始，睡眠看起来似乎对人类并没有什么特别的贡献。比如，睡着时不能吃东西、不能跟人交流、不能外出打猎、不能采集水果，更不能繁殖后代。最糟糕的是，睡着之后还会让人类陷入被野兽攻击的危险。可长时间的进化，也并没有让睡眠消失，这就意味着睡眠对人类的生存起到了至关重要的作用。

如果说我们的身体和大脑有阴阳两面，那我们在清醒时的所有行为，就应该算是阳面，而睡眠状态则是看不见的阴面。

比如，我们在清醒的时间里，学了各种知识。那在睡觉的时间里，大脑就一直在做着将清醒时学到的各种知识从中短时记忆区搬运到长时记忆区的工作。所以，一旦缺失睡眠阶段所做的记忆搬运工作，我们的记忆效率就会大幅下降。由此可见，睡眠对人类来说确实有很多好处。

会"跑"的记忆

有人曾做过一个实验：通过给实验对象做核磁共振成像发现，实验对象当天发生的很多记忆，在睡前都是储存在颞叶海马体里。神奇的是，睡一觉之后，这些记忆就从颞叶海马体，被搬到存放时间更长的顶叶里。

这里就不得不提一对睡眠概念——快速眼动睡眠和非快速眼动睡眠。我们睡觉时，身体会先进入非快速眼动睡眠状态，紧接着再进入短暂的快速眼动睡眠状态，然后重复该循环。记忆在睡眠中巩固的过程，就发生在非快速眼动睡眠期间；而做梦则发生在快速眼动睡眠期内。

所谓快速眼动睡眠，也叫积极睡眠，指的是在睡眠过程中，脑电波频率变快、心率加快、血压升高和肌肉松弛的状态。这个阶段最主要的特点就是眼球会不停地左右摆动，我们也会在该阶段进入梦境。那么，做梦又有什么作用呢？

我们在清醒时，大脑会本能地在有关联的信息之间建立逻辑联系；可是在做梦的时候，大脑就会跳出这种逻辑联系，偏向于在不相关的神经元之间建立联系。这就是我们的梦有时候很奇怪，特别没有逻辑的原因。

这种随机链接，可以优化大脑链接的过度固化，使人类产生知识跨学科融合的能力。所以快速眼动睡眠质量很高的人，通常也会显得更有灵气，这也是人类创造力的来源之一。

睡眠的作用不仅于此，它还能安抚我们的紧张情绪，调整人类大脑里的神经递质。比如，大大降低因压力产生的去甲肾上腺素水平，让很多偏执和过激的反应消失。

总的来说，拥有一个好的睡眠，有利于我们更理智地看待世界。特别是当你好好睡一觉之后，你再看世界的眼光都会改变。这也是有人说"明天，就是这个世界给我们最好的礼物"的原因。

我认识一些投资很成功的人，都有利用睡觉优化决策的习惯。他们为了让自己避免在冲动之下做决定，即便碰到极具诱惑力的项目，也要睡一觉，等到第二天起来之后，再来决定是否投资。

这种利用睡眠来优化决策的方式，也被我借鉴到自己的日常生活中：当我面对一个让人郁闷、不太好解决的问题时，我经常暂时不解决，先清空脑袋，充分放松，好好睡一觉起来之后，会发现突然有了解决方案。然后在清晨的两三小时里，迅速把事情解决掉。

该方法在我身上屡试不爽，但在很长一段时间里我都是行而不知，直到后来研究睡眠的原理之后才发现，这是因为睡眠有巩固记忆＋缓解压力＋充分发散的三重能力。只要把这三个能力叠加起来就能解决大部分的问题。

那么反过来，经常睡不好的话会产生什么样的影响呢？

把上面说的三大优点倒过来就是：

记忆力会变差、压力会积累、灵活性会缺乏。

刚才我提到的这几点，还只是处于大脑的层面。就像我刚才提到的，其实睡眠不只是大脑运转的阴面，也是身体运作的阴面。所以，如果长期缺乏睡眠，就会对身体产生以下不良影响。

第一，导致人体的内分泌系统失调，让自己的情绪调解能力变差。免疫力下降、新陈代谢失衡、血压升高，以及生殖能力减弱。

第二，导致肥胖。芝加哥大学的伊夫·范考特教授曾做过一个著名的实验，结果表明，晚上睡眠不足的人，会格外贪吃。

这主要是因为，睡眠不足会降低释放饱腹感信号的瘦素（leptin）浓度，同时升高引起饥饿感的胃饥饿素（ghrelin）浓度。在双重信号叠加的基础上，就会让人产生远超自己摄入能力的食欲。

第三，如果每天的睡眠时间低于 6 小时，就有可能导致微睡眠。宾夕法尼亚大学的研究发现，普通人只要连续 10 天每个晚上只睡 6 小时，就会产生跟连续 24 小时不睡觉的人一样的较为频繁的微睡眠现象。

所谓微睡眠，就是指在白天有几秒的时间，大脑突然对外部世界完全丧失知觉的状态。这就意味着，如果一个人是在开车，只要有 2 秒的微睡眠，就可能导致严重的交通事故。

一旦出现微睡眠，必然会大幅度地降低当天的工作效率，在关键的事情上犯下难以想象的低级错误。这是因为微睡眠还会导致判断力减弱，让人根本分不清轻重缓急。

最可怕的是，当事人完全不会意识到，自己曾陷入过短暂的知觉丧失。他们会大大地高估自己的清醒程度，以为自己只是有些疲惫，从而容易利用新的自我刺激来弥补注意力的缺失。比如，工作的时候频繁地喝咖啡或红牛，从而导致晚上的睡眠时间更少，形成恶性循环。

在一线城市工作的上班族，因为被身边的加班文化所裹挟，没有办法自由地控制自己的睡眠质量，长此以往，自然就会导致睡眠不足。

这是一个非常严重又常态化的问题，想要解决这个问题并不容易，它可能需要借助我为大家讲过的财务自由的概念，以及杠杆解思维。除此之外，还涉及一些社会学、管理学的知识。

不过也不是完全没办法，想要解决的关键最终还是在自己。接下来，我就为大家介绍几种比较好的解决方法。

好睡眠也能触手可及

关于睡眠问题，我想大部分"社畜"内心的声音都在疯狂地呐喊："如此内卷的环境，怎么能舍弃'卷'而保睡眠呢？"其实，想要解决"内卷"很简单，最好的办法就是让自己拥有被讨厌、做自己的勇气。

在一家好的公司，靠好好睡觉换取清醒的大脑，去解决重要问题来巩固自己的地位，比靠牺牲睡眠讨好公司，头脑却总是不够清醒，只能当一个被控制的"乖乖笨小孩"要牢靠得多。不过如果是在一家不好的公司，一切就另当别论了。

事实上，的确有人可以做到少睡又保持健康。但据不完全统计，**真正拥有少睡基因的人在全部人群里面的占比远远低于1%。**这就意味着，如果大多数的人刻意少睡，只会导致记忆衰退、免疫力下降，让自己变成亚健康的状态。

因此，**对我们普通人来说，努力为自己创造每天能睡够7～8小时的条件才是王道。**如何让自己睡个好觉呢？马修·沃克博士已经为我们提出了七条好的建议。

第一，坚持固定的入睡时间。**很多人会设置早起闹钟，却**

不会设置入睡闹钟。其实应该反过来，坚定地控制自己的入睡时间，才是杠杆解。

第二，尽量做到每天锻炼。运动对睡眠的促进作用极大，但在睡前的 2 ~ 3 小时尽量不要锻炼。

第三，睡前 8 小时内尽量不要喝咖啡或酒。咖啡会让你亢奋，而酒精则会干掉你的快速眼动睡眠阶段，让你无法做梦和释放压力。

第四，下午 3：00 之后尽量不要午睡。这个时间段午睡，会提前释放掉你的睡眠压力，让你晚上睡不着。

第五，晚餐控制饭量，尽量不吃宵夜，因为消化会严重影响入睡效率。

第六，为自己留出睡前的放松时间。睡前洗个澡或听个音乐，调暗灯光，让身体可以分泌出褪黑素。或者是像我之前那样，拿 20 分钟出来，关掉灯，什么也不干。特别是在睡前半小时，尽量少用会妨碍褪黑素分泌的电子设备。

第七，睡不着的时候不要硬睡。这时可以选择起床，重复去做第六点里提到的事情，一直到自己感觉到了困意再去睡。

可改变的基因表达

我们常常听说某个领域的"大牛"几乎很少会花时间在睡觉上。如果我们也想成为像他一样厉害的人，是否也要学他一样减少自己的睡眠时间呢？

答案是不能。就像我在上一小节提到的那样，有的人确实能做到长期少睡还保持健康，但那是因为他们拥有的"少睡基因"——*BHLHE41* 基因处于基因表达状态。而且这种真正拥有少睡基因的人，在全部人群里面的占比远低于1%。

这里说的基因表达（gene expression），是指将来自基因的遗传信息合成功能性基因产物的过程。说白了，就是基因起作用的过程。**你有一段基因，但它未必会被表达出来。如果基因不被表达，那就等于没有发挥任何作用。**

影响基因表达的主要因素，则是平时的习惯、身处的自然环境和社会环境。比如，个人层面的衣、食、住、行的环境，社会层面的生活习惯、家庭和工作好坏，都可以改变我们自身基因的表达。

举个例子，基因相同的同卵双胞胎，在被不同的家庭收养之后，因为所处的成长环境不同，两个人在成年之后就会产生较大的身体差异。这种差异就是基因表达的差别所造成的。换句话说，**基因是天生的，但该基因最后表达成什么模样，可以靠人为来后天改变。钢琴也是同理，钢琴的黑白键都是提前固定好的，可如何弹奏这些按键，却是后天可以改变的结果。**

总之，基因的作用既有天生安排好的那部分，也有我们自己通过主动选择、安排身边所处环境而影响的那部分。从这一点来看，辩证法中客观规律性和主观能动性的辩证统一，也在基因和基因表达的关系上得到了完美的体现。

"瞬息万变"的人体内部

有时候我总会发出这样的感叹：世界之大，真是无奇不有。比如在地下洞穴里，存在着鬼斧神工的巨型钟乳石；一只小小的蚂蚁，竟然拥有预知下雨的"超能力"。如果你关注自己的身体，会发现就连它也有很多神奇之处。

人类的身体是一个耗散结构，就像一条流动的河流，从远处看是一个极其稳定的形状，但深入微观层面，你就会发现，其内部有着瞬息万变的环境。

比如，我们的体温之所以能够维持在37℃左右，是因为体温一方面不断地流失到空气里，而另一方面新的热量也会源源不断地从每个细胞生产出来，然后再通过血液输送到全身。

血糖和体温的机制类似，我们身体维持生命的基本活动会让血糖浓度不断地下降，但血液又会从消化管道、脂肪和肌肉里不断地提取新的葡萄糖补充进来。让我们的血糖浓度可以维持在5 mmol/L左右。

人体的这种动态平衡性，就使得身体跟机器完全不同。身体上的不少器官，比如骨骼、肾脏、心脏和肠道等，在经历轻度损伤之后还能复原。主要是因为人类的身体一直都在新陈代谢的大平衡中，可以纠正各种局部的小失衡。

如果生命力旺盛，不仅能快速地复原轻微的损伤，还能让机体变得更加有力量。可如果"年久失修"或伤害过大，就得另当别论了。

我在前文曾提过一个公式：小剂量+痛苦+恢复=变强。因此，"年久失修"，就等同于不给自己完全恢复的机会；而伤害过大就违反了小剂量的原则，系统可能会丧失自我修复能力，从而直接崩溃。

如果将"小剂量+痛苦+恢复=变强"再深入一层，在身体从痛苦恢复的过程中，我们还能找到另外一个非常重要的东西，那就是我接下来要讲的内啡肽（endorphin）——神经递质。

重要的四种神经递质

有时候我们会感觉到兴奋,兴奋到我们想原地跳起来,可有时候我们的情绪也会受到抑制。从表面上看,我们是受到某件事情的影响,但如果从人体内的微观层面来看,其实是因为受到了神经递质(图1-14-1)的影响。

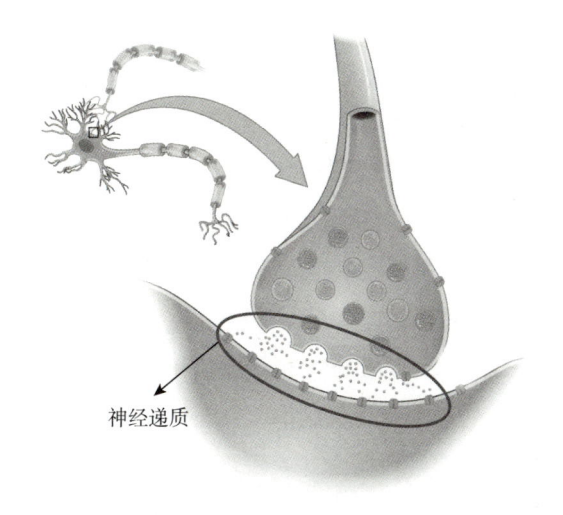

神经递质

图 1-14-1

我在脑科学那一章里提到了神经元,但我只介绍了神经元和神经元内部的电信号传递,并没有讲过它们的化学信号传递。其实神经元之间存在微小间隙,并不直接相连。两个神经元之间的电信息,必须通过释放"神经递质"的方式来传导。不同类型的神经递质,会导致神经元或兴奋或抑制的不同反应。

简单地说，神经递质对我们的行为影响非常大。它的种类也很多，我们常听到的，比如，多巴胺、去甲肾上腺素；还有一些不常听说的，比如，5-羟色胺、血清素、乙酰胆碱、谷氨酸、一氧化氮；最后还有各种神经肽，比如，P物质、神经肽Y等，内啡肽就是神经肽的一种。

在我们的日常生活中，有四种比较重要的神经递质，就是我接下来要介绍的**多巴胺、内啡肽、血清素和去甲肾上腺素**。

多巴胺 VS 内啡肽

热恋期里的人们，如果被问及为什么这么喜欢对方，一定有一部分的人会回答："因为他让我快乐。"很多人不了解的是，其实这种快乐并不是对方给的，而是热恋期时，你自己身体产生的多巴胺所导致的。

除了多巴胺以外，另一个神经递质——内啡肽也能给身体带来愉悦感。它与多巴胺的区别就在于，多巴胺带来的是先甜后苦型的快乐，这种快乐会让人血管扩张、兴奋感更强，但持续的时间很短。

当多巴胺消散时，人们就会感到失落、抑郁，所以会不自觉地继续追寻下一次的刺激。最为常见的能产生多巴胺型的快乐的行为，就是刷抖音、吃烧烤和甜食、谈恋爱、抽烟、喝酒、购物、刷剧等。

而内啡肽可以镇痛和调节情绪，带来的是先苦后甜型的快乐，但它需要身体或精神遭受痛苦之后才会分泌。相比多巴胺，内啡肽的可持续时间更长、更稳定。通常我们的身体会在练瑜伽、"举铁"、长跑、唱歌或者是完成某项任务之后分泌出内啡肽。

如果有一种能提升人生质量的简易方法论，那就可以总结为——用内啡肽型快乐，尽可能地去取代多巴胺型快乐，却不必彻底戒掉多巴胺型快乐。

因为不能产生快乐的习惯，注定不能持久。我们重视内啡肽，是因为它会让人形成快感和轻微上瘾。有的人对健身和跑步上瘾，也正是基于这个原因。虽然上瘾有坏处，但两害相权取其轻，我们还是选择上瘾度较低的内啡肽最好。因为多巴胺的上瘾，比内啡肽来得更容易，而这个世界上太容易得到的东西，总是暗中标好了价格。

多巴胺通常在前脑和基底神经节出现，我在前文曾提过基底神经节，它是负责管理习惯和上瘾的脑区，该区域也负责分泌多巴胺，所以现在我们知道，为什么多巴胺上瘾是如此普遍了。

如果从脑科学的角度来看购物与多巴胺之间的关系，就会发现，单纯的购买行为本身就能刺激人体分泌出多巴胺，完全不需要等到商品拆开使用的那一刻，而等我们真正开始使用商品的时候，我们的身体已经不会分泌多巴胺了。

仔细想一想，这其实是一个很可怕的商业事实，同时也是消费主义内在坚不可摧的生物学基础。你付的款越多，买的商品就越多，你当时分泌的多巴胺就会越多。所以为了获取更多的快乐，你就会陷入不停购物的循环当中。

从理性分析来看，付款本来只是获取商品的手段，但从生物学的角度来看，付款本身却成了目的。再加上收集、储存等行为能刺激女性分泌雌激素，会让女性容易积累需要释放的焦虑情绪，就会让"买买买"的行为在女性身上势不可当。因为它本身就是一种能不断刺激神经递质分泌的隐形安慰剂。这不仅是广大男性同胞最无法理解女性的地方之一，还是主要负责掏钱的男同胞在热恋期之后最大的痛点之一。

那么，为什么在热恋期"掏钱付款"就不是男性的痛点呢？因为热恋期，双方的大脑都会分泌出大量的多巴胺，形成强烈的上瘾倾向。因此谈恋爱时，与其说是"被爱情冲昏头脑"，不如说是"被多巴胺冲昏了头脑"。

不够持久的多巴胺，通常只会让热恋期的关系维持10个月左右。虽然也有研究表明热恋期可长达3～4年，但不论如何，来自多巴胺的刺激总有一天会消失。当爱情归于平淡以后，就需要另一种神经激素——催产素（oxytocin）来维持两个人长期稳定的婚育关系。

血清素：藏在身体里的"焦虑特效药"

如果你观察过各种高僧大德就会发现，在他们身上，通常看不见任何激情和愤怒。他们不仅连说话的声音都稳定平和，而且还面带微笑，显得心胸十分广阔。他们的眼中充满了禅意和天人合一，整个世界都无比平静。

这是因为他们属于血清素水平很高的人。血清素和催产素的功能有点像，都可以让人平静、提升同理心，只是催产素对于维持亲密关系更重要，而血清素在应用场景方面要广很多，它可以改善人的睡眠和情绪，带来幸福感，还会带来一种被称之为"大爱"的体验。

所以在繁忙焦虑的工作间隙，适当地刺激血清素的分泌，对身体来说大有益处。刺激血清素分泌的方法有很多，具体有以下几种。

第一，晒太阳、跳舞、慢跑、游泳，以及其他有节奏的运动，或者是有意识的呼吸，只要持续的时间超过 5 分钟，就可以有效地刺激血清素的分泌。不过要学会控制时间，像朗读或散步这样的运动，一旦超过 30 分钟，反而会造成我们精神上的疲劳。

第二，冥想。虽然冥想带了一些玄学色彩，让很多人望而生畏，但这却是公认的最有效的分泌血清素的方法。

在我看来，其实冥想是生活工具库里必备的工具之一。如果大家可以摘下有色眼镜去看待的话，不妨好好体验一下。

第三，咀嚼。这一点跟健康三要素（睡眠、运动、饮食）里的饮食高度相关。人类咀嚼食物的动作，是一种非常有节奏的运动。专注于咀嚼，不仅可以让人类分泌足够的唾液来助力肠胃消化食物，还能让人类分泌出血清素。因此，一天三餐多咀嚼，是保持健康性价比最高的方式。

关于咀嚼还有一个小技巧，就是刻意去数自己的咀嚼次数。如果一口饭能够咀嚼 20 次，就能让身体分泌出血清素；咀嚼次数超过 40 次，就能分泌出足够的唾液来帮助肠胃消化。这个方法对肠胃不好的人来说，非常有价值。

然而，数咀嚼次数的核心在于"数咀嚼"，而非次数。"数"，就意味着你必须将注意力放在咀嚼这件事情上。不过，因为它属于完全本能的行为，所以大多数人可能一生都不会去关注这件事。就像我们的呼吸，如此高频、重要，却又让人习以为常。人们很少意识到，其实在最简单的日常行为里，就隐藏着提升生命质量的巨大金矿。

去甲肾上腺素：一种"胜负物质"

为什么我们在做作业、赶稿子、赶项目的时候，离截止日期越近，效率就会越高呢？答案就在于，截止日期会刺激我们分泌去甲肾上腺素。

通常人类在面临压力、惩罚、损失的时候，去甲肾上腺素就会被激发出来。对人体而言，它有很多优点，比如，能让人的注意力更集中、暂时减轻疼痛、大大加强短时记忆的能力等等。

不过它也存在一定的缺点。除了不能持久以外，它还会对身体产生一些副作用：刺激效应过了之后，身体就会产生虚脱感，让人觉得非常疲惫。

我们俗称的"打鸡血"，通常由两部分构成：描绘当下挑战和困难那部分，刺激的就是大家的去甲肾上腺素；描绘未来美好和收获那部分，刺激的就是大家的多巴胺。

如果把这四种神经递质连起来看，就能看到一个连贯的做事策略，那就是"内啡肽→去甲肾上腺素→多巴胺→血清素"。先把大目标分解成小目标，再把小目标分解成一个待办事项列表。每天工作的时候，就通过完成待办事项列表来获得内啡肽型快乐。

待办事项列表会通向小目标，而小目标冲刺时，会激发去甲肾上腺素以提升效率；等到一个个小目标通向大目标，大目标达成时就可以给自己一个大奖励刺激多巴胺分泌；大目标完成之后需要反思时，就找个时间安静地刺激血清素的分泌，来提升自己的客观感知力。

动用元认知能力，回忆推敲整个过程存在的改进点，就可以做到举一反三，让下次做事情的能力变得更强。神经递质"四大金刚"就做到了一个完整的闭环。

激素

在我们的身体里，有一种化学物质非常容易跟神经递质弄混，那就是——激素（hormone），也可以翻译为荷尔蒙。不过它们有着本质上的区别：激素是内分泌腺体分泌出来的，而神经递质则由神经细胞分泌出来。

总的来说，激素的种类有很多，而且它们主要有以下四类功能。

第一，促进身体生长和发育。比如，生长激素、胰岛素、醛固酮和雌激素等。

第二，促进能量利用和存储。比如，生长激素、胰岛素、胰高血糖素和肾上腺素等。

第三，维护体内平衡。比如，醛固酮、甲状旁腺素和降钙素等。

第四，维持生殖功能。比如，雌激素、孕酮和醛固酮等。

不难看出，有的激素能同时发挥多种作用，比如，生长激素和胰岛素。如果我们缺乏各种激素，就有可能导致身体出现大量的问题：糖尿病就是因为身体缺乏胰岛素，而中年男人脱发则跟醛固酮有关。

关于男人脱发的问题，《人体简史》的作者比尔·布莱森在书中有一个残酷的调侃，他认为，治疗脱发最好的方法就是阉割。

神经递质和激素分别归属于神经系统和内分泌系统。现在我把它们结合起来，就能得出一个结论：心理影响生理，也就是心情影响身体。

这一点，其实具有充分的生理学依据。前文脑科学那章曾说过下丘脑（图 1-5-11），它是脑神经系统和内分泌系统的连接点。

虽然下丘脑是脑组织的一部分，但它在功能上却属于内分泌腺体。因此，它就成了身心转换最重要的桥梁。我们人体有很多心理活动，都可以被转换成刺激身体变化的激素。

比如，当我们感觉压力很大的时候，大脑就会分泌去甲肾上腺素，同时还会促使身体分泌肾上腺素。它们一个是神经递质，一个是激素，分泌的速度也大不相同。去甲肾上腺素反应很快，但作用时间较短；肾上腺素的分泌较慢，却可以通过血液流经全身，作用持续时间就会很长。

心情能影响身体激素分泌，反过来，一些激素，比如性腺激素、肾上腺皮质激素和甲状腺素，也非常容易影响到我们的心理活动。所以生病时的心理调节或心理治疗，跟物理治疗一样重要。

总的来说，健康应该由睡眠、运动、饮食、心情这"四宝"组成。这一点刚好与一位老中医总结的关于人生长寿的八字箴言相符合，那就是少吃、多动、早睡、静心。

微生物

你是否认为，自己才是身体的唯一主人？可实际上，我们每一个人都在跟身体里的 50 万亿个微生物（microbe）共享着一个身体。

微生物对我们身体的新陈代谢起到非常大的作用，比如，我们想要吸收空气里的氮元素，单靠自己的细胞是无法完成的，需要利用体内的细菌来将氮转为氨。所以，微生物群落在人体里扮演着极其重要的角色。甚至可以说，没有细菌的帮助，人类根本就无法生存。

人体内的微生物种类有 700～800 种，其中数量最多的细菌有 30 万亿～50 万亿个。这个数量跟我们身体内 30 万亿个细胞的数量差不多。只是人类细胞的体积很大，而细菌细胞的体积很小。因此，如果按照重量来看，微生物约占人体重量的 1%。正是这种低占比，才让我们认为微生物的存在无足轻重。

如果我们换个角度，从基因层面来看，人类之间的基因差异只有 0.5%。也可以理解为：一个索马里人和一个日本人之间，存在 99.5% 的相同基因；可如果比较的是人体内微生物群落的基因差异，那任何两个人体内微生物之间的基因差异，可能都会超过 80%。

因此，从基因的角度来看，人与人最大的差别，是在于各自体内微生物群落的差别，而不是身体细胞本身的差别。不过，微生物确实会影响到我们的精力、性格、饮食偏好，以及身体作息等各个方面。

就拿肠道来说，它之所以会被称为人体的第二大脑，是因为我们情绪反应的很大一部分都是来自肠道，肠道微生物占整个身体微生物数量的比重接近 80%。换句话说，微生物是对肠道影响最大的因素，人体很多健康问题都是肠道微生物引起的。

举个例子，很多人都经历过一种叫作"脑雾"的现象，所谓脑雾就是指大脑运作时像蒙上了一层雾，使人迷迷糊糊的。无论睡眠是否充足，这种现象都有可能出现；因为即便一个人睡眠充足，但肠道里白色念珠菌过多的话也会引起脑雾，从而诱发身体疲倦、嗜睡。

那么，通常什么因素才会引发白色念珠菌过多呢？原因有很多，最为常见的有以下三种：

——高糖食物；

——抗生素；

——慢性压力。

其中的高糖食物和慢性压力，最容易形成恶性循环。大家可以想一想，自己在压力过大时是不是就会感到焦虑，焦虑一来就特别愿意吃点甜食。可是压力和甜食又会促进白色念珠菌增长，白色念珠菌又会反过来让人感到疲惫，而疲惫又会产生更多压力。

想要解决这点，戒糖是唯一的杠杆解，除此之外别无他法。我再举个例子，我相信大家都听说过一个说法，那就是长期食用高脂食物会引起炎症性的肠病，更严重的甚至会导致直肠癌。

但具体的过程是怎样的呢？首先，高脂食物含有大量的脂肪酸，脂肪酸会损害肠道上皮细胞的线粒体，从而导致硝酸盐浓度增高，最终让大肠杆菌过度繁殖，对肠道造成巨大的危害。

因此，**我们会说高糖和高脂对身体有危害，其实是跟它们导致肠道菌群的失衡有巨大关系**。不过，身体里绝大多数微生物还是对人体友好的。在已经确认的 100 万种微生物里，仅有 1415 种微生物会引起人类疾病，这个比例实际上已经非常小了。

比如，人类在自然生育宝宝的过程中，会从妈妈的产道里继承大量的微生物，而剖宫产就无法做到这一点。越来越多的研究表明，剖宫产的婴儿较顺产婴儿更容易出现健康问题。究其原因，还是他们的微生物环境不够丰富所致。

关于微生物，还有一个特别有趣的知识点，它可以用来解释夫妻相的问题。情侣之间接吻，能让10亿个细菌从一张嘴巴传到另一张嘴巴，不过接吻结束后，身体原本的微生物会进行大扫除，将新进入的细菌消灭干净。所以，如果两个人只是接几次吻的话，无法产生夫妻相。只有长时间的亲密接触，两个人才会慢慢地改变彼此的微生物群。而这种改变一旦形成，就等同于在生理层面改变了彼此。

本章小结

在这一章节，我为大家介绍了睡眠、基因表达、神经递质、激素、微生物和它跟饮食的关系。也总结了睡眠、运动、饮食和心情这健康四宝。希望大家能记住少吃、多动、早睡和静心这八字箴言。

1. 大脑在睡眠时间里，就一直在做着将清醒时学到的各种知识从中短时记忆搬运到长时记忆区的工作。所以一旦缺失睡眠阶段所做的记忆搬运工作，我们的记忆效率就会大幅下降。

2. 真正拥有少睡基因的人在全部人群里面的占比远远低于1%。如果大多数的人刻意少睡，只会导致记忆衰退、免疫力下降，让自己变成亚健康的状态。

3. 我们会感觉兴奋或情绪受到抑制，其实是因为受到神经递质影响的关系。

4. 心情能影响身体的激素分泌，反过来，一些激素，比如，性腺激素、肾上腺皮质激素和甲状腺素也能影响到我们的心情。想要健康，就要遵守"少吃、多动、早睡、静心"的八字箴言。

5. 从基因差异的数量来看，人与人最大的差别，主要在于各自微生物群落的差别，而不是身体本身的差别。微生物会影响我们的精力、性格、饮食偏好及身体作息等各个方面。

15

自我管理学：极其有用的交叉学科

自我管理（self-management），简单来说就是自己管好自己。不管是在生活还是工作中，如果一个人连自己都管不好，就更不要指望他能管好别人了。正如彼得·德鲁克在《卓有成效的管理者》里说的那样：**让自身成效不高的管理者管好他们的同事和下属，那几乎是不可能的事。管理工作在很大程度上是需要言传身教的，如果管理者不懂得如何在自己的工作中做到卓有成效，就会给其他人树立错误的榜样。**

自我管理中虽然有"管理"两个字，但它与主流管理学相差甚远。主流管理学所研究的是，当一个人有机会制定规则的时候，他应该怎么做。不过，很多人终其一生都只能做个适应规则的人。对这些人来说，管理公司的理论大多是用不上的，倒不如学习如何管理好自己的精力和身价来得更靠谱。

我简单地画一幅图，按照一个人能够控制的游戏规则的自由度，从高到低进行排列（图1-15-1）。

通过这幅图可以看到，权力需要最多的情况是企业管理。当你成为公司中具有实权的高管，或者自己创业、自己招人、自己制定各种制度规则时，企业管理的技巧就很适合你。

```
        身价                通向      企业
        管理  ────────→    管理
         ↑               ↗
      通向              通向
         │            ╱
        精力
        管理
```

←─────────────────────────→
少   需要权力   多

图 1-15-1

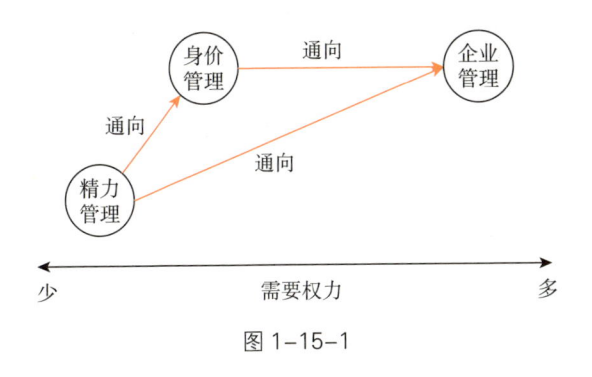

权力需要中等的情况是身价管理。大多数已经工作多年的人遇到的问题，就是如何在一个组织中突出自己的价值，获得升职加薪的机会。

权力需要最少的情况是精力管理。它的意思是说，不管你是学生、普通员工，还是中层管理者、企业老总，只要你是个需要进行生产活动的人，就都会用到它。

接下来，我们先重点了解一下精力管理。

精力管理

一说到精力管理，很多人认为它就是时间管理，其实两者是完全不同的。时间管理本身就是个误区，对于我们人类而言，真正要管理的并不是时间，而是自己的精力。因为所有的知识工作者产出成果依靠的都是精力投入，而不是时间投入。无论你是写代码、写文章，还是做设计，精力充沛地干 2 小时，往往比你浑浑噩噩地干 12 小时更出成果。

所以，如何让自己每天都拥有更多的高精力状态，就成为精力管理的关键所在。关于这方面的知识，吉姆·洛尔的《精力管理》这本书可以说是开山鼻祖了。在这本书的开篇，吉姆·洛尔就列出了普通人在管理自己的时间时最容易出现的误区（表1-15-1）。

表 1-15-1　时间管理误区

旧观念	新观念
管理时间	管理精力
避免压力	追求压力
生活是一场马拉松	生活是一系列短跑冲刺
放松是在浪费时间	放松是有效产出的时间
回报驱动表现	目标驱动表现
依靠自律	依靠习惯
积极思考的力量	全情投入的力量

比如，在传统的旧观念中，人们认为放松是在浪费时间。这是不对的，因为劳逸结合才能让精力达到最佳水平。

再比如，现在很多人认为，工作的时间越长就越能把事情做好，所以就出现了所谓的"996""007"工作模式。这也是不对的。好的工作状态应该是一系列的短跑冲刺，然后积极恢复，而不是时间长度的积累。

还有，自律全靠意志力，把生活过得又紧张又焦虑，这也是错的。真正高质量的精力管理，应该来源于巧妙地建立一系列的好习惯，最后使80%的精力管理都呈现出自动驾驶的状态。

人类精力金字塔

在《精力管理》这本书中,吉姆·洛尔绘制了一份人类精力金字塔。他把精力分为四部分,分别为体能、情绪、思维和精神(图 1-15-2)。

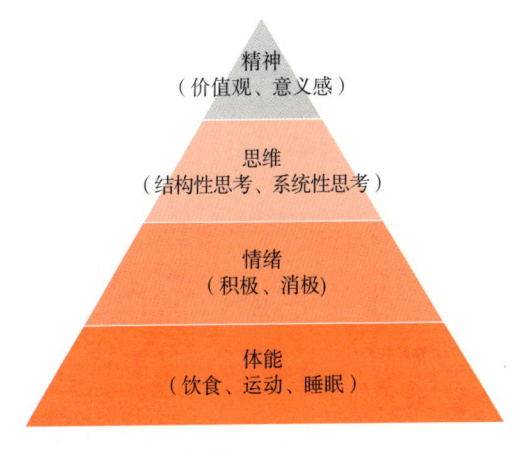

图 1-15-2

通过这幅图我们发现,金字塔的底层是我们的体能。而决定体能水平的关键,就是我们日常所说的"健康三宝":饮食、运动和睡眠。

金字塔的第二层是情绪。大多数情况下,在我们清醒的时候,情绪不是偏正面就是偏负面。根据体能的高低和情绪的正负,我们可以得出下面这幅四象限图——精力象限(图 1-15-3)。

从这幅图中可以看出,如果我们的体能充沛,情绪正面,我们就会感觉自己充满自信和能量,乐于迎接各种挑战。

如果我们体能充沛,但情绪负面,最明显的表现就是感到很愤怒，总想找机会发脾气。

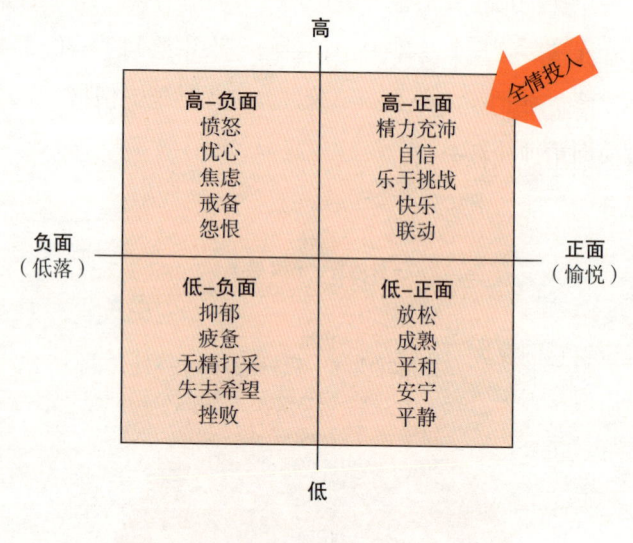

```
            高
            │
   高-负面   │   高-正面
   愤怒      │   精力充沛    ← 全情投入
   忧心      │   自信
   焦虑      │   乐于挑战
   戒备      │   快乐
   怨恨      │   联动
负面 ────────┼──────── 正面
(低落)      │        (愉悦)
   低-负面   │   低-正面
   抑郁      │   放松
   疲怠      │   成熟
   无精打采  │   平和
   失去希望  │   安宁
   挫败      │   平静
            │
            低
```

图 1-15-3

如果我们体能低落，情绪正面，那么，通常会感觉自己比较平静，与世无争。

如果我们体能低落，情绪也是负面的，就会感觉压抑、挫败、无精打采。

很明显，当处于体能充沛、情绪正面的状态时，我们应对问题、处理工作的能力是最强的。但能否进入这种状态，与体能与情绪这两层密切相关，与第三层的思维却没有太大关系。

然而现实情况却是：今天受过良好教育的年轻人，绝大多数都经受过充足的思维训练，反倒在体能、情绪方面的关注是最少的。

就像马克斯·韦伯说的那样，人类现代性最重要的体现，就是工具理性的蓬勃发展，把一切都变得可计算、可分析、可衡量。

如果我们把生命比作一座冰山的话，在古代，体能和精神修炼这两个模块就是浮在水面上的，普通人对这两点都很重视；相反，情绪和思维训练通常没那么重要。

但到了现代社会，冰山就反过来了，思维成了浮在水面上的部分，体能、情绪和精神修炼反而沉入了冰山以下。在体能、情绪和精神这三者中，体能和情绪又是整座金字塔的地基，如果它们崩塌了，即使你有再敏捷的思维、再崇高的精神追求，也难以将它们发挥出来。

所以接下来，我们要着重说一下体能的问题。

运动是体能的基础

体能可以直接影响人类大脑的运作效率。那些心肺功能突出的人，其大脑供血、供氧、供糖能力往往也更强，这也意味着他们大脑的运转更加顺畅，即使长时间用脑，也不会感到疲倦，控制情绪的能力也很强。所以，保持良好的体能是整个精力管理最重要的工具之一。

体能的提升，离不开科学的饮食、充足的睡眠和适宜的运动，这里主要阐述一下运动。

大家都知道，运动的好处很多，不但能强身健体，还能增强人体的内分泌系统能力、循环系统能力等。除此之外，运动对增强大脑的记忆效率、促进新神经元形成的帮助尤其巨大。

有的人可能会提出反对意见，比如，"生命在于静止""乌龟不动活百年"等。其实，将人类与动物进行类比本身就是不科学的。要知道，乌龟的祖先还是乌龟，它们百万年来都是凭借少动或不动生存下来的；而远古时代的人类与我们今天人类的生活状态早已是天壤之别。试想一下，如果远古人类不是满世界地猎取食物果腹，而是像乌龟一样一直趴着，恐怕现在这个物种早就灭绝了。

在进入农业社会之前，人类要想生存下来，就必须通过各种各样的方式适应恶劣的环境，运动就是其中最重要的一种，而且这些活动还是发生在自然界不规则的地形上。这就意味着，我们的祖先每天都要做出很多动作，比如走、跑、爬、跳、推、拉等，运动方式非常全面。

而到了现代社会，为什么运动反而变得稀缺了呢？

原因在于，远古时代食物稀缺，这就同时对人类造成了两种相反的影响。一方面，人类想要生存下来，就必须通过不断运动去寻找食物，摆脱猛兽；另一方面，人类为了尽可能少地消耗能量，又会本能地寻求安逸，也就是在食物相对充足的时候，他们必须静止、躺卧，让身上的能量不要消耗得那么快。毕竟在几万年前，吃了上顿没下顿的日子才是人类的常态。所以那些最终能活下来的人，身上就必然存在"好吃懒做"的基因。在食物相对充沛时，尽可能多地吃高热量的食物，减少运动，为身体储备能量，增加活下去的概率。

但是，工业革命以来，人类社会中的高脂、高蛋白食物开始猛增，今天我们的饮食环境与1万年前更是天壤之别，但我们的身体却没有更大的进化。食物稀缺年代筛选出来的基因，决定了我们仍然会本能地在食物充裕的时候选择躺平。所以，在今天食物足够充沛的情况下，我们的身体本能地发出躺平的命令也就不足为奇了。然而，充沛的食物却让长期稀缺训练出来的身体出现不适应，由此便引发了很多现代病，比如"三高"、肥胖等。

为了预防这些现代病的出现，世界卫生组织给成年人提出了运动建议：每周至少要进行 150 分钟中等强度的有氧运动。平均下来，每天至少要进行 20 分钟的有氧运动。

问题是，绝大多数人都达不到这个运动标准，甚至很多人连每天进行 10 分钟的运动都实现不了。

怎么办？

我在这里给大家推荐一种更简单的保持运动的方法，我自己平时也会运用，就是 1 分钟碎片运动法。简而言之，就是每次用自己的各种碎片时间来进行运动，比如靠墙静蹲，让自己背部靠墙，保持挺直的姿势，同时让双脚与地面保持平行，每次蹲 30 秒到 2 分钟，一天做 5~10 次。这样运动的时间凑在一起，也能凑出 10 分钟。

这是我出差期间最喜欢的一种运动方式。我总结了一下，它至少有五点优势：

——适合的场合多，不管是在办公室工作，还是乘坐电梯，甚至是等地铁时，都可以做这个动作；

——非常容易做，动作几乎不会出错；

——时间长短可以由自己控制；

——不会影响别人，不会显得没礼貌；

——不会流汗弄脏衣服，也不需要换衣服。

除此之外，原地高抬腿也很适合在办公室见缝插针地进行，每次只需要做 1 分钟左右，每天争取做 3~5 次。如果再配合靠墙静蹲，两项运动加起来，每天运动的时间很容易就能达到 10 分钟以上了。

总而言之，运动是体能的基础，体能是精力的基础，精力是人生的基础。创造性地选择适合自己的运动方案，用极高的关注度对待运动，是我们提升生活质量的一个关键。

钟摆：精力消耗与补充的原理

精力消耗和补充的原理很简单。

就是遵循我们上学时学过的钟摆运动。简而言之，我们每天的精力运动过程可以拆分为无数个像钟摆一样运动的小循环（图1-15-4）。

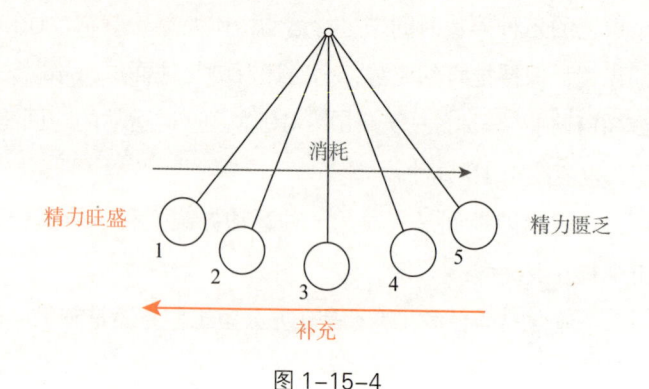

图 1-15-4

当我们为身体补足能量后，精力就会处于旺盛的状态，这时我们就会带着充沛的精力投入工作之中。随着工作的进行，我们身体的精力逐渐被消耗，最后变得匮乏。到达匮乏状态之后，我们就会本能地觉得干不动了，需要休息了，这时的休息是为了有效地补充精力，迎接更多的工作。

但这里有个很大的误区，就是让精力过度消耗，让钟摆一直摆到5号区，身体到达极度疲乏状态才开始想去休息。实际上，当钟摆从4号区到5号区的期间，人就已经处于一种迟钝状态了。大部分人明明已经发现自己工作效率下降，仍然处于一种不自知的状态中。

注意，这种"不自知"的状态很关键，它有点像我们常说的微睡眠状态。

比如，有的人长时间工作，在办公桌前一坐就是5小时。通常连续3小时后，精力开始下降。持续5小时，人已经处于麻木状态了。

最大的时间杀手，就是这种麻木状态，它会每天消耗我们大量的工作时间，却没有产出。

要避免这种麻木状态的出现，最好的方式就是工作了3小时，也就是钟摆大约在4号区时，便有意识地让自己适当休息，补充精力，不要等到钟摆摆到匮乏的5号区时才开始休息。

这个钟摆原理对我们的最大启发，就是我们要**刻意休息**。

刻意休息的第一要义就是专注休息。在这半小时里，你只专注于休息这一件事，切忌边休息边工作，也不要玩手机、刷短视频等，这些事情会将你的时间打碎，让你根本得不到休息，精力也得不到补充。之后再投入工作，用不了多久，你就又会被推回到4号区状态，不得不再次停下来休息，这就形成了恶性循环。

我发现，专注休息的前提，就是提前总结补充精力的仪式。比如，我自己就总结了一些在半小时休息时间里可以做的事情，包括看漫画、听节奏感强的音乐、小憩、吃坚果、吃零食、洗脸、写日记、碎片运动、多组深呼吸、骑单车、听海浪声、打太极等。这些事情可以组合起来做，也可以单独做，只要你感觉能放松和休息。半小时结束后，你会发现自己的工作效率明显提高。

有人可能会问,我在休息时必须上闹钟吗?我随便休息一会儿行不行?

在这个休息方法中,上闹钟恰恰是关键所在。没有闹钟,休息系统就会崩溃。

关于如何建立习惯,詹姆斯·克利尔的《掌控习惯》一书中给出的方法很值得我们借鉴。我对书中建立习惯的方法和定律进行了总结,发现其精髓主要在三句话上:看得见,闻得香,摸得着。

看得见,闻得香,摸得着

"看得见"就是让我们建立习惯的过程可视化。

"闻得香"是让难以建立的习惯与轻松愉悦的本能联系在一起。

"摸得着"是让自己在建立复杂习惯时从最简单的闭环做起。

在这三点中,**看得见**最容易理解。

我们都有过这种感受,觉得建立习惯是一件很无聊的事,简单来说就是堆时间,让一件事情不断地重复、再重复。但这种重复往往是反人性的,比如你想用 21 天建立一个习惯,为什么有时只坚持了几天,就坚持不下去了?原因就在于,这个过程没有即时反馈机制,我们看不到最直接的效果,也就缺乏坚持的勇气。

所谓看得见就是要我们建立一种当天的即时反馈机制,只要你今天完成了一项计划,就在当天的计划表上打个钩。这种每天打钩的方式,就是对付我们大脑中天然缺陷的一种最简单的方法。

不过，这个方法也有一个很大的缺陷，就是你必须每天记住它才行，一旦记不住，这一天忘记打钩了，再坚持就更难了。

我随机调查了身边使用这种方法的人，发现有95%的人都坚持不到21天，很多人要么中间出差、生病，要么期间有几天特别忙，忘记打钩，结果就随之放弃了。

要解决这个问题，就要用到第二个方法：**闻得香**。

它指的是在建立新习惯时，把这个新习惯与之前已经建立的那些让自己开心愉悦的习惯绑定在一起。

如果你感觉每天打钩很无聊，也很容易忘记，那就可以把它与每天的娱乐时间捆绑在一起。比如，每天你可能都会看一会儿视频，让自己放松，那就规定自己在看视频之前，一定要把打钩这件事完成，否则就不能打开视频。

我现在一年中几乎有300天都会去健身房，但这个习惯是在过去5年里才慢慢建立起来的。在此之前，我每年去健身房的次数不超过10次，办的卡也都浪费了。后来我找到一个窍门，就是一定要找个旁边有咖啡厅的健身房，因为我很喜欢喝咖啡，而把喝咖啡和去健身房这两件事连起来一起做，健身就变得越来越容易了。只要我一走进咖啡厅，我的健身模式就会自动被激发出来。

用有趣的事情绑定无趣的事情，是一种非常省时省力的建立习惯的方法。

最后一个方法就是**摸得着**。它指的是把一个复杂的习惯拆成几部分来完成，比如你想养成每天早上运动15分钟的习惯，那就先从每天早上运动3分钟开始；你想晚上睡前半小时让自己静下来，那就先从5分钟开始。实现了第一步后，再去实现第二步，就比要求自己一下子实现变得容易。

在《掌控习惯》中，作者把养成习惯的过程分为5个层次，分别为极轻松、轻松、中等、困难和很困难。比如你想写一本书，极轻松的状态就是先写一句话；你想跑一次马拉松，极轻松的状态就是先穿上跑鞋（表1-15-2）。

表1-15-2　养成习惯的过程

极轻松	轻松	中等	困难	很困难
穿上跑鞋	步行10分钟	走1万步	跑5000米	跑马拉松
写一句话	写一段文字	写1000字	写篇5000字的文章	写一本书
打开笔记	学习10分钟	学习3小时	学习成绩全部得A	获得博士学位

把摸得着和闻得香两种方法结合，就是**先把习惯拆成最简单的那一步，再把它与有趣的事情联系在一起**。

比如，前文说的在看视频前，先在计划表上打钩这件事，可能就无法操作，如果画有计划表的本子找不到了，或者笔找不到了，那么就无法完成打钩这件事。

要避免这种情况发生，我们不妨直接把计划表画在一张纸上，然后找来一个纸夹，把计划表和笔夹在一起，再放置在电脑上面。

每次想看视频时，如果不拿掉纸夹，就没法打开电脑。这样一来，想打开电脑就必须先在计划表上打完钩，问题不就解决了吗？

身价管理

个人精力管理是一件很重要的事,可以让我们养成好的习惯,提升自我能力。但有些人发现,自己工作几年之后,不管是在公司还是在劳动力市场上,与同一时间进入公司或组织的人相比,身价却完全不同,甚至与对方相差甚远,这是为什么呢?

实际上,在一个企业或组织当中,权力运作的原理是很复杂的。要弄清这个原理,我们首先要了解权力分配的底层原理,就是**不公平**。

世界是不公平的。我们不要单纯地认为,只要自己做好每一件事情,升职加薪就能水到渠成。对两个实力相当的竞争对手来说,如果一个人起步获得了更多的资源,那么他之后很可能会获得越来越多的资源,形成马太效应,成为绝对赢家。除非一方改变游戏规则,或选择新的战场,否则弱势的一方几乎没有机会翻盘,这是前面网络学告诉过我们的道理。

当然也可以从社会心理学角度看待这个问题,有一种假设叫作公平世界假设。就是假设厉害的人更容易成功,不厉害的人更容易失败。

它的推论是:一个人的成功肯定是因为他有优点,而一个人的失败肯定是因为他有缺点。所以,成功者的优点会被更多人关注,为他吸引到更多的资源;而失败者的状况恰好相反。这就说明,成功才是成功之母,成功才能驱动更多的成功。在任何一个组织里,拿到自己的第一次关键成功,并且能够让大家看到都是非常重要的。

当然，这是我们在一个组织当中应该知道的客观规律。如果想要做出改变，或者在组织中获得更大的提升，我们还要做好另一点，就是身价管理。

一个人在组织或公司里获得好的身价，与一个产品在市场上能卖个好价钱，原理相似。产品要想卖个好价钱，通常需要满足四点要求。

第一，要成为有差异化竞争力的产品。

第二，抓住客户需求。

第三，产品包装很重要。

第四，善于与外界交流，增加产品的流动性。

要成为有差异化竞争力的产品

俗话说，打铁还需自身硬。要想在公司里获得升职加薪的机会，我们就要让自己在分工链条中的某个环节上做到最好，让别人无法取代。

这里需要熟知一个概念，就是生态位。

比如，在很多头部科技公司或投资银行中，综合素质很高的从业者比比皆是，大家的基础都很扎实，这时是否具有差异化的核心竞争力就变得很重要，而这种竞争力通常来自跨界融合。

以当年的泡泡玛特上市为例，当时，很多国内的券商内部根本找不到看得懂潮玩生意的投资人，因为基金经理以往都习惯于研究白酒、医药、房地产等行业，很少有人玩过盲盒。这时那些既有金融背景，又喜欢玩潮玩的年轻金融从业者就突然显示出很强的差异化竞争力。

再比如，随着老龄化社会的到来，不少科技公司都划分出新的产品线，面对老年人开发出健康方面的电子设备。在这种情况下，那些有过专业产品开发经验，同时又经常去养老院做义工的产品经理就有了用武之地。

这样的例子还有很多，其基本原理都很相似，既先具备某项过硬的专业能力，又能结合与这一专业能力距离比较远的能力，这种融合最容易产生差异化能力。

当然，差异化能力并不等于差异化生态位，因为生态位的出现不仅与独特的供给有关，还与客户需求有关，这就要求我们具备身价管理的第二个特性。

抓住客户的需求

产品要想卖得好，必须能抓住客户的需求。作为公司员工，你的最大客户就是自己的直接上级，或者是公司的老板，他们都是公司这个客户的代理人，他们的需求也几乎等同于公司的需求。所以，要提高自己这个产品的溢价能力，理解你的老板或公司的需求就变成了重中之重。

但是，据我观察，愿意站在老板或公司的角度换位思考的人并不算多。这可能还是因为"世界公平假设"在起作用。很多人觉得，你既然是公司老板，就应该承担更多的责任，而不是让我来承担责任。

如果我们换个角度，你是个卖东西的人，那么你肯定会千方百计地搞明白客户的需求，毕竟客户是没有义务告诉你他想要什么的。而老板或公司就是你的客户，我们要想把自己"卖"个好价钱，自然也要分析客户的需求。这样想来，问题是不是就迎刃而解了呢？

那么，我们该怎样弄清老板的需求呢？

最简单的方法就是一个字：问。你可以每周有针对性地向老板询问一次，比如，接下来的工作哪方面是关键、自己该如何处理某件事等。如果老板一下子答不上来也没关系，但你一定要告诉他："那您有什么调整，请第一时间通知我。"

这是一种非常巧妙寻求帮助的方法，一方面，这显示出你愿意主动站在更高的层面看问题；另一方面也让你显得有掌控力。

也许有人觉得，这不就是一种讨好老板、给老板拍马屁的行为吗？

实际上，这与讨好、拍马屁有着本质的区别，因为它确实可以产生实质性的价值。

创造价值的过程，与客户沟通，了解他们的需求，本来就是天经地义的事。

产品包装很重要

当然，要卖个好价钱，包装很重要。

想让我们的身价在公司里体现出来，我们不仅要把工作做好，还要懂得把工作成果展现出来，否则我们的价值可能就会被埋没。

回忆一下我们平时到超市或便利店购买饮料时的经历。那么多口感差不多的饮料，配料相差无几，为什么你会下意识地选择包装更好看或是手感更舒适的饮料呢？

原因就在于，它的包装吸引了你的注意力。

工作也是如此，如果你希望升职加薪，就要吸引那些能决定你薪资水平和职位高低的人的注意力。

自我包装展现的是头脑、眼光和勇气的组合。那些善于自我包装的人，往往具有把握机会的眼光、冷静细致的头脑，再加上敢于站出来展示自己的勇气。比如，在一些关键性的报告上，争取自己署名的机会；在重要的提案上，争取发言的机会；在工作群中，能站出来帮助公司解决关键性的问题等。

要做到这些并不容易，不但需要有真才实学，还要克服对"枪打出头鸟"的恐惧，毕竟同事之间会形成一种不冒头、不出挑的默契。那些经常在领导面前积极展示自己的人，都容易被同事排挤。

善于与外界交流，增加流动性

产品价值要被外界看到，还要增加产品的流动性。

换言之，要保持跨部门、跨地区、跨行业的沟通与交流，维持建立弱联系的习惯。

从经济学角度来看，劳动力与普通商品最大的区别，就是劳动力的交易市场效率不高，流动性偏差。正因为如此，我们的薪酬总是显得与我们的竞争力不相匹配。

不过从金融学角度来看，劳动力既可以被看作商品，也可以被看作资产。任何资产都有收益、风险和流动性这三种特性，**通常只要增加流动性，就能产生流动性溢价，推高资产的收益。**

比如，2021年初，"双减"政策带来教育行业大变革。

我有一位朋友，由于一直保持与外界的联系，在教培行业裁员大潮到来之前，主动降薪，从教培公司跳到了做消费品的公司。由于调整及时，不仅避免了后来的被动失业，还因为领先入行一步，在教培行业裁员后，又帮自己的公司招聘了很多教育行业的同行加入进来。不到半年的时间，他就获得升职加薪的机会，薪酬反而超过了之前的水平，这就是增加职场流动性的一个典型案例。

总而言之，要做好身价管理，就要像精力管理一样，找到恰当的策略。顺便说一下，现在很多人喜欢听商业讲座，希望从那些成功人士身上找到一些成功之道。其实有心理学研究表明，那些成功者在自己成功之后，往往会不自觉地篡改记忆，让成功显得更加合理、更加"伟光正"。

这并非他们刻意为之，而是人类大脑的运作机制本就如此。他们所讲的任何正面词汇，比如要真诚、要听从内心的感受、要找到热爱等，可能对他们的成功有所帮助，但绝不是全部。那些成功路上的争权夺利、打击对手之类的手段，自然是不会被分享的。

所以，与其去听别人是怎么成功的，不如多了解别人都是怎么避免踩坑的。毕竟只要活得足够久，避免各种坑，我们才能更有机会得到概率之神的眷顾。

本章小结

1.进行自我管理的关键是精力管理和身价管理。根据人类精力金字塔,体能和情绪是需要我们重点关注的管理内容。

2.利用碎片化时间运动,或者创造性地选择适合自己的运动方案,可以增强体能,提升生活质量。

3.遵循钟摆运动原理,让自己在身体疲乏之前便刻意休息,为身体补充能量。有效的休息方式就是设计一些简单易行的小动作,把建立习惯与那些开心的事绑定在一起进行,让整个过程变得更容易。

4.想要在一个组织或公司当中获得更大的提升,就要做好身价管理。做好身价管理与一个产品在市场上能卖个好价钱一样,需要满足四点需求:第一,要成为有差异化竞争力的产品;第二,抓住客户需求;第三,产品包装很重要;第四,善于与外界交流,增加产品的流动性。

跨学科重要模型帮我们看清生活里的各种陷阱，避开那些年轻人最容易踩的雷区，打开多学科视角，学会独立思考，真正学以致用，解决工作和生活中的实际问题。

第二部分
书本智慧与街头智慧:最后大总结

很多人可能不知道，你所学的知识在很多时候都会限制你的思想和行为。对于一个只有一把锤子的人来说，任何问题看起来都像钉子。我以前就调侃过，有些学经济学的人，看什么都是经济学问题；做管理咨询的人，到哪儿都喜欢搞思想框架；学技术的人，也会迷信技术能够解决一切问题；就连一些学佛的人，谈起任何问题都要引用佛经。这些都是被自己所学知识绑架的例子。

那么，我们如何解决这个问题，摆脱思维僵化的人生呢？

查理·芒格曾给出一个答案：当你拥有足够多的工具时，"锤子"的偏见认知就会消失。简而言之，**如果一个人掌握了足够多的多元化知识，就相当于拥有了多种工具，并且会有意识地与"锤子效应"对抗，在通往成功的路径上跨出建设性的一步。**

而根据我个人总结的经验，年轻人现在主要有两条路径可以实现这一目标。

第一条路径就是跨学科学习。

图 2-1-1 右边是地球，代表我们日常生活的世界；左边是工具，代表我们的知识和技能；中间站立的则是我们自己。

图 2-1-1

所谓跨学科学习，就是要求我们不断地向左边的工具箱中添加新的思维工具，只有当工具足够多、涉及面足够广时，我们的视野才会打开。于是，面对人生的各种场景变化，我们都能找到应对的工具。这就是所谓的读万卷书，也叫书本智慧。

第二条路径，就是到真实的生活中去摔打、感受、体验、受伤，然后恢复，也就是朝着图中地球那个方向努力，长时间以肉身去与残酷的概率世界碰撞，用血和泪的教训沉淀下来一种叫作"经验直觉"或"体感"的东西。

以上两条路径，到底哪一条路更适合我们呢？

这就要取决于我们在刚刚进入社会时，社会生活的起点是什么。

01 书本智慧与街头智慧

在跨学科学习这条路径中，最危险的时候，就是自己明明读书还不够多，却以为自己已经读了很多书的时候。这时，你可能会变得很有主见，对未来充满憧憬，其实你对世界的理解还非常片面，这也是你的人生最容易踩坑的时候。就像打得州扑克一样，亏最多钱的情况往往不是因为拿了一副烂牌，而是以为自己拿了一副好牌，一路下注跟到底，结果对手的牌比你的更好，导致你一次就亏得血本无归。

所以，年轻时只读过几本好书，缺少在真实世界中摸爬滚打经验的人，反而容易变得僵化和执着，也容易被一些看起来很优美的理论观点绑架了思维，总是试图在扭曲的世界中套用这些理论。比如，有些人喜欢巴菲特、乔布斯，就会认为他们的方法论是世界上唯一的真理，这就是因为他们完全不懂辩证法。

我曾经画过一张社会秩序分界图（图2-1-2），这幅图就像一座火山，火山两边由上而下呈对数形态展开，山顶是高度有序的，被称为低熵状态，而山脚则是高度无序的，被称为高熵状态，这种对数形态就决定了自下而上的人数是呈非线性减少的。

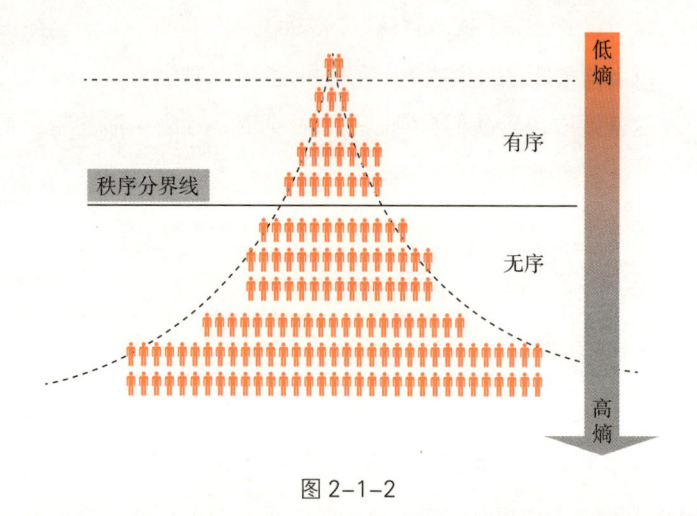

图 2-1-2

这也说明，大多数位于秩序分界线上方的人很难体会到分界线下方的人的生活，也难以获得分界线下方那些人所拥有的经验。就像能写出畅销书的人，大多数都分布在秩序线上方。他们当中的很多人是名牌大学毕业生、大学教授、公司高管等，人生不能说一帆风顺，但至少对阶层逆行很难有深刻的体会。

然而，绝大多数商业理论的作者，在真实世界的竞争中是拼不过那些不怎么读书、社会实践经验却十分丰富的对手的。因为后者走的恰恰是人生成长的第二条路径，他们更具有街头智慧，也能更好地适应这个社会。

走书本智慧和街头智慧这两条路径，也相当于选择了秩序图中自上而下和自下而上两种不同成长的路径。那么，哪种成长路径最适合自己呢？这要取决于你踏入社会时，你的社会生活起点是什么。

根据自身现状选择成长路线

在生活中，我们经常会碰到这样一些人：他们头脑聪明，家境不错，读的是名校，专业很热门，运气也很眷顾他们。这些人一迈入社会，往往就能找到一份不错的工作。

这些人就属于起点比较高的人，世界在接纳他们的时候，早已把无序和混乱的那部分挡在了外面，使得他们一起步便跨过了秩序分界线，从火山腰部开始爬山。这种人生不确定性已经大大收敛。

这类人就适合走书本智慧的成长路线。在他们成长过程中，遭遇的最大陷阱就是单一知识体系的诅咒。他们接触的知识面太窄，却很容易以为自己已经了解了全世界。不过，对于他们来说，通过不断学习和探索，掌握跨学科知识，是可以解决很大一部分人生难题的。

而绝大多数年轻人在刚刚起步时,都是位于秩序线下方的,一上来就能拿到一手好牌的年轻人毕竟是少数。无论是学业平庸、考试失利、职业不顺,还是家庭拖累、恋爱崩溃、身体疾病,各种各样的情况都可能让一个人在刚一开局就掉到了良性循环的外面,必须在社会上挣扎求存很长一段时间。

对于这部分人而言,单纯地依靠书本智慧是远远不够的,如果他们想突破自己,就必须磨炼自己的街头智慧。

关于街头智慧,我推荐大家看一档真人秀节目,叫作《富翁谷底求翻身》(*Undercover Billionaire*)。说的是美国的一个亿万富翁,隐姓埋名,只身一人来到美国的伊利市,挑战在90天的时间内,用100美元创造一个价值百万美元企业的故事。

这部剧中主人公的创业过程真实地展现出了街头智慧带来的用处。

比如,只要找到客户需求,就有赚钱的机会;抓住机会,就能获得成果;有了成果,就能推动下一个成果……在创业的一开始没必要想得太长远,只要做好每一步,成果就会一一呈现出来。

再比如,要想赚大钱,就要学会分解目标。想赚100万元,就要先从1万元开始;不管遇到什么困难,专注清醒思考和计算,而不是抱怨和哀叹;只要能比普通人忍受更多痛苦,就有普通人得不到的机会向你敞开大门;天下没有卑微的工作,赚钱机会就在泥里找,收废品、扫马路、发传单……都可以成为赚钱机会;认清自己的优势和弱点,用自己的优势赚钱,不去死磕缺点,等等。

这些方法和经验都需要人们到现实中摸爬滚打才能一一总结出来,单从书本上是很难学到的,甚至在现实摸索的过程中,还要经历很多痛苦。因为你必须拿肉身去碰撞这个世界，撞一次还不行，必须撞很多次。这个过程是对意志力、体力、心理和智力的全方位考验。

但是，这些磨炼也让拥有街头智慧的人具备了很多优秀的特质，比如，懂得察言观色，善于捕捉对方需求；极端务实，不对未来抱有不切实际的幻想；对自己的目标认真专注，能够忍受完成目标过程中遇到的痛苦和挫折。

他们没有学院派常见的书生意气，他们思考的永远都是怎样搞定人、搞定事、搞定钱。

也许有人不认同这种做法，觉得这样太世俗了，但我认为，**任何的知识、智慧和想法，如果不能变成结果，它们只能算是你的潜力，而不是你的实力。** 只拥有书本智慧的人如果能明白这一点，对未来的成长和发展是很重要的。

成为建造者和销售者最具逆袭力

如果你一开始就处于秩序分界线的上层，那么你的人生可能会比较顺遂；但如果你位于分界线的下层，想要突破阶层，就必须将书本智慧和街头智慧结合起来。既要有优秀的知识储备作为基础，又要有在现实生活中摸爬滚打的实战经验，这样才能让自己获得强大的逆袭能力，扭转人生。

其实不光是人，国家也是一样。今天的中国之所以能够崛起，就是走过了一段将书本智慧与街头智慧充分融合的历程。过去50年，中国从百废待兴到不断壮大的逆袭方法论可以总结为四个词：重视科技、开放学习、实用为王、不断改革。这四个词对于今天在农村或小城小镇出生长大，需要不断突破圈层的年轻人来说，同样具有深刻的启发。

首先，对于家庭经济基础不太好的同学来说，学习理工科是突破圈层最好的武器。更准确地说，从事工程师类职业，更容易在大城市安身立命。要知道，**工程的核心是实现，科学的核心是发现，艺术的核心是表达**。其中，实现能力是一个社会发展所必需的，这就使得工程师类职业可以在社会上获得更多的工作机会。

但是，这并不代表工程师类就是唯一能够突破阶层的职业类型。还有一类职业也很适合逆袭，就是营销。**如果说工程的核心是实现，那么营销的核心就是变现。商业活动的关键，是把东西生产出来，再卖出去。**

营销是典型的实践出真知的职业，也是最能体现街头智慧的职业。但是，做过营销的人都知道，干这行很辛苦。正因为如此，很多人遇到困难就放弃了，阶层突破也就此停止。当然这也没什么不对，世界本来就是这样运作的，很多人都会中途下车，能够到达终点的只有少数。

我认为大家要有开放的心态，多接触那些已经被证实的成功方法论，研究其中哪些是可取的，哪些是不可取的，然后选择最适合自己的方法论充分利用。但同时我们也不要完全生搬硬套别人的成功经验，还是要立足于自己的实际情况去做决策。

然而在现实生活中，很多人容易陷入两个极端。

一部分人完全不听、不看任何先进的知识和方法论，觉得那些东西就是假大空、割韭菜。

还有一部分人则刚好相反，沉迷于各种理论之中，张口闭口都是大道理，完全不顾及自己的实际情况。

这两种情况都容易把自己的人生过得很糟糕。

02　跨越阶层的有力武器

想要突破阶层的人还会遭遇一个最大的阻碍，就是社群亚文化。要知道，人是一种社会性动物，而文化环境对行为和价值观的影响是巨大的。

比如，我就发现很多经济条件不太好的家庭，父母的价值观就是反对赚钱或成功。他们经常会说一些类似这样的话："太成功不是什么好事！""有钱人根本不幸福。""没必要赚那么多钱，生不带来死不带去。"这都是强烈的精神暗示，就像思想钢印一样，早早地就刻在孩子们的脑海中了。

实际上，这类父母自己在年轻时，很可能也尝试过追求金钱和成就，但因为种种原因，他们并没有改变自己的命运，为了避免自己面对这个事实，他们的内心当中便发展出一套抗拒金钱和成长的"亚文化"，它是一种自我保护机制。

关于大脑的自我保护机制，诺贝尔奖获得者罗杰·斯佩里在对裂脑患者的研究过程中找到了很多证据。

我们知道，人脑是由左脑和右脑共同构成的，中间有一块叫作胼胝体的纤维束板作为桥梁（图2-1-3）。20世纪40年代，有的医生就对无法治疗的癫痫病患者实施胼胝体切除手术，使患者大脑的两边半球被分割开。之后，就出现了一种非常奇特的现象，当实验人员蒙上患者的右眼，让他用左眼看一张色情图片，这时掌管非语言能力的右脑就会发挥作用。看到这张色情图片后，患者开始脸红，情不自禁地笑起来。当实验人员拿走图片，马上追问他为什么笑时，这时就要用到能组织语言的左脑了，但左脑完全不知道右脑看到了什么，所以也不知道该怎么表达，于是就开始编理由,患者要么说觉得实验人员长得很好笑,要么说房间的机器很好笑(图2-1-4)。听起来很不可思议是吧?

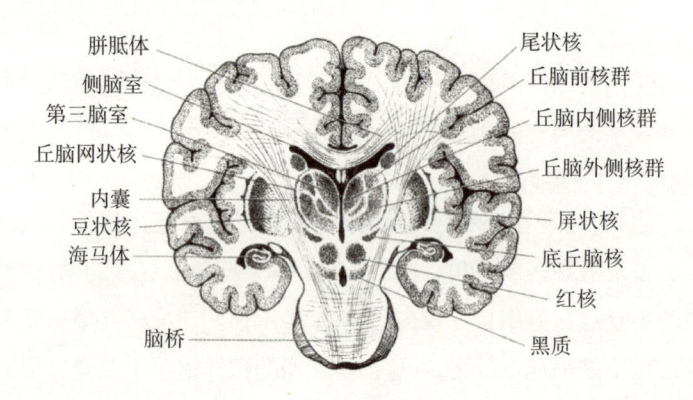

胼胝体
侧脑室
第三脑室
丘脑网状核
内囊
豆状核
海马体
脑桥

尾状核
丘脑前核群
丘脑内侧核群
丘脑外侧核群
屏状核
底丘脑核
红核
黑质

图 2-1-3

左脑主要功能

- 语言
- 演讲
- 写作
- 计算
- 时间感知
- 节奏感
- 复杂动作顺序

右脑主要功能

- 非语言过程处理
- 感知技能
- 视觉化
- 面孔、旋律识别
- 动作、表达识别
- 空间方位感
- 简单语言识别

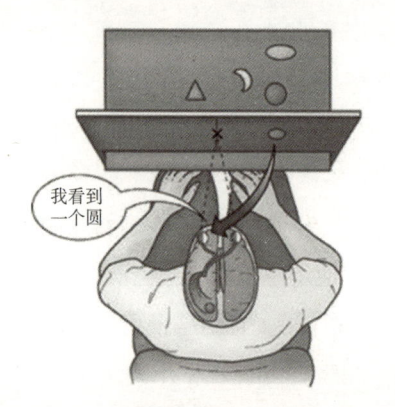

仅用左脑区域感知 — 我看到一个圆

仅用右脑区域感知 — 我什么也没看见

图 2-1-4

再比如，实验人员让患者用右眼看鸡的照片，用左眼看铲子的照片，然后再拿走照片，问他们看到了什么。患者虽然嘴里回答是鸡，但左手却指向了铲子，因为他们左脑看到的是鸡，它负责语言，而右脑又会控制左手指向铲子。这时最有趣的地方出现了，当实验人员问他为什么会同时提到鸡和铲子时，患者竟然很自信地说："因为清理鸡舍需要铲子。"

这就是大脑编造理由的本能，俗称找借口。

实际上，很多人找借口、找理由都是因为自己无法面对现实，于是便寻找一个让自己心安理得的解释，否则自我可能就会崩塌。而那些尝试突破阶层的人，如果处在这样的一个环境里，也会被一层层的借口和理由包裹起来，举步维艰。

所以你会发现，尝试突破阶层的人，面临的从来都不是单一的困难，而是多重困难交织在一起的组合体，比如概率的打击、人脉的缺失、缺点的放大、马太效应、好友或家人的阻挠、亚文化潜意识，以及生理层面的疾病、生活层面的坏习惯，等等。如此看来，在秩序分界图上，不管身处哪一层的人，想要大幅地向上提升自己的位置都是极其困难的。

当然，困难归困难，办法还是有的，以下几种方法就可以作为我们实现阶层跨越的有力武器。

清楚自己所能付出的代价

想要跨越阶层，我们首先就要清楚地知道，自己愿意或能够付出什么样的代价。

比如，你想要拥有更多的精力，那么，你是否愿意付出更多看视频、玩游戏的时间来锻炼？你想要挣脱旧有的社交环境，那么，你是否愿意与之前的亲人、朋友逐渐疏远？你想要进入一个陌生的行业，那么，你是否能够在一个没人认可你的环境里，硬着头皮向所有人请教？你对目前的工作不满意，想要积极储蓄、未雨绸缪，那么，你是否能忍受长期节约的痛苦和煎熬？你需要一次成功来证明自己，那么，你是否做好了要在关键时刻拼尽全力、牺牲休息、承担压力并奋力一搏的准备？

在很多时候，即使你支付了巨大的代价，也仍然有可能会失败，更何况，如果你什么代价都不愿意付出，那成功率就更低了。

在这方面，我可以分享一下我自己的经历。我一直坚信，只要我不下牌桌，就能够等到属于我的机会。但迫使我下牌桌最大的威胁就是我的体质。我天生体质不好，从小不但运动成绩一般，还经常生病。这种状况一直持续，直到我30岁的时候，我开始意识到，不能再这样下去了，否则没等我熬到成功，我的身体就先罢工了。于是我下定决心，开始从饮食、运动、睡眠各个方面重新塑造自己。

但是，这就意味着我要忍受漫长而痛苦的煎熬：很多喜欢的食物不能吃，很多娱乐习惯被打破，很多慵懒的时间被剥夺。有时候，我真的感觉这样的生活很无趣，比如，连续工作一周后，身体很疲惫，很想大吃一顿犒劳自己一下。结果我曾经最喜欢的甜甜圈面包、巧克力蛋糕、油炸食品等通通不能吃，那种感觉非常糟糕。但我明白，这是我必须付出的代价。

我给自己订立的目标是活到100岁，还希望自己到了老年阶段后，身体和大脑仍然有活力，不会被社会所抛弃。这就意味着，我年轻时必须精心设计，改变生活习惯，绕开那些会损害我健康的坑，比如，不健康的饮食、晚睡熬夜、缺乏运动、糟糕的两性关系等。只有保持良好的身心状态，我才可能等到概率之神眷顾我的那一刻。

选择环境，就是选择基础概率池

在之前有关概率的章节里，我们曾提到选择基础概率的问题，也就是一件事在过去的概率中，已经被验证的发生的概率，比如，亨廷顿舞蹈症发生的万分之一的概率，就属于基础概率。

在现实生活中，很多事情都是由基础概率决定最终成败，而不是由我们的努力程度所决定。虽然我们不需要对基础概率有非常精确的判断，但还是应该有数量级的判断力。而选择环境的过程，就是对基础概率池做出选择的过程。

换句话说，我们在城市、行业、公司和职位这四层选项当中，对城市和行业的选择，其重要程度要远远大于对公司和职位的选择，它们的基础概率也不在同一个量级上（图2-1-5）。

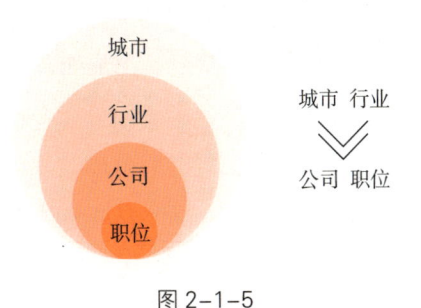

图 2-1-5

03　做好城市选择

对于一座城市来说,最重要的特点是什么?

你可能会认为是财富、机会,或者是人口密度、城市底蕴。事实上,一座城市最重要的就是它的文化传统。选择城市,最重要的就是选择自己希望或者能够融入的城市文化传统。中国地域广阔,所以不同城市圈的差异化特点还是相当鲜明的。

我们就拿北京、上海、广州、深圳、杭州这五个颇有代表性的城市来举例吧。

首先,北京是国家的政治中心,顶级高校云集,有视野,有高度,文化底蕴浓厚。同时,北京还是精英阶层云集的地方,大型企业、大型科技公司的工作机会很多,创业文化也很独特,一般流行先融资后创业。这种"京派"创业文化在全国任何其他城市都是少数,这也从侧面说明了北京的精英资源聚集度之高。

上海是国家的金融和商贸中心,国际化程度最高,契约精神最强。上海与其他大城市最不同的地方,就是更加洋气、时尚,透出刻在骨子里的优雅。同时,上海拥有的世界五百强公司总部数量最多,城市化程度也最高,市容市貌最精美。可以说,上海最大的竞争力就是良好的城市环境。好环境自然吸引好人才,好人才也吸引好企业,这个良性循环使上海的竞争力非常强大。

当然,事情都有两面性。环境好、人才多、企业多,这些优势也抬高了上海的物价和员工成本,所以在上海,创业的成本非常高,这也导致上海最盛产职业经理人,而不是民营企业家。

而与上海距离很近的长三角其他城市，民营企业极其发达，比如杭州、温州、绍兴等城市，商业氛围就特别浓郁。这一点与粤、港、澳大湾区有异曲同工之妙。相对于上海和北京，杭州和深圳这两座城市的文化显得尤为突出。杭州和深圳的年轻人之间，对于如何赚钱的讨论非常普遍，饭局上聊得最多的话题，就是哪里有机会、谁又赚到钱了、启动一个生意成本是多少……在这两座城市中，几个人凑一笔钱就能启动一个生意的现象很常见。这也意味着，年轻人在这里进行商业实践练习的机会最多。只要你脑子灵活，能吃苦耐劳，这两座城市是最容易产生普通人逆袭的机会的。

广州这个城市比较特别，属于老牌商贸城市。本地居民低调、务实，赚钱能力丝毫不弱。所以，广州藏富于民，生活氛围很浓，生活成本又适中，虽然没什么特别惊艳的地方，但很适合工作、生活的平衡。

我们回过头再看一下秩序分界图（图2-1-2），对这几个城市做个简单的类比就会发现：位于秩序分界线上方的人，在北京、上海、广州、深圳等城市会更有创业或独当一面的机会；而位于秩序分界线下方的人，在长三角和大湾区，或者是到长沙、成都这样的城市寻找机会，会有更多阶层逆袭的可能。

当然，城市是一个很复杂的系统，三言两语完全不足以概括它的特点，我这里也仅是对城市文化做一个大体分析，不宜作为直接的指导决策，还需要每个人根据自己的情况在实践中探索和发现。

不过，我们还应该着重探讨几个选择城市时需要注意的问题。

城市的势能差

有些人选择一座城市，打拼一段时间后，发现这座城市不适合自己，想要迁移到其他城市发展，这时可能就会遇到困难。这种困难用一句话总结起来，就是由高到低易，由低到高难。

年轻人最大的特点就是不定性，经常改变。所以很多人在工作的前10年，换几次城市的情况很常见。我们可以对比一下，一个人毕业后，先去北京从事互联网行业，然后再搬到附近廊坊去开公司；另一个人毕业了就去廊坊写代码，然后再搬去北京开公司。这两种情况哪一种难度更低？

很明显，前者的难度要大大低于后者。这个例子就能让我们对如何选择城市的问题有了更直观的认识。**当人生刚刚起步时，我们应该选择进入较高势能的城市，因为它可以极大地拓宽我们的未来和选择面。**

当然，这种所谓的"高势能"城市，也需要结合行业具体分析，并不是规模越大的城市势能就越高。比如，娱乐综艺行业，势能的高点是在长沙；硬件制造业的势能高点是在深圳、东莞；新能源电池行业的势能高点是在宁德这样的城市，如果想要从事电商行业，杭州无疑就是势能高点。

了解了如何在这些城市中做出选择，对你选择自己要去发展的城市一定会有所帮助。

大小城市机会量的高低

有一个词叫作"涌现"，它的意思是说，**当成员数目增加，成员之间的连接数会不断增加，当连接超过某一个临界值时，**

就会引发涌现，并且会出现整体大于部分之和的情况。

城市也是如此。规模越大、越多元化的城市，就越能涌现出小城市完全没有的机会。现在大型城市出现了各种各样的小众职业，如视频编剧、游戏设计、后期制作、心理治疗、健身教练、雪糕试吃等等。这也完全迎合了那句俗语：林子大了，什么鸟都会有。

此外还有一点：规模越大的城市，制度规范和契约精神也就会越好，让你能有更多机会与陌生人达成协作。

从这两点来看，大城市更容易让毫无背景的人凭自己的实力说话，让潜力更好地发挥出来，也更容易实现阶层流动。

与之相对的，规模越小的城市，职业种类和文化就越单一，社会人情就越浓，家境出身对人的影响越大。在这种情况下，你探索自己空间的可能性就越小，阶层流动也就越难。当然，如果你的家庭在小城市中刚好地位比较高，那么，你留在小城市发展也是个不错的选择。

不同城市的竞争压力

说起大城市和小城市的压力对比，显然大城市的压力更大一些。因为大城市的压力是全方位的，时间、空间、金钱都有压力。在时间方面，主要是公共交通的拥堵叠加频繁加班的劳累；在空间方面，主要是居住面积的狭小叠加开放空间的稀缺；在金钱方面，更是吃住行娱全方位的，经济越发达的城市，生活成本就越高。总之，用一个字概括，就是"卷"；用两个字概括，就是"紧绷"。

相比之下，小城市在这些方面要好得多，时间上流速慢，空间上分摊面积大,生活成本相对也更低。用一个字总结,就是"闲";用两个字总结,就是"放松"。

所以,无论是大城市还是小城市,这些优缺点都很明显,关键还是要看匹配度。我曾经听过一个给年轻人的建议:只要你到某个城市的市中心走一下,如果发现街上行人的步速都比你快,并让你感到不适,那你就应该去节奏更慢的地方;如果相反,你就应该去更激进的地方。

这种说法乍一看似乎有些道理,但它更适合中年人。人在年轻的时候,关键的还是选择权,并且应该先高后低、先难后易、先动后静。年轻时先以发展为主,到大城市尝试一下各种可能,经历各种碰撞,将自我潜能激发出来。到了中年之后,各方面逐渐定型,再考虑职业与家庭之间的平衡,那时再重新进行城市选择,会更不容易后悔。

说到这儿,可能有人不解:既然中年之后才需要考虑城市选择的问题,那我们现在为什么要探讨大小城市的成本和收益呢?

原因就在于,概念清晰是做好决策的起点。**如果你已经在承受大城市的成本,就应该明白大城市的收益是什么,这样才不枉费你的全身心付出。**而身在大城市的收益,就是让自己与外界建立更多的链接,进入更好的公司,多多参加同行交流,建立跨行人脉……这些都是大城市独有的好处。

如果你只承担了成本,却不去挖掘收益,那你肯定会成为最亏的那个人。

04　不同阶层人群的职业选择

对于大多数位于秩序分界线下方的年轻人来说，不管你掌握多少理论、多少知识，最后还要看你是否清楚地知道自己要的是什么，然后排除万难，达到属于自己的生态位。否则，你的人生之路就会走得比较艰辛，梦想与现实也会常常撕裂，继而陷入现代年轻人经常出现的纠结无力状态。

因此，我建议年轻人不但要做好城市选择的策略，还要做好职业选择的准备。

我们可以把秩序分界图画得再详细一些，将它垂直地分为 1，2，3，4，…，n 个区域，同时横向地把职业目标分为势、爽、钱、安四种类别（图 2-1-6）。

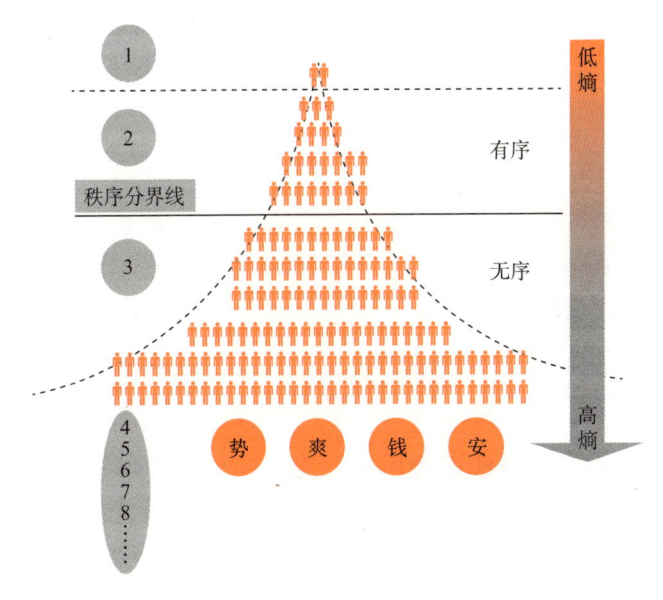

图 2-1-6

对于职业目标的区分，通常对于追求"势"的人来说，应该多看宏观、看长期，顺应国家的发展潮流；追求"爽"的人，应该多看微观、看长期，顺应自己内心的召唤；追求"钱"的人，应该多看机会、看短期，目标锁定后，便努力积累金钱；追求"安"的人，则应该回归生活，远离竞争，进入安稳的生活状态中。

对于秩序区域的区分，一般1号区的人群，就是我们经常在媒体上看到的各种有成就的官员、学者、创业成功人士、投资人、社会名人等。他们在某个细分领域已经有了比较高的知名度，占据了某个特定的行业生态位。

2号区的人群比较多样化，他们往往进入社会的时间不长，就进入良性循环之中。比如，进入各种国企、外企，或者考上了公务员，进入较好单位工作的人等。

3号区的人群数量最多，他们大多接受过高等教育，但迈入社会之后却迟迟没有进入良性循环。当然，不顺利的人各有各的不顺，无论是出于什么样的意外，都可能让一个人落入3号区之内。

3号区的下面还有很多区域，这些区域的情况更加多样化，我们暂时不做讨论。

接下来，我们就重点关注2、3号区域人群的职业选择问题。

2号区人群应该善用长期主义、复利思维思考

在以上三个区域当中，1号区人群除了各种"二代"直接空降其中之外，其余来源主要有两条途径：一条是从2号区升上

去，另一条是从 3 号区跳进去（图 2-1-7）。

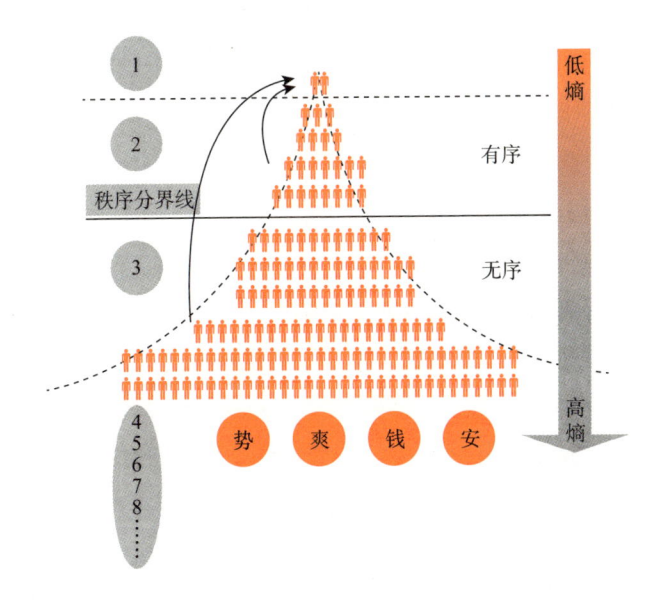

图 2-1-7

通过图 2-1-7 的秩序图，我们可以看出，2 号区域在函数上是呈收敛状态的，这就意味着，这一区域中的人群向上通道是畅通的。只要他们自己不断努力，同时把握住大时代的势能，不走太大的弯路，就很有可能会随着年龄的增长而顺理成章地越过更高的秩序线，进入到 1 号区域当中。

所以，这一区域的人群在进行职业选择时，风险最小的策略就是追求"势"，走长期主义道路。在符合大趋势的长期职业赛道中，遵循走正道的游戏规则，不追求一夜暴富，不做超越自己能力的事情，做个"乖孩子"，让财富积累遵循长期复利增长的逻辑。

这样一来，这部分人选择职业的范围就比较清晰了，标的无非就是进入大家都觉得比较好的城市、公司或机构，就业方向也应该考虑那些位于朝阳期和成熟期早期阶段的行业。

我们知道，每个行业的生命周期都分为四个阶段：曙光期、朝阳期、成熟期和衰退期（图1-4-15）。

如果选择在某个行业的曙光期进入其中，前期业绩增长可能会很好，但确定性太低。如果进入的是小公司，还可能熬不到收获的季节，行业就凋零了。

如果在某个行业的成熟期后期或衰退期进入其中，确定性很高，短期内也比较稳定，但业绩增长就不会太快了，甚至还会很低。

只有在行业朝阳期或成熟早期进入是最好的，高增长速度会让这个行业中的从业者一直处于正循环当中：业绩不断增长，团队不断扩张，个人成长也会很快。

在未来几十年中，可能医疗健康、科研、绿色产业、半导体，以及部分消费行业等，都属于这个阶段的行业。如果你能进入行政机关工作，同样可以得到很多发展自己、发挥价值的机会。

对于身处2号区域的年轻人来说，行业选择通常不是难题，难的是能不能忍受长期待在一个行业当中，作为一个不完美规则的跟随者，通过忍耐积累实力，一步步熬出头；而不是尽情地发挥自己的潜力，在短时间内一飞冲天。

这些年我也仔细地观察过2号区中的一些年轻人，我发现他们最容易犯的一个错误就是太高估自己，在势能还没有积累到足够的情况下，就过早地跳出秩序域。我之前就认识了一批10年前从互联网"大厂"卖掉股票，自己出来创业的人，现在这些人反倒不如那些一直在大厂里拿着高薪、安心熬到现在、每年攒钱买房的人活得舒坦。

当然，在未来的20年里，不管是进入互联网"大厂"，还是投资买房，都不再是大势所趋，而科技、绿色产业、消费行业等才是新的长期赛道。

其次，2号区人群还容易犯的一个错误，就是忽略人脉的价值。对于现在的很多年轻人来说，"人脉"这个词显得特别老派。他们觉得，在信息如此透明的时代，应该以个人实力为尊，而不是继续走原来的老路。

事实上，不论科技如何进步，人类的本能都是万年不变的。因为我们肉体的进化速度永远赶不上科技的发展。作为这个时代的年轻人，我们应该理解当今世界的两个核心点：一是日新月异的科技变迁带来的新红利，二是永远不会改变的人类本能的旧常识。要知道，人类对熟人和生人之间的不公平对待，已经根植于我们长久的进化历程之中，不会随着科技的进步而发生变化。

我们知道，能力驱动成功，当能力无法衡量时，社会网络驱动成功。现在社会上大公司、大机构云集，任何成果的产出几乎都会涉及全公司的协作，无法直接体现个人能力。这样一来，个人能力无法被衡量的情况就非常普遍，社会网络也就变得更加重要。

当然了，这并不表示个人的基础能力就不重要。通常来说，从学校到职场的心态转变，大多数人一开始都会不习惯，经常感到压力和挫败。因为今天的高校教育体系与工作体系脱节比较严重，很多职场技能都必须在初入职场前几年的摸爬滚打中磨炼出来。很多人之所以不喜欢自己的工作，往往是因为他们没有进入工作的良性循环当中，没有体会到工作的爽点。这也提醒我们,在工作刚刚起步时,建立良性循环很重要。

我之前曾说过,工作动力增强,工作业绩就可能会提升;工作业绩提升了,才更有可能获得升职加薪以及上级或同事的认可,这就会促使我们的工作动力变得更强(图1-3-3)。

所以,当我们刚刚进入一个新团队时,最应该实现的就是在自己周围形成一个良性循环。而建立这个循环的第一步,就是我们不要做过多的承诺,但只要是承诺了的事,就一定要把它搞定(图2-1-8)。比如守时、诚信。虽然这都是一些非常小的承诺与兑换循环,但你不要小看这些小循环,小循环持续一段时间,就会开始生长。而你在职场中的靠谱感就是这样一步步建立起来的。

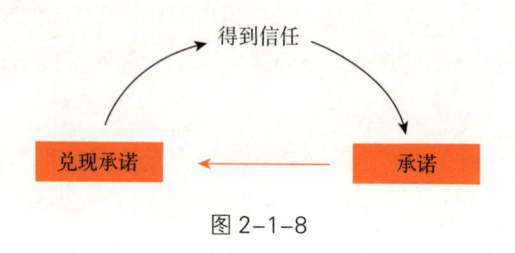

图 2-1-8

当然,构建这种闭环需要一定的运气因素,但底层能力却是相通的,这些能力也被称为综合素质。

在今天,各大公司对综合素质的定义都大同小异,无非就是承诺兑现能力、团队协作能力、解决问题能力、组织计划能力、信息获取能力、相关软件技能、口头与书面表达能力等。身在2号区的年轻人,如果这些能力不能达标,那么压力必然会随之而来。

这一点也并非绝对,如果你在某方面的能力非常卓越,即使在一众精英中也可以做到鹤立鸡群,那么,你也可能会凭借这一实力在该领域中继续向上突破。或者你运气很好,比如,在大学里跟随一位很厉害的导师,做了一个风口上的科研项目,也可以凭此出圈。

但这些情况毕竟只有少数,大多数人还是需要社会网络来驱动成功的。很多身处2号区的年轻人,在起步时身边就已经具备了一定的社会网络。无论是家族、同学、校友,还是其他社会关系网络,都是一笔不小的潜在财富,只是他可能会在步入社会后才意识到这一点。尤其是在行业龙头工作过后,就会发现公司中的同事网络简直是一笔终身财富。而当大家意识到这一点后,也会争相进入大企业、大机构,这又导致这些大型企业和机构的应聘竞争变得异常激烈。

任何时候,大型企业和机构都是所有人争抢的对象,这就导致公开应聘渠道的竞争极度激烈。这时,就再次体现出社会网络的价值,那些非公开或半公开的招聘渠道便成了一道隐藏的暗门。比如,常见的员工内推,就是社会网络驱动成功的最好体现。同时这种情况也表明,建立弱联系具有很大的社会价值。关于弱联系的内容,我们前文已经详细讲过,这里不再赘述。

总之,对于2号区的年轻人来说,经营好自己的社会网络十分重要。关于这一点,我推荐大家读一下《别独自用餐》这本书。

书中提供了一些加强人际关系的真知灼见。比如,灵长类动物是对施与受最敏感的物种,所以慷慨地请客、送礼是千年不变地拉近陌生人关系的硬通货;再如世界上有三样东西,可以让人们的友情变得深厚,那就是健康、财富和后代,如果能在这三样东西上帮到对方,那么就能瞬间拉近与对方的距离。

当然,建立人际网络也是需要很高的成本的,很多人之所以放弃,往往是因为觉得建立关系太麻烦。而且人际网络过于强大,也会成为一种负累,把一个人锁定在特定的领域之内,限制了流动性。

所以,真正优质的人际网络应该是四两拨千斤,要抓住枢纽型人物,保持多样性网络。可以不花费太多的精力,就能建立起跨部门、跨公司、跨行业的弱连接的人,这才是构建网络的高手。

此外,2号区域中的人群除了追求"势"这条途径外,还有相当一部分会追求安稳。这种对安稳的追求也会同时吸引3号区的人。比如,很多在一、二线城市工作了几年的年轻人,因为受不了大城市的工作压力,或在职场上遭遇了挫折,就会选择回到家乡考公务员,或是进入家乡的大企业,这类人就希望从3号区迁移到2号区中的安稳区域。

在变革年代,追求安稳,想进入组织机构当中的人,今天也不在少数。但是,这部分年轻人需要警惕自己进入另一种状态,就是过度封闭、安逸的状态。很多这样的年轻人在工作一段时间后,发现自己特别缺乏成就感,个人能力无法提升,受不了大机构的条条框框,工作内容离市场和用户太远。如果离开,又发现自己已经失去了竞争力,于是便陷入一种进退维谷的境地。

这就出现了我们前文所讲的封闭系统现象,即不管是人还是公司,一旦停止与外界进行信息和能量的交流,就容易变成不断熵增的封闭系统。这种熵增的积累会让人变得世故、油腻,从精神、情绪、思维到肉体都会丧失活力，出现暴躁易怒、麻木忧郁、肌肉松弛、脂肪堆积等现象。久而久之，也会导致人际关系紧张，家庭亲情淡漠，甚至可能患上抑郁症。

那么，这些试图过上安稳生活的人，怎样避免自己落入熵增状态呢？

答案就在于信息与能量的交换。有一个杠铃法则，即将90%的资产放在低风险、低收益区，再用10%的资产去接触高风险、高收益的机会，是一种非常经典的资源配置方法。

组织内的工作就为我们提供了一个绝佳的低风险、低收益区间，也刚好与完全相反的高风险、高收益行为形成匹配。所以，拥有这种背景的人完全可以利用业余时间尝试进行一些自己感兴趣的活动，比如写作。著名科幻小说《三体》的作者刘慈欣，就是在国有电厂工作期间开始写作的。还有一些人会组织各种俱乐部活动，如舞蹈俱乐部、骑行俱乐部、阅读俱乐部等。

开发自己的业余爱好，积极实现跨界学习，做一个"斜杠青年"，与外界积极进行信息与能量的交换，应该是当前所有年轻人保持自身活力的一个很好的策略。

3号区人群在追求钱和追求爽之间选择

位于2号区的年轻人应采用长期主义、复利思维来思考问题，走书本智慧的路线。但这条道路的缺点也很明显，从秩序图上看，他们的路线是收敛的，能走的道路有限，同质化严重，"内卷"很厉害。

相对来说，一到秩序分界线下方的区域，火山两边就瞬间铺开，彼此距离拉得很大。这就意味着3号区人群所面临的境遇会五花八门，向上迁移的道路差异也很大，不能用简单的一句"多努力、多读书、多学习"就总结完毕。简而言之，我们很难在3号区内找到一个通用的最佳策略。

不过，在3号区内还是存在着两种稳定状态：一种是追求钱，一种是追求爽。

1. 追求钱：集中精力解决金钱的原始积累

在3号区中，大多数的问题都是因为没钱导致的，虽然很多人不愿意承认这一点。毕竟人类的大脑最擅长找理由，尤其是受过高等教育的人，大脑编造的理由更是纷繁复杂，但却常常会绕开那些最本质也最难面对的问题，比如缺钱。因此，在3号区中，集中精力解决金钱的原始积累问题，是很多人从无序迈向有序的必经之路。

与2号区人群所走的长期主义路线不同，3号区人群应该抓住各种机会，尤其是抓住短期机会窗口，赚短期的钱，然后再走一步看一步。显然，这种策略充满了街头智慧的味道。这主要是因为3号区中的很多人起步时就没有进入正循环，如果循规蹈矩，不做任何突破，根据马太效应和优先链接原理，随着时间的推移，他们与2号区的距离只会越来越远。所以，抓住任何一个赚钱机会，通过在边缘市场赚辛苦钱来积累自己人生的第一桶金，才是3号区的常态。

我认识一位"90后"的朋友，曾在国内一所三本大学读行政管理。毕业后，他进入一家民营企业做了两年人力资源工作，工资低，没什么发展空间，公司管理也很混乱，这就是一位典型的3号区人士的经历。

但是他不甘心就这样混下去，于是他一咬牙，辞职去了广州，加入一家化妆品电商公司做运营。由于缺乏工作经验，起薪很低，刚入行的两年他干得很辛苦，生活条件也很差。为了省钱，他住在离公司很远的地方，每天换三辆地铁去上班。可是，他却干得很兴奋，因为每天都能学到新东西，也发现了不少赚钱的机会。

终于，在工作满两年后，他从公司离职，自己跟朋友合伙，做起了化妆品私域电商生意。他们几个年轻人因为抓住了市场红利，仅仅两年多的时间，每个人都挣到了几百万元。

这种就是典型的短期赚小钱的机会，但只要抓住一次，就足以让一个普通打工者积累到第一桶金，让自己转换为一个生意人。

之后由于市场竞争愈加激烈，生意越来越难做，私域电商干不下去了，他又跑去深圳干跨境电商，将一些小品牌美容仪卖到发展中国家。后来因为新冠肺炎疫情的出现，中国的跨境电商暴发，他又享受到了一段时间的红利期，公司高峰期员工甚至超过了100人，年营业额超过了1亿。但后来因为竞争太激烈，他的公司又干不下去了，大家只能分家。

表面看，他的创业似乎是屡战屡败，而且不按常理出牌，但他仅仅花了5年多的时间，就让自己积累了超过1000万元的原始资本，让自己的职业生涯迈入了良性循环，也让自己在寻找下一个目标时变得更加淡定。

去年，他到广州读了一个EMBA，其间接触到大量在2号区域发展比较好的人士。从秩序分界图上可以看出，资本的原始积累已经让他从3号区跨过了2号区的低级阶段，直接进入到2号区的高级阶段（图2-1-9）。

图 2-1-9

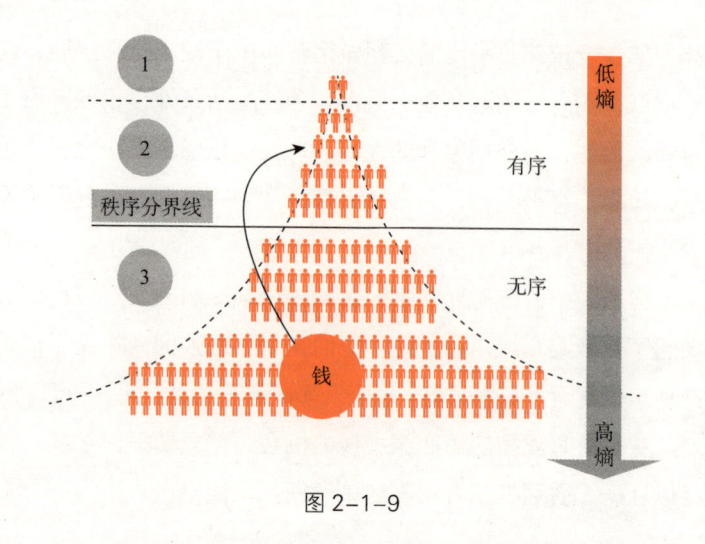

现在，他正在酝酿与 EMBA 班里的同学合作，走长期主义路线，打造一个美容仪品牌。也就是说，他已经从 3 号区的游戏规则中切换到了 2 号区的游戏规则中。

我还认识一个人，他大专毕业后做电话推销员。干了几年，他发现这个领域也有创新的空间，比如，推销员的声音好不好听、说话是不是够自然等。他还发现一个有趣的现象，就是你打一次推销电话，被挂断的概率可能是 99%，但你在 1 分钟内连续打 2 次电话，被挂断的概率就会下降到 95%。

抓住了这些细小的改进点，他竟然说服老板给他投资，创立了一个 AI 电话推销公司。虽然原来的老板还是他的公司的大股东，但他毕竟实现了从打工人到创业者的转换，这样他又干了 3 年。

但他自己并不喜欢这个行业，之前一直干也是为了赚钱。所以在《个人信息保护法》出台后，他果断关掉公司，与老板结算之后，自己拿到了几百万元，也积累到了自己的第一桶金。

通过这两个真实世界的案例，我们就证明了之前所说的观点：只要你找到了客户的需求，就有赚钱的机会；抓住机会，就会有成果；有了成果，你就能推动下一个成果。以此类推，你就有机会实现阶层的跃迁。

实际上，对于2号区内的年轻人来说，他们赚钱的最大障碍是忍受不了自己所处的脏乱差的环境。他们需要理想，需要体面，需要成就感，需要每天出入光鲜的写字楼，需要同事温暖、上级关心、家人认可、同学羡慕……可以说，这些需求极大地限制了2号区内一些人赚钱的自由度。而正因为如此，他们将大量不够"高端"的赚钱机会让给了3号区的人。

当然，2号区内也有"异类"，以高手身份冲到3号区降维打击。比如"拼多多"的创始人，就是一个典型的代表人物。

他就是左手握着书本智慧，右手握着街头智慧的人。这类人一旦遇到好的运气，就能快速进入一个大市场内，成就一番事业。

2. 追求爽：在享受工作的快感和赚钱之间找到平衡点

在3号区内，选择做那些让自己感觉很爽的工作，是另外一个稳定态。因为追求让自己乐此不疲的事情是人的天性，顺着人性做事也会很容易、很健康，这一点无须多言。

现如今，在自媒体、直播、漫画、小说、开源社区中，通过做让自己爽的事情来谋生的人越来越多。比如，喜欢舞蹈的人，会全职去做舞蹈区的UP主，通过"恰饭"养活自己；喜欢漫画的人，可以业余时间开一个公号，偶尔拉点儿广告，赚点儿小钱；还有人可能会从事设计、音乐、美术等艺术类工作，或者从事健身教练、花艺师、咖啡师这种与用户一对一交流的工作。

总之，这些人可以在享受工作和赚钱之间找到一个很好的平衡点，并且因为有热爱的支撑，即使这类工作赚不到很多钱，他们也能长期坚持。在我看来，随着中国国力的提升，未来在3号区域内，通过追求爽让自己活得自由的人会越来越多，只不过有的爽离钱比较近，有的爽却离钱比较远而已。

比如，有的人喜欢收集旧游戏机，就开了一个旧游戏机商店，结果发现根本不赚钱。这类运气不好，无法把爽的事情变成钱的人，最终还是要面临金钱的考验。而这种考验的结果无非就是三种：一种是迈向其他赚钱的路径；一种是冲击进入2号区；还有一种就是迈向安稳态。尤其是迈向安稳态，在未来的中小城市中，可能会成为人们的一种普遍的生活常态。

05　避免走进中产陷阱

大多数年轻人用钱赚钱的能力要远低于通过自己劳动赚钱的能力。因为他们的本金太少，即使每年能实现20%的收益，也根本无法改变人生，何况大部分人的投资还达不到这个收益水平。

所以在年轻的时候，只有两类人更关注理财问题。

一类是在2号区和3号区当中，一些因为特殊机缘而获得了人生第一桶金的人。这类人处于人生赢家的循环当中，身边会有不少内行人为他们提供指导和建议，通常对理财问题比较关注。

还有一类是2号区中已经找到稳定工作的那些人，如果他们的收支平衡控制得好，基本每年都会有稳定的结余可以拿出来理财。但由于他们需要奉行长期主义，所以理财规划最好趁早开始。

不过，这类人也容易遭遇一些理财陷阱，这一点我们在前文也提到过。比如，容易花费巨资贷款买房自住，房子这个所谓的"资产"不但根本无法为家庭提供收入，还会带来一定的债务和日常费用。在房产上涨时，很多人会因为资产账面价格的上涨，误以为自己的身家也上涨了，但这种自住的房子几乎永远无法拿来变现。即使你卖掉房子，拿到一大笔钱，接下来可能又会去买更大的房子。简而言之，这部分资金永远是被占用的。而随着升职加薪，这些人又会不断地提高自己的生活品质。表面上看，他们的生活光鲜亮丽，实际上却一直处于负债状态。在这种情况下，一旦人到中年，产业调整，收入下跌，这些人就会成为有产有债者，生活将面临非常尴尬的境地（图1-13-3）。

一方面，他们习惯了高品质的生活，由奢入俭难，这意味着他们的支出很难随着收入大幅减少；另一方面，他们的负债却没有跟着减少，每个月该还的房贷还是要还。更重要的是，他们手中拥有很多无法给他们带来任何被动收入的所谓"资产"，比如自用的大房子、自用的豪车、大量奢侈品等。这些因素结合在一起，就会令他们的财务状况非常脆弱，经不起一点儿折腾。

想要避免这种状况的出现，这部分人就要努力让自己成为高产低债者，在获得收益之后的第一件事，最好是先去看一下是否有机会把钱投向能够获得被动收入的资产当中去，从中获得更高的收益。从系统论的角度来说，这种做法从收入到资产，从资产再到收入，就构建起一个良性循环，形成了资产越多、收入越多，收入越多、资产产生就越多的马太效应（图1-13-4）。

那么，展望未来20年，2号区人群在投资上又有哪些关键点需要注意呢？

我这里有几点小建议，希望对大家有所帮助。

首先，可以通过购买货币基金来替代银行存款，这是在任何时候都可以做的事情。因为两者的流动性和风险性几乎等价，但货币资金的年化收益要比银行活期存款多10倍。把闲钱投放在货币基金上，应该是当代年轻人的常识。

其次，在房住不炒但租售同权的大背景下，一、二线城市的房屋出租市场应该会呈现出供需两旺的现象。在一、二线城市投资40年产权的公寓进行出租，只要年化租金收入超过房价的4%，就是划算的。

再次，与房产相关的另一个新兴理财手段，就是房地产信托投资基金（Relts）。作为基建大国，我国在不动产资产证券化领域应该会有不小的机会。2021年5月，中国首批9只基础设施公募Relts才开始发售，未来这类金融产品在我国应该会有很大的发展空间，值得大家关注。

最后，在中国有能力践行超长期规划的今天，长期定投中国未来持续增长赛道行业的ETF基金（Exchange Traded Fund，交易所交易基金），是一个可行的策略。符合这类赛道的行业包括芯片、碳中和等。至于怎样选择具体的ETF基金，如何进行定投，这里不再展开，感兴趣的朋友可以去读一下《指数基金定投，慢慢变富》这本书。

总而言之，知识在加速迭代，时代沧海桑田，对于现在的年轻人来说,不论是选择自己将要发展的城市,还是选择更有发展的职业,抑或是进行投资理财,都需要学会跨越学科、跨越维度来看问题,把目光放得更长远、更广阔一些。就像查理·芒格说的那样:"你不需要了解所有的知识,只要吸取各个学科最杰出的思想就行了。"因为这个世界不是靠单一模型能够解释的。

所以,永远尝试跳出来,审视自己过去坚信的东西,反过来想问题,多维度看事情,可以让我们的人生变得更宽广,生命的体验更加深刻。

本章小结

1. 年轻人只有掌握足够多的多元化知识，获得书本智慧，才能开阔视野，应对人生中的各种难题，但同时也要到真实的生活中去积累经验，获得街头智慧。只有将书本知识与街头智慧结合起来，才能获得强大的逆袭能力，突破阶层分界线，扭转自己的人生。

2. 突破阶层的过程会遭遇很多障碍，但也要积极寻找解决方法，比如，清楚自己能付出的代价、穿越时间概率池、选择适合自己的发展环境等。

3. 选择城市，最重要的是选择自己希望或能够融入的城市文化。在选择过程中，也要考虑城市选择的难易程度、不同规模城市的机会量高低、不同城市的竞争压力等。年轻时可先以发展为主，到大城市尝试一下各种可能，通过碰撞激发出自己的潜能；中年之后，再选择能够平衡职业与家庭的城市，会让生活更稳定、更幸福。

4. 位于秩序分界图中的不同阶层的人群，在选择职业时应将职业目标分为势、爽、钱、安四种类别。其中，2号区人群应该善用长期主义、复利思维思考。3号区人群则应抓住一些小机会赚钱，集中精力解决金钱的原始积累问题，让自己从无序迈向有序；或者去追求"爽"，在享受工作和赚钱之间找到平衡点。

5. 年轻人要做好理财规划，让自己成为一名高产低债者，构建起一个从收入到资产、从资产再到收入的良性循环。

希望这本书能够为大家种下通向未来人生的种子，
也希望它能够成为陪伴大家一生的一份礼物。